高职高专电子信息类专业课改教材

电子工程制图

（第三版）

主编　高　兰

参编　范长兴

主审　孙津平

西安电子科技大学出版社

内 容 简 介

　　本书是教、学、做一体化教材，针对高职高专的特点，内容侧重于绘图操作指导与练习讲解。本书全面系统地介绍了 Microsoft Office Visio 简体中文版、AutoCAD 2012 中文版和 Adobe XD 三款绘图软件的基本操作、所提供的功能和使用方法。Microsoft Office Visio 部分的内容包括：Visio 2003 简介，Visio 2003 安装与启动，Visio 2003 操作基础，绘图类型，文件管理，形状操作基础，形状格式，组织形状，文本操作，Visio 2007、Visio 2010、Visio 2013、Visio 2016、Visio 2019 和 Visio 2021 新增功能及绘图实例等；AutoCAD 部分的内容包括：AutoCAD 2012 基本操作，AutoCAD 2012 二维平面图形的绘制等；Adobe XD 部分的内容包括：Adobe XD 的使用和原型图设计实例。本书适用于高职高专院校电子信息类等专业。

图书在版编目(CIP)数据

电子工程制图/高兰主编. —3 版. —西安：西安电子科技大学出版社，2022.8(2023.9 重印)
ISBN 978 – 7 – 5606 – 6577 – 1

Ⅰ. ① 电… Ⅱ. ① 高… Ⅲ. ① 电子技术—工程制图—高等职业教育—教材
Ⅳ. ① TN02

中国版本图书馆 CIP 数据核字(2022)第 130618 号

策　　划　马乐惠
责任编辑　张　玮
出版发行　西安电子科技大学出版社(西安市太白南路 2 号)
电　　话　(029)88202421　88201467　　　　邮　　编　710071
网　　址　www.xduph.com　　　　　　电子邮箱　xdupfxb001@163.com
经　　销　新华书店
印刷单位　咸阳华盛印务有限责任公司
版　　次　2022 年 8 月第 3 版　2023 年 9 月第 2 次印刷
开　　本　787 毫米×1092 毫米　1/16　印张 18.5　附图 1
字　　数　441 千字
印　　数　2001～6000 册
定　　价　42.00 元

ISBN 978–7–5606–6577–1/TN

XDUP 6879003-2

前　言

《电子工程制图——使用 Visio 及 CAD(第二版)》一书于 2019 年第 4 次印刷后，受到很多使用学校的认可与欢迎，同时也收到一些建议。为此，编者对其进行了修订与改进。

与前一版书相比，本书仍然延续了"教、学、做"一体化教学模式的教材风格，增加了岗位技能要求、职业技能竞赛需求，以及最新版本 Visio 2016、Visio 2019、Visio 2021 的相关内容以及 AutoCAD 三维绘图基本操作、Adobe XD 基本操作等。本书集"岗、课、赛"于一体，体现了先进的职业教育理念，希望能更好地帮助学生快速适应岗位需求。

此次修订，新增章节内容全部由高兰编写。在编写本书的过程中，编者参考了一些教材和资料，在此对原作者表示诚挚的感谢。由于编者水平有限，书中难免存在疏漏和不当之处，恳请读者批评指正。

编　者
2022 年于西安

第 一 版 前 言

　　"电子工程制图"课程是高职高专院校电子信息类等专业开设的专业基础课,主要学习工程制图的基本理论和计算机绘图的基本方法,培养学生识图、读图及利用计算机绘图的能力,使其熟练掌握相关绘图软件的使用方法与技巧。

　　本书以 Microsoft Office Visio 2003 为主线,学习绘制各个行业,特别是 IT、电子、电信等行业的电路图、流程图、网络拓扑图、人事管理图、工程图、建筑图等。为较好解决当前流行版本与不断推出高级版本的问题,本书选择当前企业普遍使用的版本(Visio 2003)作为主讲版本,最后对高级版本的特色和优化部分做相应的介绍,以便学生将来更好地适应 Visio 软件的更新与发展。这是本书的特色之一。

　　"电子工程制图"课程是实践性很强的课程,涉及的知识领域较广,仅靠课堂教学是难以理解和掌握的。因此可采取"教、学、做"一体化的教学模式,这是使学生养成良好的学习习惯以及培养学生具备优秀职业素质和职业能力的有益尝试。

　　结合"教、学、做"一体化的要求,本书给出了教学演示、思考与操作、回顾、复习测评等特色内容。本书融"教、学、做"为一体,以便教师和学生迅速了解每章的内容;提出每一章的学习目标,方便学生在学完本章内容时进行回顾和自检;对教师在教学过程中的"演示教学"给出详细操作步骤,有利于帮助教师准确地诠释教学内容,同时也有利于学生模仿学习;"思考与操作"是为学生练习准备的内容或延伸的学习内容,它以问题的设置为引导,也是一种任务驱动形式,帮助学生一步步完成每一项练习;图表展示是学生学习绘图的直观有效形式。

　　上机实验指导和综合演练指导部分选用了电子工程制图中较实用的内容,将所学知识与实践紧密相连。通过实验,可以加深学生对教材内容的理解,也可以使学生学习到解决实际问题的常用方法。

　　本书由高兰编写第 1 章~第 11 章和上机实验指导部分,范长兴编写综合演练指导部分。

　　电子工程制图包含诸多技术细节,由于时间仓促,书中不足之处在所难免,敬请读者批评指正。

编　者
2011 年于西安

目　　录

第 1 章　Microsoft Office Visio 2003 简介

内容摘要：

　　本章将详细介绍 Microsoft Office Visio 2003 的基本功能、辅助功能、帮助和其他信息来源；Visio 2003 的安装过程、激活和 Visio 绘图流程。

学习目标：

　　了解 Visio 2003 的基本功能、辅助功能以及帮助系统；学习 Visio 2003 帮助的使用；掌握 Visio 2003 的安装与启动。

1.1　Visio　简　介

　　Microsoft Office Visio 2003(以下简称 Visio 2003 或 Visio)是一款专业的商用和科技图表制作软件，该软件可以帮助我们用图表的形式诠释我们的想法、过程、系统以及数字。

　　"一图胜千言"，当我们手边有了 Visio 后，就会对这句话更加深信不疑了。Visio 这个功能强大的软件能够帮助我们制作精美的图表，如在文档中插入流程图、组织结构图、办公室布局图或其他图形，以便我们与读者以更直观、更有说服力的方式进行交流。此外，Visio 还提供了许多其他功能，可使图表更有意义、更为灵活地满足我们的需要。

　　Visio 2003 有两个版本，即 Visio Standard 2003 和 Visio Professional 2003。每个版本都经过了特别设计以满足特定客户的需要。

　　使用 Visio Standard，我们可以创建与业务有关的图表，例如流程图、组织结构图和项目日程安排图。

　　Visio Professional 向更多技术领域又迈进了一步。它不仅包含了标准版本所具有的所有功能，还增加了创建建筑设计图、网络图、软件图、Web 图表、工程图和其他技术图表的功能。

思考与操作：

　　1. 我们拥有的 Visio 是哪个版本？

　　操作练习：启动 Visio，然后单击"帮助"菜单上的"关于 Visio"。＿＿＿＿＿＿＿。

　　2. Microsoft Office 2003 办公系列产品有哪些？

　　操作练习：开始→程序→Microsoft Office，展开程序，可以看到它的办公系列产品。

1.2　基　本　功　能

Microsoft Office Visio 2003 提供的模板、形状和绘图工具可用于创建业务图表和技术图表。

使用 Visio Standard，可以分析业务流程、安排项目日程、形象地表达思维过程和绘制组织结构图。

使用 Visio Professional，除完成上述任务外，还可以形象地显示网络基础设施、平面布置图、公共设施设备、电路图、软件系统和数据库结构。

在 Microsoft 环境中工作时，还可以通过导入数据来创建图表，从图表中导出数据，使用图表存储数据，根据存储的数据生成报告，将图表并入 Microsoft Office 文件。

1.3　Visio 帮助中的辅助功能

Microsoft Office Visio 的"帮助"所含的功能使其具有广泛的适用性，行动不便、视力较弱或其他残障人士均可使用。

1.3.1　使用"帮助"任务窗格和"帮助"窗口的快捷方式

"帮助"任务窗格提供对所有 Visio 帮助内容的访问并显示为 Microsoft Office Visio 的一部分。"帮助"窗口中显示主题和其他帮助内容，它是一个位于 Visio 旁边、但和 Visio 相分离的窗口。

演示教学：(1) 按 F1 键，从 Visio 窗口显示"帮助"任务窗格，或者从 Visio 对话框显示上下文相关主题。

(2) 在"帮助"任务窗格(窗格显示为橙色)中按 F6 键，可在"帮助"任务窗格和活动应用程序之间切换。

1.3.2　用于"键入需要帮助的问题"框的快捷方式

演示教学：(1) 先按下 F10 或 Alt 键以选择菜单栏，然后按下 Tab 键直到在"键入需要帮助的问题"框 `键入需要帮助的问题` 中出现插入点。键入问题，如路标或笑脸，然后按 Enter 键。从随即显示的主题列表中，选择我们希望得到答案的主题，如剪贴画和多媒体，查看搜索结果。

(2) 若要在"Visio 帮助"任务窗格的目录中选择一个主题，请先按下 F1 键(窗格显示为橙色)，再使用键盘上的下箭头↓键，选择"目录"，然后按下 Enter 键，继续使用键盘上的上箭头↑或下箭头↓键，然后按下 Enter 键，在"帮助"窗口中打开该主题。

1.3.3　使用可扩展的链接查看帮助主题中的信息

很多帮助主题都使用隐藏文本和可展开超链接来显示或隐藏这些主题内的附加信息，

我们不必跳转到不同的帮助主题来查看信息。使用"全部显示"或"全部隐藏"可以打开或关闭主题中的所有可展开超链接。

📺**演示教学**：(1) 在"Visio 帮助"任务窗格(窗格显示为橙色)中，先按下 F1 键，然后按下 Tab 键可以选择下一个隐藏的文本或超链接，如选择"辅助功能帮助"，然后按 Enter 键，弹出"Microsoft Office Visio 帮助"窗口，在主题的顶部选择"全部显示"或"全部隐藏"。

(2) 在"帮助"窗口内，按下 Shift + Tab 组合键，可以选择上一个隐藏的文本或超链接，然后按 Enter 键。

1.3.4　更改帮助主题的外观

📺**演示教学**：(1) 在 Windows XP"控制面板"中，单击"网络和 Internet 连接"，然后单击"Internet 选项"，或在 Windows 2000"控制面板"中，双击"Internet 选项"图标。

(2) 在"常规"选项卡上单击"辅助功能"，然后单击"不使用 Web 页中指定的颜色"。

(3) 单击"确定"。

(4) 在"Internet 选项"对话框中，请执行下列"思考与操作"中的一项或全部。

🐢**思考与操作**：(1) 如何更改帮助中背景或文本的颜色？

操作练习：在"常规"选项卡上单击"颜色"，然后选择所需的选项。打开"辅助功能帮助"进行修改后的验证。_____。

(2) 如何更改帮助中的字体？如何恢复网页上指定的颜色？(请详细记录)

操作练习：在"常规"选项卡上单击"字体"，然后选择所需的选项。

_____。

1.4　Visio 帮助和其他信息来源

在 Visio 联机帮助中，只需轻点鼠标即可获得使用 Visio 的详细指导信息。

1.4.1　获取 Visio 帮助

"Visio 帮助"中包含的主题足以回答我们在使用 Visio 过程中遇到的所有问题。为了向用户提供最新信息，默认情况下，Visio 会在 Microsoft Office Online 上搜索最新的帮助信息。

🐢**思考与操作**：如何在"帮助"菜单上获得帮助？

操作练习：启动 Visio，在"帮助"菜单上单击"Microsoft Office Visio 帮助"。

_____。

1.4.2　使用"Visio 帮助"任务窗格

单击"帮助"菜单上的"Visio 帮助"后，绘图页右侧会出现"Visio 帮助"任务窗格。它包含三个主要部分：

(1) "帮助"：借助它，我们可以使用问题或关键字来搜索相应的"帮助"主题，还可以浏览目录。

（2）"Office Online"：将我们引至 Microsoft Office 网站上的最新帮助、培训材料、社区论坛、新模板和 Office 更新信息。

（3）"另请参阅"：提供对常用信息和联机内容设置的访问，以便我们个性化自己的"帮助"体验。

提示：使用任务窗格标题栏下的箭头键，我们可以在已经查看过的"帮助"主题之间来回移动。

1.4.3 工作时快速获取帮助

有关以下对象的帮助	请进行如下操作
概念、术语和 功能形状	在菜单栏上的"键入需要帮助的问题"框中键入问题，执行以下操作之一： (1) 将指针放在"形状"窗口中的形状上，直到显示屏幕提示； (2) 在绘图页或"形状"窗口中右击形状，然后单击快捷菜单上的"帮助"
菜单命令	在菜单栏上的"键入需要帮助的问题"框中键入菜单命令
对话框	单击对话框中的"帮助"按钮(⚟)
自动化和 ShapeSheet 电子表格	选中 ShapeSheet 单元格或自动化对象后，按 F1 键。也可以单击"帮助"菜单上的"开发人员参考"

1.5 Visio 的安装和激活

1.5.1 安装

开始安装 Visio 之前，请在 Visio 光盘盒上找到产品密钥。为避免安装冲突，请关闭所有程序并关闭防病毒软件，然后，将 Visio CD 插入 CD-ROM 驱动器中。在大多数计算机上，Visio 安装程序会自动启动并引导我们完成整个安装过程，具体安装过程如图 1.1～图 1.4 所示。

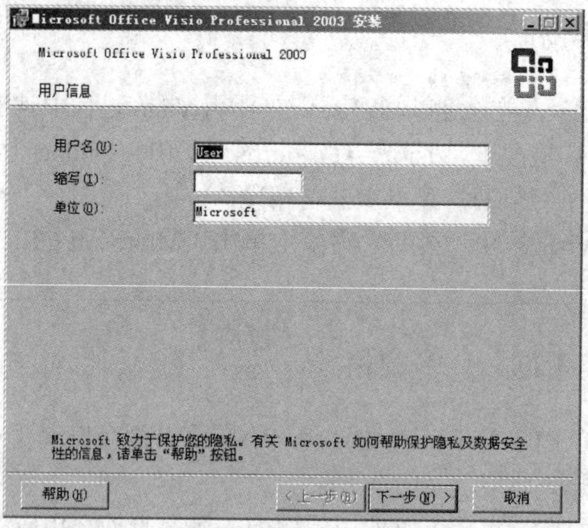

图 1.1 输入用户信息

图 1.2　选择安装方式和安装位置

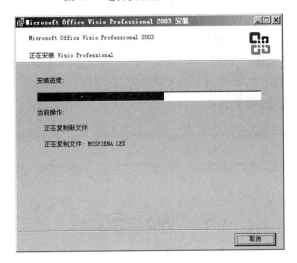

图 1.3　进入 Visio 2003 安装过程

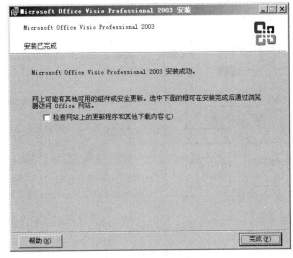

图 1.4　安装完成

如果 Visio 安装程序不自动启动，请按以下步骤手动启动 Visio 安装程序：

(1) 将 Visio CD 插入 CD-ROM 驱动器中。

(2) 在"开始"菜单上，单击"运行"。

(3) 键入 drive:\setup (用该 CD-ROM 驱动器所用的盘符替换 drive)。

(4) 单击"确定"。

Visio 安装程序随即启动并引导我们完成整个安装过程。

提示：安装好 Visio 后，如果发觉产品有问题，请单击"帮助"菜单上的"检测并修复"进行修复。要查看 Web 上是否有产品更新版，可单击"帮助"菜单上的"检查更新程序"。

1.5.2　激活

首次启动 Visio 时，会得到提示，要求激活该产品。"激活向导"将引导我们通过 Internet 连接或电话激活 Visio 所需的步骤。如果选择首次启动 Visio 时不激活它，以后也可以通过单击"帮助"菜单上的"激活产品"来完成激活过程。

注：如果在使用了若干次后仍不激活产品，产品功能将减少。长此以往，最终在不激活 Visio 的情况下所能执行的操作就只是打开和查看文件。

思考与操作：在哪里激活 Visio？

操作练习：＿＿＿＿＿＿＿＿＿＿＿＿＿＿＿＿＿＿＿＿＿＿＿＿＿＿＿＿＿＿＿

＿＿＿＿＿＿＿＿＿＿＿＿＿＿＿＿＿＿＿＿＿＿＿＿＿＿＿＿＿＿＿＿＿＿＿＿。

1.6　Visio 绘图流程

演示教学：下面以图解方式显示创建大多数 Visio 图表所遵循的基本步骤，即 Visio 绘图流程。

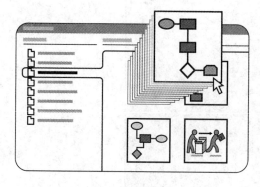

① 打开模板开始创建图表。

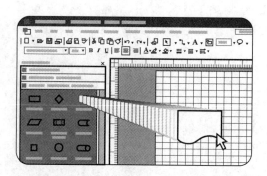

② 通过将形状拖到绘图页上来向图表添加形状。然后重新排列这些形状、调整它们的大小并旋转它们。

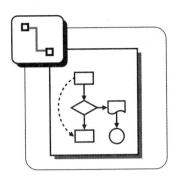

③ 使用连接线工具连接
图表中的形状。

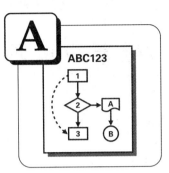

④ 为图表中的形状添加文本
并为标题添加独立文本。

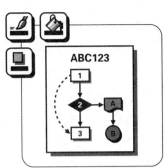

⑤ 使用格式菜单和工具栏
按钮设置图表中形状的格式。

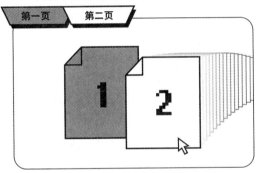

⑥ 在绘图文件中添加和处理绘图页。

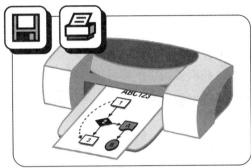

⑦ 保存和打印图表。

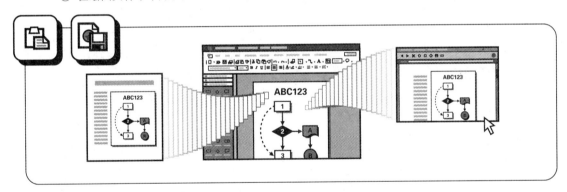

⑧ 通过将图表发布到 Web 上或并入 Microsoft Office 文件，实现图表的共享。

回顾　本章学习了哪些主要内容，请你总结一下：

复习测评

1. Visio 可以做什么？

2. 如何删除所绘制简单流程图中的一个或几个形状？

3. 如何向形状添加文本？

4. 当我们在形状上键入文本时可能会发生什么情况？

A. Visio 会询问我们要使用哪种字体，然后为我们推荐一种字号

B. Visio 会放大

C. "文本"对话框会打开。我们可以在该对话框中指定字体、大小和其他设置格式的选项

D. Visio 会将形状移动到文本所在的位置

5. 我们使用以下哪种工具给形状添加连接符？

A. 连接线工具　　　　B. 连接符工具　　　　C. 线条工具　　　　D. 指针工具

第 2 章　Microsoft Office Visio 2003 操作基础

内容摘要：

　　本章将详细介绍该软件的工作窗口、工具栏、菜单栏、创建图表、模板和样式、绘图比例、图层设置、快捷键等操作基础知识。

学习目标：

　　掌握 Visio 2003 的基本操作，进一步熟悉软件环境。

　　通过前一章的学习，我们对 Visio 有了一些初步的了解。创建图表、给图表加标签然后四处移动各个组件，都是很有趣的事情。现在，我们还需要对 Visio 进行更加深入的了解，要熟悉该软件的工作环境，掌握基本操作，了解有关创建图表的方法和信息。这样 Visio 才可以帮助我们完成更多的工作。

2.1　基 础 知 识

　　Microsoft Office 系列产品有许多共同特性，Visio 也不例外。它提供了 Office 通用的功能，如标准工具栏、菜单、内置自动更正功能、Office 拼写检查器、键盘快捷方式、"保存"和"另存为"对话框等，如图 2.1 所示。

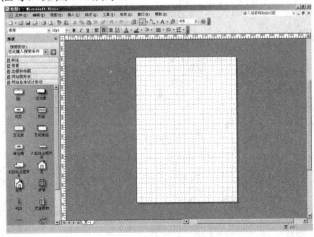

图 2.1　Visio 的工作环境

　　Visio 专业版还包括任务窗格、Office 搜索功能以及专门用于创建图表的模板和形状等，使图表的创建更加便捷，如图 2.2 所示。

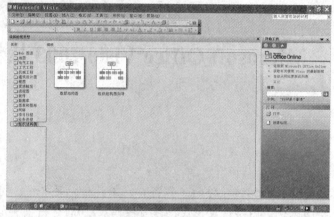

图 2.2　包含任务窗格的工作界面

　　只要熟悉 Microsoft Office 系列产品的环境，熟练使用工具栏和菜单，运用 Visio 图表模板，就可以方便、快速地创建图表。

2.2　工　作　窗　口

2.2.1　任务窗格

　　Visio 正常启动后，默认的工作界面应该是包含任务窗格的工作界面，如图 2.2 所示。任务窗格包含"选择绘图类型"和"开始工作"窗格两部分。

　　(1) 选择绘图类型窗格：分为类别和模板区域。每一绘图类别又包含许多模板，利用它们可迅速绘制图表。

　　演示教学：启动 Visio，显示"选择绘图类型窗格"中的"类别"和"模板区域"。将光标移动到 Web 图表类别的"网站图"模板，在选择绘图类型窗格的左下区域将显示网站图模板的说明，如图 2.3 所示。

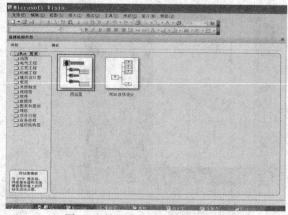

图 2.3　绘图类别中的模板说明

图 2.4　开始工作窗格

🐟**思考与操作**：Visio 有多少种绘图类别？

　　操作练习：启动 Visio，进入默认工作界面，熟悉任务窗格。

　　答案：Visio 有 Web 图表、地图、电气工程、工艺工程、机械工程、＿＿＿＿＿＿＿＿

＿＿＿＿＿＿＿＿＿＿＿＿＿＿＿＿＿＿＿＿＿＿＿＿＿＿＿＿＿＿等＿＿＿种绘图类别。

　　(2) 开始工作窗格："任务"窗格右侧的"开始工作"窗格分为 Office Online 和"打开"两个区域，如图 2.4 所示。

💻**演示教学**："开始工作"窗格可切换成"新建绘图"窗格。

　　单击"开始工作"窗格右侧的黑三角下拉菜单，选择"新建绘图"窗格，进入新建绘图窗格。

　　(3) 新建绘图窗格分为新建、模板、最近所用的模板等区域，每个区域又包含多个选项。

2.2.2　绘图窗口

💻**演示教学**：启动 Visio，选择"绘图类型"，当模板选定后，进入绘图窗口，如图 2.5 所示。

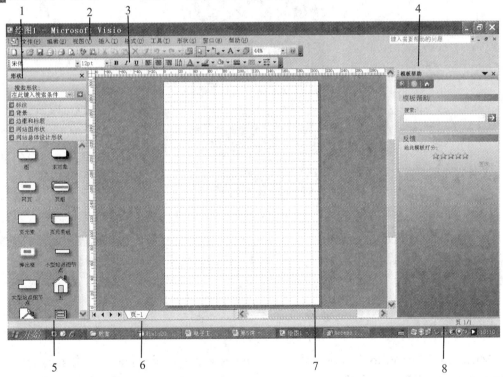

1—形状；2—菜单栏；3—工具栏；4—模板帮助；5—模具；6—页面标签；7—绘图页；8—状态栏

图 2.5　绘图窗口

　　Visio Professional 2003 的绘图窗口由绘图页、菜单栏、工具栏、状态栏、形状窗口等组成，包含了许多 Microsoft Office 的特性，并且与 Microsoft Office 兼容。

　　在形状窗口中包含一个或多个与任务相关的模具。模具是与特定的 Microsoft Office

Visio 绘图类模板相关联的一组主控形状。可将这些主控形状拖到绘图页面上，实现向绘图添加形状。默认情况下，与模板一起打开的模具位于绘图窗口的左侧，其扩展名为.vss。

思考与操作：如何在模板之外单独打开模具文件？

操作练习：在 Visio 工具栏上单击"打开"按钮，进入"打开"界面→文件类型选择模具→我的电脑，找到 Visio Professional 2003 的安装盘符→双击 Program Files→Microsoft Office→Visio 11→2052 文件夹→选择打开任意模具，模具文件将出现在形状窗口最下端。

主控形状是模具上可以用来反复创建绘图的形状。当将某个形状从模具窗口拖到绘图页面上时，形状就会成为该主控形状的实例。将光标指向模具中的主控形状时，将出现对应主控形状的简要说明，如图 2.6 所示。

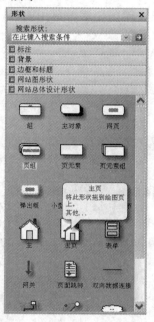

图 2.6　主控形状及其简要说明

在 Microsoft Office Visio 绘图中，形状既可表示实际的对象，也可以表示抽象的概念，即物理世界中的对象、组织层次结构中的对象、软件或数据库模型中的对象等。

2.3　工具和工具栏

Microsoft Office Visio 工具在工具栏上的分组标准是：可用来执行同类任务的工具分在一组。如图 2.5 所示，工具栏位于屏幕顶部。要查看某个工具或按钮的用途，可将指针停放在相应的工具或按钮上，此时会出现提示，说明该工具的用途。如果未出现提示，请在"视图"菜单下依次选择"工具栏→自定义→选项"，勾选"显示关于工具栏的屏幕提示"。

演示教学：工具栏屏幕提示的显示方法。

思考：还有其他方法显示工具栏屏幕提示吗？

2.3.1　工具栏的类型

Microsoft Office Visio 2003 工具栏包括常用、格式、Web、布局与排列、动作、对齐和粘附、绘图、开发人员、模具、墨迹、任务窗格、设置形状格式、设置文字格式、审阅、视图、图片、自定义等工具按钮。

1. 常用工具栏

常用工具栏如图 2.7 所示。

图 2.7　常用工具栏

演示教学：显示常用工具栏。

视图菜单→工具栏→常用，即可显示如图 2.7 所示的常用工具栏。

思考：如何打开其他工具栏？_____。

常用工具栏包括用于拖动和绘制形状的主要工具，还包括 Windows 一些标准的程序工具，如新建、打开、保存、打印文件等，如表 2.1 所示。

表 2.1　常用工具按钮功能

按　钮	工具名称	功　能　简　介
	新建	创建新的 Visio 绘图或打开对应模板的空白绘图页
	打开	打开已有的 Visio 绘图、模板、模具等文件
	保存	保存 Visio 绘图、模板、模具等文件
	另存为网页	另存 Visio 绘图、模板、模具等文件为网页
	文件搜索	打开基本文件搜索空格、搜索文件
	打印页面	打印图形文件
	打印预览	预览图形文件的打印效果
	拼写检查	检查活动绘图文件中的形状字段、摘要信息字段和数据字段内的文字拼写
	电子邮件	将当前绘图页以电子邮件附件的形式发送
	信息检索	搜索多种信息检索和参考服务中查找的文字等
	剪切	剪切所选项目到剪贴板上
	复制	复制所选项目到剪贴板上
	粘贴	粘贴剪贴板上的项目到绘图
	删除	删除所选项目如形状、连线或文本等

按　钮	工具名称	功　能　简　介
	格式刷	单击该命令可以对单个形状进行格式化，双击该命令可以对多个形状进行格式设置
	撤消	取消前一步操作
	恢复	恢复被取消的前一步操作
	形状	查找绘图上的形状，打开已有的 Visio 模具
	指针工具	包含 区域选择， 套索选择， 多重选择，单击指针工具，可以用于选择图形，以便编辑所选图形
	连接线工具	连接点工具 组合在连接线工具 下，分别用于创建连接线、连接点
	文本工具	文本块工具 组合在文本工具 下，用于创建、编辑文本和文本块等
	墨迹工具	墨迹工具栏中的两支圆珠笔 、 ，一支签字笔 ，或两支荧光笔 、 工具用于创建手工绘制的形状
	绘图工具	绘图工具下组合有线条工具 、弧形工具 、自由绘制工具 、铅笔工具 、椭圆工具 、矩形工具 ，用于绘制椭圆、矩形、直线、弧、自由曲线等图形，其中使用椭圆形工具 和矩形工具 的同时按 Shift 键，可分别绘制正方形和正圆
	图章工具	通过盖章方式连续复制形状
 100%	缩放	设置图形的显示大小
	帮助	提供 Visio 帮助

注：右侧带有下箭头 的工具按钮为组合工具，此工具按钮显示该组合中最近使用过的工具对应的按钮。要查看其他工具，请单击该工具按钮旁的下箭头 。

2. 格式工具栏

格式工具栏如图 2.8 所示。

图 2.8　格式工具栏

格式工具栏包括用于更改字体、格式、颜色和线条样式的按钮，如表 2.2 所示。

表 2.2　格式工具栏按钮功能

按　钮	工具名称	功　能　简　介
正常	样式	在此列表中选择一种样式
宋体	字体	在此列表中选择一种字体
12pt	字号	在此列表中选择一种字号
B	粗体	使所选文字为粗体
I	斜体	使所选文字为斜体
U	下划线	使所选文字为下划体
≡	左对齐	使所选文本段落左对齐
≣	居中	使所选文本段落居中
≣	右对齐	使所选文本段落右对齐
≡	两端对齐	使所选文本段落两端对齐
⫴	竖排文字	使所选文本段落竖排，同时按钮显示被切换为 ⧉ 横排文字工具
A·	文字颜色	设置所选文本的字体颜色
◢·	线条颜色	设置所选图形的线条颜色
◇·	填充颜色	设置所选图形的填充颜色
≣·	线条粗细	设置所选图形的线条粗细
≣·	线型	设置所选图形的线型
⇄·	线端	为选定曲线、直线或连线的起点、终点选择所需的线端，指定所选线的始端、末端大小

3. Web 工具栏

Web 工具栏如图 2.9 所示。

图 2.9　Web 工具栏

Web 工具用于插入超链接，在 Web 上向前和向后翻页以及打开 Microsoft Internet Explorer，如表 2.3 所示。

表 2.3   Web 工具按钮功能

按 钮	工 具 名 称	功 能 简 介
	插入超链接	使所选的文本或图形对象作为超级链接
	后退	浏览上一个 Web 页
	前进	浏览下一个 Web 页

4. 布局与排列工具栏

布局与排列工具栏如图 2.10 所示。

图 2.10   布局与排列工具栏

布局与排列工具用于更改连接线穿绕方式，如表 2.4 所示。

表 2.4   布局与排列工具按钮功能

按 钮	工具名称	功 能 简 介
页面默认值	页面默认值	包含流程图、组织结构图、树、简单↓→↑←、直角、直线、从中心到中心、水平—垂直、垂直—水平工具组合，用于设置连接线的排列样式
	直线	使所选连接线为直线连接
	曲线	使所选连接线为曲线连接
	重置连接线	重排连接线，即使以前设置为"从不重排"
	自由重排	自由重排连接线
	根据需要重排	只要需要，连接线便重排，这是动态连接线的默认设置
	在交点上的重排	当连接线的支线将跨越与其相连的形状时，重排连接线
	从不重排	即使连接线的支线跨越了与其相连的形状，也不进行重排
	页面默认值	包含ᴗ弧形、··间距、ᒉ正方形、∣ᅬ2 个面、∣ᅰ3 个面、∣ᅳ4 个面、ᅴ5 个面、ᅵ6 个面、ᅶ7 个面等工具组合用于设置跨线样式
	无线条	包含⊞水平线条、⊟垂直线条、⊡最后一个旋转的线条、⊞最后一个显示的线条、⊞第一个显示的线条等工具组合，用于设置线条格式等
	放下时移走其他形状	拖动图形放下时移走与其重叠的其他形状

5. 动作工具栏

动作工具栏如图 2.11 所示。

图 2.11 动作工具栏

动作工具栏包括用于对齐、旋转、连接形状、更改形状、堆叠顺序和组合形状的按钮，如表 2.5 所示。

表 2.5 动作工具按钮功能

按 钮	工具名称	功 能 简 介
	对齐形状	该工具组合包含 ⊟ 左对齐、⊟ 居中、⊟ 右对齐、⊟ 顶端对齐、丨 中部对齐、⊟ 底端对齐,用于将选定的形状与形状(用绿色选择手柄表示)对齐
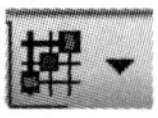	分配形状	该工具组合包含 ⊟ 分配水平间距、⊟ 分配中心、⊟ 分配垂直间距、⊟ 分配中线工具,用于以固定的间隔将三个或更多选定的形状放置在绘图页上,分配形状与选择形状时的先后顺序无关
	连接形状	用连接线连接所选的多个形状
	排放形状	确定排放形状命令放置形状及排列形状之间连接线的方式,用于放置到所选形状或当前页
	水平翻转	使所选图形沿垂直轴翻转
	垂直翻转	使所选图形沿水平轴翻转
	右转	使所选图形顺时针旋转 90°
	左转	使所选图形逆时针旋转 90°
	90°旋转文字	使所选文字旋转 90°
	置于顶层	将所选图形放置到顶层
	置于底层	将所选图形放置到底层
	组合	将所选形状组合在一起
	取消组合	将所选组合形状取消,分为单个图形
	自定义属性	设置具有自定义属性形状的属性

6. 对齐和粘附工具栏

对齐和粘附工具栏如图 2.12 所示。

图 2.12 对齐和粘附工具栏

对齐和粘附工具栏包括用于更改对齐或粘附方式的按钮，如表 2.6 所示。

表 2.6　对齐与粘附工具按钮功能

按　钮	工具名称	功　能　简　介
	切换对齐	切换至对齐模式
	切换粘附	切换至粘附模式
	对齐动态网络	使所拖动的主控图形放置时自动对齐经过的动态网格
	对齐绘图辅助线	使所拖动的主控图形放置时自动对齐经过的辅助线
	对齐标尺细分线	使所拖动的主控图形旋转时自动对齐经过的标尺细分线
	对齐网格	使所拖动的主控图形放置时自动对齐经过的网格
	对齐对齐框	使所拖动的主控图形放置时自动对齐经过的对齐框
	对齐形状交点	使所拖动的主控图形放置时自动对齐经过的形状交点
	粘附到形状几何图形	使光标粘附到图形的形状几何图形
	粘附到参考线	使光标粘附到图形的辅助线
	粘附到形状手柄	使光标粘附到图形的形状手柄
	粘附到形状顶点	使光标粘附到形状的顶点
	粘附到连接点	使光标粘附到图形的连接点

7. 开发人员工具栏

开发人员工具栏如图 2.13 所示。

图 2.13　开发人员工具栏

开发人员工具栏包括运行宏、Microsoft Visual Basic 编辑器、插入控件、显示 ShapeSheet(ShapeSheet 包含有关形状信息的电子表格，例如，其尺寸、角度和旋转中心，以及决定形状外观的样式)以及设计模式等按钮，如表 2.7 所示。

表 2.7　开发人员工具按钮功能

按　钮	工具名称	功　能　简　介
	运行宏	显示可以运行以自动执行特定任务的宏和附件
	录制新的宏	录制宏来使任务自动化或生成代码
	Visio Basic 编辑器	在 Visio Basic 编辑器中构建 VBA 程序
	插入控件	插入 Microsoft ActiveX 控件，它们是可编程对象，可用于向绘图添加功能
	显示 ShapeSheet	显示相关信息的 ShapeSheet 电子表格
	设计模式	切换至设计模式

8. 模具工具栏

模具工具栏如图 2.14 所示。

图 2.14　模具工具栏

模具工具栏包含用于打开、创建和更改模具的按钮，如表 2.8 所示。

表 2.8　模具工具按钮功能

按　钮	工具名称	功　能　简　介
	新建模具	新建一个模具窗口
	文档模具	切换到特定于该绘图文件的文档模具窗口中
	图标和名称	使模具窗口中的主控形状显示图标和名称
	仅图标	使模具窗口中的主控形状仅显示图标
	仅名称	使模具窗口中的主控形状仅显示名称
	图标和详细信息	使模具窗口中的主控形状显示图标和详细信息

9. 设置文字格式工具栏

设置文字格式工具栏如图 2.15 所示。

图 2.15　设置文字格式工具栏

设置文字格式工具栏包括文字样式的列表以及用于更改格式、对齐方式、大小和项目符号的工具按钮，如表 2.9 所示。

表 2.9　设置文字格式工具按钮功能

按　钮	工具名称	功　能　简　介
正常	文字样式	单击所需用于选定段落的样式
	增加字号	将所选文字的字号增加 1 磅
	减小字号	将所选文字的字号减小 1 磅
	删除线	将所选文字中央画一条线，或取消所选内容已具有的删除线格式
	小型大写字母	将所选小写字母的文字格式设为大写字母，并减小其字号
	上标	将所选文字的格式设为上标
	下标	将所选文字的格式设为下标
	顶端对齐	按顶边界水平对齐选定文本段落
	居中	在上下边界之间垂直居中对齐选定文本段落
	底端对齐	按底边界垂直对齐选定文本段落
	项目符号	为所选段落添加项目符号或取消其项目符号
	减小缩进	将所选段落缩进到前一制表位，或以标准字体的字符宽度为单位向左缩进所选项目的内容
	增加缩进	将所选段落缩进到后一制表位，或以标准字体的字符宽度为单位向右缩进所选项目的内容
	减少段落间距	减少所选段落的间距
	增加段落间距	增加所选段落的间距

10. 设置形状格式工具栏

设置形状格式工具栏如图 2.16 所示。

图 2.16 设置形状格式工具栏

设置形状格式工具栏包括用于线条样式、填充样式的列表以及用于图层、圆角、透明度、填充图案和阴影颜色的工具按钮，如表 2.10 所示。

表 2.10 设置形状格式工具按钮功能

按 钮	工具名称	功 能 简 介
————正常 ▼	线条样式	单击需用于选定形状的线条样式
□ 正常 ▼	填充样式	单击需用于选定形状的填充样式
{没有图层} ▼	图层	将所选的形状分配到一个或多个图层，或删除形状的图层分配
▼	圆角	设定所选图形的圆角格式
▼	透明度	设定所选图形的透明度
▼	填充图案	单击需用于选定形状的填充图案
▼	阴影颜色	单击需用于选定形状的阴影颜色

11. 视图工具栏

视图工具栏如图 2.17 所示。

图 2.17 视图工具栏

视图工具栏包括用于显示或隐藏标尺、网格、辅助线、连接点和分页符的按钮，用于显示图层属性的按钮以及显示或隐藏"形状窗口""扫视和缩放视图""自定义属性窗口""大小和位置窗口""绘图资源管理器窗口"及"主控形状资源管理器窗口"的按钮，如表 2.11 所示。

表 2.11 视图工具按钮功能

按 钮	工具名称	功 能 简 介
	标尺	在绘图页边缘上显示或隐藏标尺
	网格	在绘图页上显示或隐藏交叉分布的网格线
	辅助线	在绘图页上显示或隐藏辅助线(非打印线条)
	连接点	显示或隐藏绘图页上的连接点
	分页符	显示或隐藏绘图页上的分页符，用于指示打印页的大小和边距
	形状窗口	可选择并打开需要的形状
	扫视和缩放视图	显示或隐藏扫视和缩放窗口，在此可将放大框拖动到所需区域

续表

按　钮	工具名称	功　能　简　介
	自定义属性窗口	显示或隐藏自定义属性窗口
	大小和位置窗口	显示或隐藏大小和位置窗口
	绘图资源 管理器窗口	显示或隐藏绘图资源管理器窗口
	主控形状资源 管理器窗口	显示或隐藏主控形状资源管理器窗口
	图层属性	显示图层属性对话框，在此可新建、删除、重命名图层，修改所选图层的属性

2.3.2　显示、隐藏、移动、调整工具栏

在 Microsoft Office Visio Professional 2003 中，可显示、隐藏、浮动、固定、移动工具栏，也可以查看所有工具栏按钮，将多个工具栏放到同一行上等。

1. 显示或隐藏工具栏

演示教学：右键单击工具栏，在弹出的工具栏快捷菜单中单击选择/清除需要的菜单命令，可切换显示/隐藏工具栏。

思考：是否有其他方法进行工具栏显示/隐藏的切换？＿＿＿＿＿＿＿＿＿＿＿＿＿＿

＿＿＿＿＿＿＿＿＿＿＿＿＿＿＿＿＿＿＿＿＿＿＿＿＿＿＿＿＿＿＿＿＿＿＿＿。

2. 显示默认的工具栏和菜单命令

演示教学：视图菜单→工具栏(T)→自定义(C)→选项(O)，打开自定义界面→单击"重置菜单和工具栏惯用数据"按钮，弹出 Microsoft Office Visio 提示对话框，选择"是"→关闭。

注：① 只有在内置工具栏上没有足够的空间显示所有按钮时，"重设菜单和工具栏惯用数据"按钮才会影响内置工具栏上显示的按钮。② 只有当清除了"自定义"对话框中"选项"卡的"始终显示整个菜单"框后，该按钮才会影响内置菜单上显示的菜单命令。③ "重设菜单和工具栏惯用数据"按钮不会更改工具栏的位置，不会删除使用"自定义"对话框添加的任何按钮或命令，也不会添加已删除的按钮或命令。

3. 查看所有工具栏按钮

要查看工具栏上未能在内置工具栏上得以显示的按钮列表，请单击工具栏末端的按钮，再单击所需的按钮。

4. 将多个工具栏放到同一行上

思考与操作：为什么有时我们找不到某个按钮？那是因为当一个工具栏与另一个工具栏位于同一行上，可能就没有足够的空间来显示全部按钮。

操作练习：将多个工具栏放到同一行上。

将光标指向某工具栏的移动手柄，当出现四向指针后，移动该工具栏使其与别的工具栏放在一行上。

5. 浮动、固定或移动工具栏

💻**演示教学**：以上操作练习的反操作，即可浮动菜单/工具栏。重新固定菜单/工具栏的方法是，拖动"菜单/工具栏"的"标题栏"至窗口顶部、底部、左侧或右侧，直到菜单/工具栏与主窗口的边缘对齐；双击"菜单/工具栏"的"标题栏"，可使其返回最初固定位置。

　　思考：如何移动工具栏？_____

_____。

6. 调整浮动工具栏的大小

💽**思考与操作**：如何调整浮动工具栏的大小？

　　操作练习：将光标放到浮动工具栏边缘，直到出现一个横向↔或竖向↕双向箭头时，拖动浮动窗口的边缘，就可调整工具栏的大小。_____。

2.3.3　自定义工具栏

1. 创建、删除自定义工具栏

1) 创建步骤

💻**演示教学**：视图菜单→工具栏→自定义，弹出"自定义"对话框→工具栏→新建→在"工具栏名称"文本框中键入新建工具栏名称→确定(如图 2.18 所示)→(此时，在对应栏中增加了新建的工具栏的名称及工具栏)关闭(如图 2.19 所示)。

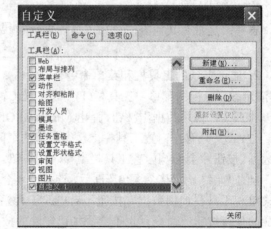

　　图 2.18　新建工具栏对话框　　　　　　　图 2.19　新建工具栏名称及其工具栏

2) 删除步骤

　　思考与操作：如何删除新建的工具栏？

🖐**操作练习**：在图 2.19 所示对话框中单击"自定义 1"工具栏名称→删除→确定→关闭。

_____。

2. 将按钮添加到现有工具栏上

💻**演示教学**：视图菜单→工具栏→自定义，在弹出的界面中单击"命令"，在类别列表中单击选择包含要添加按钮的命令所属的类别，在命令列表中选择某一命令(如墨迹透明度)，如图 2.20 所示。拖动该命令到要添加按钮的工具栏(如自定义 1)适当的位置释放鼠标。

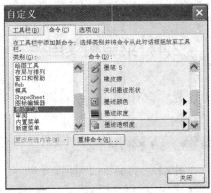

图 2.20　选择要添加命令的所属的类别

思考与操作：(1) 如何显示按钮上的文本和图像，或仅显示文本？

　　操作练习：在按钮添加到工具栏上之后，在"自定义"窗口中单击"命令"选项卡→单击"更改所选内容"按钮→选择"默认样式""总是只用文字"或"图像与文本"，可以不同的方式显示按钮上的文本或图。

_____。

　　(2) 如何删除按钮？ _____。

　　(3) 如何改变按钮的图标？(尝试操作：视图菜单→工具栏→自定义→"命令"→选择需要更换的按钮图标→"更改所选内容"按钮中的"更改按钮图像"→选择需要更改按钮图标。) _____。

　　(4) 如何添加垂直线条来分隔按钮组？

　　操作练习：在工具栏上单击分隔线预期位置右侧的按钮→"更改所选内容"→"开始一组"。_____。

　　(5) 如何删除分隔条？

　　(6) 如何将"橡皮擦"按钮图标更换为"笑脸"按钮图标。

　　操作练习：将一个按钮拖向另一个按钮。_____。

3. 还原内置菜单或工具栏上的最初按钮和命令

演示教学：视图菜单→工具栏→自定义→工具栏选项卡→单击选择工具栏的名称(如选择"动作"，如图 2.21 所示)→重新设置→确定→关闭。内置工具栏被还原为最初按钮命令。

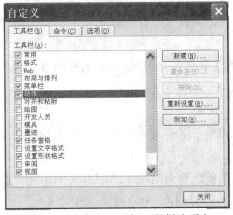

图 2.21　自定义对话框工具栏选项卡

2.4　菜单和菜单栏

Microsoft Office Visio 2003 软件含有 Windows 标准样式的菜单和菜单栏。菜单栏是屏幕顶部的工具栏，如图 2.22 所示。

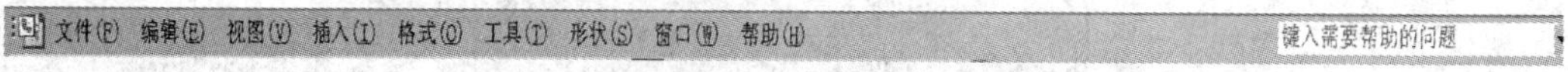

文件(F) 编辑(E) 视图(V) 插入(I) 格式(O) 工具(T) 形状(S) 窗口(W) 帮助(H)
键入需要帮助的问题

图 2.22　Visio 2003 常用菜单栏

大多数菜单都位于菜单栏上，菜单栏可能包含几个菜单，每个菜单显示一个命令列表。工具栏可以包含按钮、菜单或两者的组合，如图 2.23 所示。

文件(F)
编辑(E)
视图(V)
插入(I)
新建(N)
打开(O)... Ctrl+O
关闭(C)
保存(S) Ctrl+S
另存为(A)...
另存为网页(G)...
1
2
3

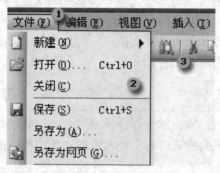

图 2.23　菜单栏、列表、工具栏的关系

注：① 菜单栏包含若干个菜单，每个菜单均显示一个命令；② 列表；③ 工具栏可以包含按钮、菜单或二者的组合。

2.4.1　菜单的类型

Microsoft Office Visio 2003 的标准菜单栏含有文件、编辑、视图、插入、格式、工具、形状、窗口和帮助等菜单。

1. 文件菜单

如图 2.24 所示，文件菜单包含有新建、打开、保存、打印、退出等 Windows 文件标准的文件命令，还包含有模具、形状等特有的命令。

2. 编辑菜单

如图 2.25 所示，编辑菜单包含有 Windows 编辑功能命令，如剪切、复制、查找、替换等。

3. 视图菜单

如图 2.26 所示，视图菜单包含有与视图操作有关的功能命令。

4. 插入菜单

如图 2.27 所示，插入菜单包含有与插入对象有关的功能命令。运用这些命令可以把图片、CAD 绘图、注释、超链接等插入 Visio 绘图页中。

图 2.24　文件菜单

图 2.25　编辑菜单

图 2.26　视图菜单

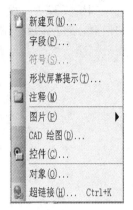
图 2.27　插入菜单

5. 格式菜单

如图 2.28 所示，格式菜单包含 Visio 格式功能命令。运用文本格式命令可以为所选文本或所选形状的整个文本块指定字体和样式特性；运用图层命令可将所选的形状分配到一个或多个图层，也可以删除形状的图层分配。

6. 工具菜单

如图 2.29 所示，工具菜单包含有 Microsoft Office 工具菜单的功能命令。单击拼写检查命令可以检查活动绘图文件中的形状字段、摘要信息字段或数据字段内的文字拼写，单击选项命令可以设置常规、保存、视图、高级等 Visio 的选项。

7. 形状菜单

如图 2.30 所示，形状菜单包含有与形状有关的功能命令。运用这些命令可以在其绘图页将选定的形状与主形状对齐、组合形状、排列图形的前后顺序、旋转或翻转所选定的形状等等。

8. 窗口菜单

如图 2.31 所示，窗口菜单包含了平铺、新建窗口、层叠等 Microsoft Office 窗口菜单的功能命令，还包含特有的显示 ShapeSheet 命令。

图 2.28　格式菜单

图 2.29　工具菜单

图 2.30　形状菜单

图 2.31　窗口菜单

9. 帮助菜单

如图 2.32 所示，帮助菜单包含帮助功能命令，运用这些帮助命令可获得与 Visio 相关的信息，包括如何与 Microsoft 客户服务或技术支持部门联系的信息等。

图 2.32　帮助菜单

10. 其他菜单

Microsoft Office Visio 2003 针对不同的解决方案分别增加了相应的菜单，以满足各方面用户的需求。如在数据库解决方案中增加了数据库菜单；在组织结构图解决方案中增加了组织结构图菜单；在 Web 图表解决方案中增加了 Web 菜单；在建筑设计图解决方案中增加了设计图菜单等。

🖥演示教学：文件菜单→新建→数据库→数据库模型文件，展开数据库菜单。

文件菜单→新建→组织结构图→组织结构图文件，展开组织结构图菜单。

文件菜单→新建→Web 图表→网站图文件，展开 Web 菜单。

文件菜单→新建→建筑设计图→办公室布局，展开设计图菜单。

2.4.2　显示、自定义菜单

1. 显示菜单上的所有命令

🖥演示教学：(1) 在菜单中单击菜单底部的箭头 ❘　❘。

(2) 在菜单栏中双击某菜单(如插入菜单)可以展开菜单上的所有命令。

2. 始终显示菜单上的所有命令

🖥思考与操作：如何始终显示菜单上的所有命令？

操作练习：视图菜单→工具栏→自定义→选项→选择"始终显示整个菜单"复选框→关闭。＿＿＿＿＿＿＿＿＿＿＿＿＿＿＿＿＿＿。

3. 删除菜单或菜单命令

🖥演示教学：(1) 删除菜单：视图菜单→工具栏→自定义→将某菜单(如帮助菜单)拖出"菜单栏"并放入"自定义"对话框中，可删除该菜单→关闭。

(2) 删除菜单命令：视图菜单→工具栏→自定义→将某菜单命令拖出菜单并放到绘图页上，可删除菜单命令→关闭。

4. 自定义菜单

🐾 **思考与操作**: 如何自定义菜单?

操作练习: 视图菜单→工具栏→自定义→命令→内置菜单(新建菜单), 以下步骤与自定义工具栏相同(拖到菜单栏)。_____。

5. 将自定义菜单重置为默认菜单

💻 **演示教学**: 视图菜单→工具栏→自定义→工具栏→"菜单栏"复选框→重新设置→确定→关闭。

2.5 创 建 图 表

2.5.1 用模板创建图表

我们在制作图表时,可以使用模板创建 Visio 图表。模板是一种文件,用来打开绘图页并包含创建图表所需形状的模具,还包含适合该绘图类型的样式、工具和其他设置。例如,要创建基本流程图,可以打开"基本流程图"模板,其中包含适用于多种流程图的流程图形状、箭头及线条的样式,然后,将形状从"形状"窗口的模具中拖到绘图页上。图 2.33 为 Microsoft Office Visio 工作界面。

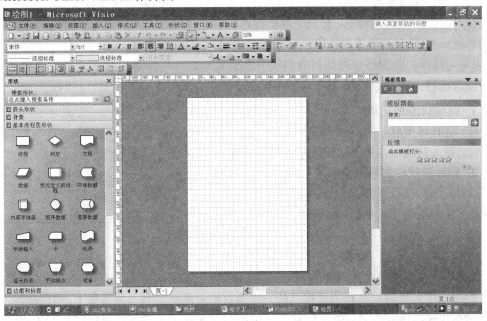

图 2.33 Microsoft Office Visio 2003 工作界面

💻 **演示教学**: (1) 启动 Visio,在"选择绘图类型"窗口的"类别"下,单击要创建的绘图类型。

(2) 在"模板"下,单击要打开的模板,随即将出现绘图页,以及开始创建图表所需的形状和工具。

(3) 将形状从"形状"窗口的模具中拖到绘图页上。Visio 会将形状与绘图页上最近的网格线对齐，因此可以精确地确定形状在图表上的位置。

2.5.2　移动形状和调整形状大小

向图表添加形状后，我们可以重新排列这些形状，调整它们的大小，旋转它们并改变它们的外观，以改进图表。如果我们正在创建大幅或详细的图表，还可以放大图表以看到更多细节。

Visio 形状是一维(1-D)形状或二维(2-D)形状。当选定一个形状时，会显示用来调整形状大小的选择手柄(□)和用来旋转形状的旋转手柄(◇)。一个形状所显示的选择手柄的数量和类型取决于该形状是一维的还是二维的。

有些形状还具有控制手柄(◇)，利用它们可以修改形状。具有控制手柄的形状，其各个控制手柄都具有该形状的独有功能。例如，我们可以通过控制手柄来调整形状的角的圆度或调整箭头的形状，调整行距等。

演示教学：

拖曳几个形状到绘图页，移动形状，改变它们的大小。

2.5.3　向形状添加文本

我们可以为大多数 Visio 形状(包括连接线)添加文本。如果形状已带有文本，我们可以通过打开其文本框来编辑它。此外，我们还可以创建仅限于文本的形状(即不显示线条或填充的形状)，用来向图表添加注释、标题和列表。

思考与操作：是否还记得如何向形状中添加文本？

操作练习：

1. 向形状添加文本

(1) 选择该形状，然后键入文本。

(2) 键入完成后，按 Esc 键或单击形状外部。

2. 删除形状中的所有文本

(1) 双击形状以选择其所有文本。

(2) 按 Delete 键，然后单击形状外部。_____。

2.5.4　连接形状

诸如流程图、组织结构图、框图、网络图和 Web 图之类的图表有一个共同的操作：连接。在 Visio 中可以通过将称为连接线的一维形状附着或粘附到二维形状上，创建这些连接。在移动形状时，连接线会保持附附状态，例如，当移动一个流程图形状时，连接线会自动重新定位，以确保其端点始终粘附在该形状上。

使用形状到形状连接，Visio 将在两个形状间进行最近的连接。这表示在移动连接的形状时，连接点可能会发生变化。使用点到点连接，我们可以通过将端点粘附到形状上的特定点来确定连接点。无论我们将连接的形状移到什么位置，连接线端点的位置都保持不变，如图 2.34 所示。

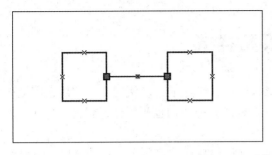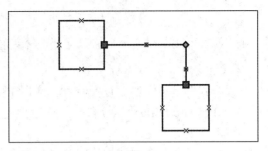

图 2.34　形状到形状的连接

注：当我们移动使用形状到形状连接方式连接的形状时，连接线将附着在两个形状间距离最近的点上，因此连接点可能会发生变化。

2.5.5　设置形状格式

一个形状的格式类型取决于该形状是一维(1-D)形状还是二维(2-D)形状。我们可以更改二维形状的以下格式设置：

(1) 填充颜色(形状内部的颜色)。

(2) 填充图案(形状内部的图案)。

(3) 图案颜色(组成图案的线条的颜色)。

(4) 线条颜色和线型。

(5) 线条粗细(线条厚度)。

(6) 填充透明度和线条透明度。

我们还可为二维形状添加阴影并控制圆角。

演示教学：(1) 单击一个二维形状，再在"格式设置"工具栏上单击"线条颜色"或"填充颜色"按钮旁边的箭头以显示调色板，然后选择"线条颜色"或"填充颜色"。

(2) 单击一个二维形状，然后在"设置形状格式"工具栏上单击"圆角""透明度""填充图案"或"阴影颜色"按钮。

(3) 单击一个二维形状，然后在"格式"菜单上，单击"线条""填充""阴影"或"圆角"。

2.5.6　完成和使用图表

完成图表后，我们可以使用与保存或打印任何 Microsoft Office 文件大体相同的方法，保存或打印图表。

演示教学：保存图表。

(1) 在"文件"菜单上，单击"保存"或"另存为"。

(2) 在"文件名"中，键入绘图文件的名称。

(3) 对于"保存位置"，请打开要保存该文件的文件夹。

(4) 如果要以其他文件格式保存图表，请在"保存类型"框中选择所需的文件格式。

如果要以 Visio 文件格式保存图表，则可以跳过这一步。

(5) 单击"保存"。

2.6　模板和样式

　　"样式"是一组格式设置特性，应用于形状后可以快速更改形状的文本、线条和填充格式。Microsoft Office Visio 自带了一组预定义的样式，但我们也可以创建自己的样式，以使形状的外观标准化。

　　自定义样式与创建该样式时打开的绘图相关联。要使样式可用于以后的绘图，可将绘图保存为模板或将样式复制到另一个文档中。

　　"模板"是扩展名为.vst 的 Microsoft Office Visio 文件。该文件中包含创建特定类型的绘图所需的模具、样式和页面设置。如果要创建外观一致的多个绘图文件时，可以创建一个所有绘图都要遵循的模板，这样就不必再为每个绘图文件一一打开相关的模具或其他常用模具，创建样式并进行页面设置等。

2.6.1　新建、删除样式

　　我们可以为绘图定义默认的填充、线条和文本样式。当将同一样式分配给多个形状时，这些形状将享有共同的、标准化的格式。相关的形状通常共享相同的样式，通过编辑样式，就可以快捷地为绘图中的所有形状更改格式。

　　演示教学：新建、删除样式。

　　格式菜单→定义样式→输入新样式名称→基于无样式→勾选文本、线条、填充→分别对它们进行设置→单击添加(或应用，应用于所选形状；或确定，关闭对话框)，还可以删除该样式，如图 2.35 所示。

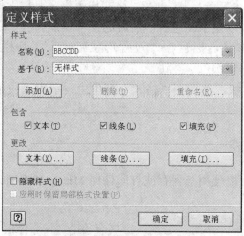

图 2.35　定义样式对话框

2.6.2　应用样式

　　演示教学：在 Visio 绘图页中，选择需要设置格式的形状→格式菜单→样式→自定义的样式(分别就文本、线条、填充进行选择)→应用→确定。

2.6.3　创建模板

创建并保存自己的模板的步骤如下：

(1) 执行下列操作之一开始创建模板：

• 要打开准备另存为模板的某个现有的绘图文件，请单击"文件"菜单上的"打开"。在"打开"对话框中，找到该绘图文件，然后单击"打开"。

• 要打开准备修改并另存为自定义模板的某个 Visio 模板，请在"文件"菜单上依次指向"新建"和适当的绘图类型，然后单击该模板的名称。

• 要启动仅包含空白绘图页的模板，请在"文件"菜单上指向"新建"，然后单击"新建绘图"。

(2) 通过执行下列操作之一，打开准备与模板一起保存的其他任何模具：

• 在"文件"菜单上，指向"形状"，单击"打开模具"，然后单击该模具的名称。

• 在"文件"菜单上，依次指向"形状"和适当的绘图类型，然后单击该模具的名称。

(3) 更改绘图的页面设置和样式，请单击"文件"菜单上的"页面设置"。要添加或修改样式，请单击"格式"菜单上的"定义样式"。

(4) 在"文件"菜单上，单击"另存为"。

(5) 对于"保存类型"，选择"模板"(.vst 扩展名)。

(6) 对于"文件名"，键入模板的名称。

(7) 对于"保存位置"，打开要保存该模板的文件夹。

(8) 对于"保存"，单击"保存"旁边的箭头并确保选取了"工作区"，然后单击"保存"。

2.7　绘　图　比　例

如果所创建的绘图包含尺寸大于页面尺寸的实际物体(如办公室中的家具)，则需要根据比例(实际距离与 Visio 绘图中表示的距离之间的关系的度量，例如在平面布置图中，1 m 的实际距离可能用绘图中的 1 cm 来表示)进行绘制。

绘图比例指定绘图页上的距离如何表示实际距离，例如办公室布局图上的 1 英寸(1 英寸=2.54 cm)可能代表实际办公室的 1 英尺(1 英尺=30.48 cm)。

2.7.1　绘图比例类型

1. 按比例缩放的绘图

某些模板打开时已设置好绘图比例，该绘图类型在打开时已经设置好绘图比例。用户可根据需要更改该绘图类型的绘图比例。

演示教学：

文件菜单→新建→建筑设计图→办公室布局类型的绘图文件→页面设置→绘图缩放比例：查看预定义的缩放比例。

2. 未按比例缩放的绘图

以 1：1 的绘图比例打开的绘图称为未按比例缩放的绘图。此类绘图可用于创建不代表真实世界中实际物体的抽象绘图，如基本流程图。

2.7.2 设置页面绘图比例

页面绘图比例是打印页上的尺寸与实际尺寸之间的比率。如，1 cm：1 m 表示打印纸上 1 cm 代表 1 m 的实际距离。绘图比例越小，能表示的区域就越大。

页面绘图比例的设置步骤：待设置的页面→文件菜单→页面设置→绘图缩放比例→预定义的缩放比例(或自定义缩放比例)→机械工程(或其他)→页属性→更改"度量单位"列表所需的单位(mm，cm 等)→应用，如图 2.36 所示。

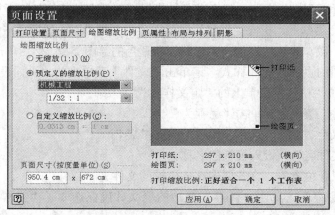

图 2.36 设置页面绘图比例

演示教学：为背景页设置相同的绘图比例。

文件菜单→新建→流程图→基本流程图→形状窗口→背景→拖入页面→文件→页面设置→在页属性(背景)和绘图缩放比例中进行比例的设置。

2.7.3 设置度量单位和页面单位

选择绘图比例时，Microsoft Office Visio 会自动设置度量单位和页面单位。

"度量单位"表示实际的尺寸或距离。在绘图比例为 2 cm = 1 m(1：50)的办公室布局中，米是度量单位。如果绘图比例是 1/4" = 1'，则度量单位为英尺。

"页面单位"表示打印页的尺寸或距离。在绘图比例为 2 cm = 1 m (1:50)的办公室布局中，厘米是页面单位。如果绘图比例是 1/4" = 1'，则页面单位为英寸。

设置度量单位的步骤：文件菜单→页面设置→页属性→选择所需的单位→确定。

2.7.4 按度量单位设置页面尺寸

演示教学：

文件菜单→页面设置→绘图缩放比例→预定义比例或自定义比例→在页面尺寸(按度量单位)下，键入绘图的实际大小→确定。

2.8 图   层

我们可以使用图层来组织绘图页上的相关形状。图层是已命名的一类形状。通过将形状分配到不同的图层，我们可以有选择地查看、打印、着色和锁定不同类别的形状，控制图层上的形状是否能进行对齐或粘附等操作。

2.8.1 创建、删除、重命名图层

演示教学：

1. 创建新图层

视图工具栏(如图 2.17 所示)→"图层属性"按钮(≣)→新建(W…)，键入图层名称(如 11、22、33) →确定→确定。

2. 删除图层

视图工具栏→"图层属性"按钮(≣)→选择已有图层名称(如 22)→删除→确定。

3. 重命名图层

视图工具栏→"图层属性"按钮(≣)→选择已有图层(如 33)→重命名(如 22)→确定→确定，如图 2.37 所示。

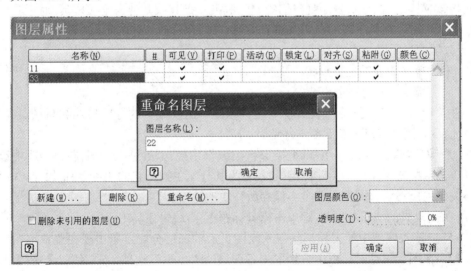

图 2.37 重命名图层对话框

2.8.2 为图层分配形状

演示教学： 为图层分配形状。

在流程图中拖入多个形状→选择部分(或多个)形状→格式→图层→选择要向其分配形状的图层(如 22)→确定，如图 2.38 所示。

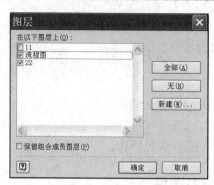

图 2.38　为图层分配形状

思考与操作：如何验证已将形状分配给各图层？

操作练习：视图菜单→图层属性按钮→"可见"选项中取消某些图层的勾选→确定，观看绘图页的显示。

2.8.3　为图层分配主控形状

在 Microsoft Office Visio 2003 中，我们可以将模具上用来反复创建绘图的主控形状的副本分配到图层上。为图层分配主控形状所执行的步骤取决于该主控形状是我们自己创建的还是 Microsoft Office Visio 自带的。要将 Visio 主控形状分配给图层或者更改其图层设置，必须先将该 Visio 主控形状复制到我们的"收藏夹"模具或其他自定义模具。对于我们创建的主控形状，可以在其所在的自定义模具中对它进行分配。

演示教学：为图层分配主控形状。

(1) 右键单击想要的主控形状→复制。

(2) 将主控形状粘贴到收藏夹。

文件菜单→形状→我的形状→收藏夹→右键单击收藏夹的标题栏→编辑模具(注意图标的变化)→在模具窗口内右键单击并粘贴。

(3) 右键单击主控形状→编辑主控形状→编辑主控形状(进入绘图窗口)→选中该形状→右键单击→格式→图层→新建图层(输入要为其分配主控形状的图层名称 22 或 33 等)→确定→关闭主控形状绘图窗口→是→保存所作更改。

(4) 关闭模具的编辑状态(右键单击模具标题栏)→编辑模具(E)。

(5) 验证该收藏夹中的主控形状拖入绘图页后的图层分配：单击视图菜单→图层属性按钮(≡)→在图层属性对话框中分别取消各图层的"可见"选项，观察拖入绘图页的主控形状所在图层。

2.8.4　更改图层属性

我们还可以更改图层属性，以显示、隐藏、锁定、激活图层和为图层指定颜色等。

演示教学：

视图工具栏→"图层属性"按钮(≡)→锁定图层 1→隐藏图层 3→对图层 2 进行颜色设置等→确定。

2.9　快　捷　键

Microsoft Office Visio 2003 中定义了许多快捷键，Visio 的很多功能和命令可以直接通过键盘执行。许多快捷键是 Microsoft Office 系列软件产品所通用的。

2.9.1　菜单命令快捷键

1. 文件菜单命令快捷键

文件菜单命令快捷键如表 2.12 所示。

表 2.12　文件菜单命令快捷键

快 捷 键	功 能 描 述
Ctrl + N	基于已打开的绘图打开新的绘图("文件"菜单，"新建""新建绘图")
Ctrl + O/F12 或 Ctrl + Alt + F2	打开"打开"对话框("文件"菜单，"打开")
Ctrl + F4	关闭激活的绘图文件("文件"菜单，"关闭")
Ctrl + S 或 Shift + F12 或 Alt + Shift + F2	保存激活绘图("文件"菜单，"保存")
F12 或 Alt + F2	打开"另存为"对话框("文件"菜单，"另存为")
Shift + F5	打开"页面设置"对话框的"打印设置"选项卡
Ctrl + F2	打开"打印预览"窗口("文件"菜单"打印预览")
Ctrl + P	打开"打印"对话框("文件"菜单，"打印")

2. 编辑菜单命令快捷键

编辑菜单命令快捷键如表 2.13 所示。

表 2.13　编辑菜单命令快捷键

快 捷 键	功 能 描 述
Ctrl + Z 或 Alt + Backspace	取消执行上一个动作("编辑"菜单，"撤消")
Ctrl + Y 或 Alt + Shift + Backspace	取消"撤消"命令的动作("编辑"菜单，"恢复")
F4	重复上一个动作
Ctrl+X 或 Shift+Delete	从激活绘图中删除所选内容，并将其放到剪贴板上("编辑"菜单，"剪贴")
Ctrl + C 或 Ctrl + Insert	将所选内容复制到剪贴板上("编辑"菜单，"复制")
Ctrl + V 或 Shift + Insert	粘贴剪贴板上的内容("编辑"菜单，"粘贴")
Delete	删除所选内容("编辑"菜单，"删除")
Ctrl + A	选择活动绘图页上的所有形状("编辑"菜单，"全选")
Ctrl + D	将所选内容复制到活动绘图页上("编辑"菜单，"重复")
Ctrl + F	打开"查找"对话框("编辑"菜单，"打开")
Shift + F4	打开"页"对话框("编辑"菜单，"转到"子菜单，"页")

3. 视图菜单命令快捷键

视图菜单命令快捷键如表 2.14 所示。

表 2.14　视图菜单命令快捷键

快　捷　键	功　能　描　述
Ctrl + F1	切换任务空格("视图"菜单，"任务空格")
F5	在全屏显示视图中激活绘图("视图"菜单，"全屏显示")
Ctrl + Shift + I	缩放到 100%("视图"菜单，"缩放"，100%)
Ctrl + W	缩放以显示整页("视图"菜单，"缩放""整页")

4. 插入菜单命令快捷键

插入菜单命令快捷键如表 2.15 所示。

表 2.15　插入菜单命令快捷键

快　捷　键	功　能　描　述
Ctrl + F9	为所选形状打开"字段"对话框("插入"菜单，"字段")
Ctrl + K	打开"超链接"对话框("插入"菜单，"超链接")
Ctrl + S 或 Shift + F12 或 Alt + Shift + F2	保存激活绘图("文件"菜单，"保存")
F12 或 Alt + F2	打开"另存为"对话框("文件"菜单，"另存为")
Shift + F5	打开"页面设置"对话框的"打印设置"选项卡
Ctrl + F2	打开"打印预览"窗口("文件"菜单，"打印预览")
Ctrl + P	打开"打印"对话框("文件"菜单，"打印")

5. 格式菜单命令快捷键

格式菜单命令快捷键如表 2.16 所示。

表 2.16　格式菜单命令快捷键

快　捷　键	功　能　描　述
F11	打开"文本"对话框的"字体"选项卡("格式"菜单，"文本")
Shift + F11	打开"文本"对话框的"字段"选项卡("格式"菜单，"文本")
Ctrl + F11	打开"文本"对话框的"制表位"选项卡("格式"菜单，文本)
F3	为所选形状打开"填充"对话框("格式"菜单，填充)
Shift + F3	打开"线条"对话框("格式"菜单，"线条")

6. 工具菜单命令快捷键

工具菜单命令快捷键如表 2.17 所示。

表 2.17　工具菜单命令快捷键

快 捷 键	功 能 描 述
F7	检查激活的绘图是否存在拼写错误("工具"菜单，"拼写检查")
Alt + F9	打开"对齐和粘附"对话框的"常规"选项卡("工具"菜单，"对齐和粘附")
Shift + F6	切换"对齐和粘附"对话框的"常规"选项卡上的"对齐"复选项，将形状与在该对话框的"对齐"部分中选择的项对齐("工具"菜单，"对齐和粘附")
F9	切换"对齐和粘附"对话框的"常规"选项卡上的"粘附"复选项，将形状粘附到在该对话框的"粘附到"部分中选择的项("工具"菜单，"对齐和粘附")
Alt + F8	打开"宏"对话框("工具"菜单，"宏"子菜单，"宏")
Alt + F8	打开 Visual Basic 编辑器("工具"菜单，"宏"子菜单，"Visual Basic 编辑器")
Alt + Q	关闭 Visual Basic 编辑器并返回 Visio 程序窗口(Visual Basic 编辑器中的"文件"菜单，"关闭并返回 Visio")

7. 形状菜单命令快捷键

形状菜单命令快捷键如表 2.18 所示。

表 2.18　形状菜单命令快捷键

快 捷 键	功 能 描 述
Ctrl + G 或 Ctrl + Shift + G	组合所选形状("形状"菜单，"组合"子菜单，"组合")
Ctrl + Shift + U	取消对所选形状的组合("形状"菜单，"组合"子菜单，"取消组合")
Ctrl + Shift + F	将所选形状置于顶层("形状"菜单，"顺序"子菜单，"置于顶层")
Ctrl + Shift + B	将所选形状置于底层("形状"菜单，"顺序"子菜单，"置于底层")
Ctrl + L	将所选形状向左旋转("形状"菜单，"旋转或翻转"子菜单，"向左旋转")
Ctrl + R	将所选形状向右旋转("形状"菜单，"旋转或翻转"子菜单，"向右旋转")
Ctrl + H	水平翻转所选形状("形状"菜单，"旋转或翻转"子菜单，"水平翻转")
Ctrl + J	垂直翻转所选形状("形状"菜单，"旋转或翻转"子菜单，"垂直翻转")
F8	为所选形状打开"对齐形状"对话框("形状"菜单，"对齐形状")

8. 窗口菜单命令快捷键

窗口菜单命令快捷键如表 2.19 所示。

表 2.19　窗口菜单命令快捷键

快 捷 键	功 能 描 述
Shift + F7	以水平平铺方式显示打开的绘图窗口("窗口"菜单, "平铺")
Ctrl + Shift + F7	以纵向平铺方式显示打开的绘图窗口
Alt + F7 或 Ctrl + Alt + F7	显示打开的绘图窗口以便看到每个窗口的标题("窗口"菜单, "层叠")

2.9.2　模具和形状的快捷键

1. 模板模具中形状快捷键

模板模具中形状快捷键如表 2.20 所示。

表 2.20　模板模具中形状快捷键

快 捷 键	功 能 描 述
箭头键	在模具中的主控形状之间移动
Home	移动到模具第一行的第一个主控形状
END	移动到模具第一行的最后一个主控形状
Page up	移动到模具第一列的第一个主控形状
Page down	移动到模具第一列的最后一个主控形状
Ctrl + C	将所选主控开关复制到剪贴板
Ctrl + V	将剪贴板的内容粘贴到自定义模具中
Ctrl + A	选择模具中的所有形状
Esc	取消选择模具中的主控形状的选择
Ctrl + Enter	将选定的主控形状插入绘图

2. 在绘图页上的形状间移动的快捷键

在绘图页上的形状间移动快捷键如表 2.21 所示。

表 2.21　在绘图页上的形状间移动快捷键

快 捷 键	功 能 描 述
Tab	在绘图页上的形状间移动, 点式矩形指示当前具有的焦点形状
Shift + Tab	以相反的顺序在绘图页上的形状间移动
Enter	选择具有焦点的形状
Esc	清除对形状的选择或形状上的焦点
F2	对于所选的形状, 在文本边界模式与形状选择模式间切换
箭头键	微移所选形状
Shift + 箭头键	一次将所选形状微移一个像素
Alt + Shift + F10	在可见的智能标记之间循环移动

3. 在编辑模式下使用模具快捷键

在编辑模式下使用模具快捷键如表 2.22 所示。

表 2.22 在编辑模式下使用模具快捷键

快 捷 键	功 能 描 述
Alt + EnterR,E	打开自定义模具以进行编辑
Delete	从自定义模具中删除所选主控形状
Ctrl + X 或 Shift + Delete	从自定义模具中删除所选主控形状,并将其放置在剪贴板上
F2	重命名所选主控形状

2.9.3 浏览缩放快捷键

1. 页面浏览快捷键

页面浏览快捷键如表 2.23 所示。

表 2.23 页面浏览快捷键

快 捷 键	功 能 描 述
Tab	在左框架、绘图上包括自定义属性新修订的形状以及超链接间循环移动焦点
Enter	激活形状的超链接,或激活具有焦点的绘图上的超链接
Ctrl+Enter	查看绘图上具有焦点并包含自定义属性信息的形状的详细信息

2. 缩放快捷键

缩放快捷键如表 2.24 所示。

表 2.24 缩放快捷键

快 捷 键	功 能 描 述
Alt + F6	放大
Alt + Shift + F6	缩小

2.9.4 工具栏快捷键

1. 绘图工具栏快捷键

绘图工具栏快捷键如表 2.25 所示。

表 2.25 绘图工具栏快捷键

快 捷 键	功 能 描 述
Ctrl + 7	弧形工具
Ctrl + 9	椭圆形工具
Ctrl + 5	自由绘制工具
Ctrl + 6	线条工具
Ctrl + 4	铅笔工具
Ctrl + 8	矩形工具

2. 标准工具栏快捷键

标准工具栏快捷键如表 2.26 所示。

表 2.26　标准工具栏快捷键

快 捷 键	功 能 描 述
Ctrl+ Shift+1	连接点工具
Ctrl+3	连接线工具
Ctrl+1	指针工具
Ctrl+ Shift+3	图章工具
Ctrl+2	文本工具
Ctrl+ Shift+4	文本块工具
Ctrl+ Shift+P	切换格式刷工具的状态

3. 图片工具栏快捷键

图片工具栏快捷键如表 2.27 所示。

表 2.27　图片工具栏快捷键

快 捷 键	功 能 描 述
Ctrl + Shift + 2	剪裁工具

2.9.5　文本快捷键

1. 编辑文本快捷键

编辑文本快捷键如表 2.28 所示。

表 2.28　编辑文本快捷键

快 捷 键	功 能 描 述
→或←	移到一行文本中的下一个字符或上一个字符
↓或↑	移到文本的下一行或上一行
Ctrl + →或 Ctrl + ←	移到一行文本中的下一个或上一个单词
Ctrl+↑或 Ctrl↓	移到下一个或上一个段落
Ctrl + A	选择文本块中的所有文本
Shift + 右箭头或 Shift + 左箭头	选择下一个或上一个字符
Ctrl + Shift+右箭头或 Ctrl + Shift + 左箭头	选择下一个或上一个单词
Shift + 上箭头或 Shift + 下箭头	选择下一行或上一行
Ctrl + Shift + 上箭头或 Ctrl + Shift + 下箭头	选择下一个或上一个段落
Ctrl + Backspace	删除一个单词
Ctrl + Shift + H	用字段高度替代所选文本，如果未选择任何文本，则用所选形状的字段高度替代所有文本
Ctrl + Shift + W	用字段宽度替代所选文本，如果未选择任何文本，则用所选形状的字段高度替代所有文本

2. 设置文本格式快捷键

设置文本格式快捷键如表 2.29 所示。

表 2.29 设置文本格式快捷键

快 捷 键	功 能 描 述
Ctrl + B	启用或禁用粗体($\mathbf{B}$)
Ctrl + I	启用或禁用斜体(I)
Ctrl + U	启用或禁用下划线($\underline{U}$)
Ctrl + Shift + D	启用或禁用双下划线
Ctrl + Shift + A	启用或禁用全部大写
Ctrl + Shift + K	启用或禁用小型大写字母
Ctrl + Shift +,	减小字号
Ctrl + Shift +.	增大字号
Ctrl + =	转动下标(x_2)
Ctrl + Shift + =	转动上标(x^2)

3. 使文本对齐快捷键

使文本对齐的快捷键如表 2.30 所示。

表 2.30 使文本对齐快捷键

快 捷 键	功 能 描 述
Ctrl+ Shift+L	使文本左对齐
Ctrl+ Shift+C	使文本水平居中
Ctrl+ Shift+R	使文本右对齐
Ctrl+ Shift+J	使文本水平两端对齐
Ctrl+ Shift+T	使文本垂直顶端对齐
Ctrl+ Shift+M	使文本垂直居中
Ctrl+ Shift+V	使文本垂直底端对齐

2.10 缩 放 绘 图

我们可以以各种缩放比例查看绘图,以便能更轻松地看到详细的绘图内容或得到更全面的绘图信息。

2.10.1 显示比例缩放绘图

📟演示教学:

(1) 常用工具栏框放大比例。

(2) 视图→缩放。

(3) 按下 Ctrl + Alt 组合键的同时拖动鼠标选择的矩形区域。

(4) 按下 Ctrl + Alt 组合键同时单击鼠标左键放大、单击鼠标右键缩小。

2.10.2　放大部分绘图页(缩放绘图页局部区域)

思考与操作：如何放大部分绘图页？

操作练习：视图菜单→扫视和缩放窗口按钮→拖动红色框→调整红框能容纳的放大区→移动扫视和缩放滑块，＿＿＿＿＿＿＿＿＿＿＿＿＿＿＿＿＿＿＿＿＿＿＿。

2.10.3　使用 Microsoft 智能鼠标滚动和缩放绘图

思考与操作：如何使用 Microsoft 智能鼠标滚动和缩放绘图？

操作练习：(1) 前后滚动滚轮，可上、下滚动绘图页面。

(2) Ctrl 键 + 滚轮，＿＿＿＿＿＿＿＿＿＿＿＿＿＿＿＿＿＿＿＿＿＿＿＿。

2.10.4　打印时缩小或放大绘图

思考与操作：如何在打印时缩小或放大绘图？

操作练习：文件菜单→页面设置→打印设置→打印缩放比例。＿＿＿＿＿＿＿＿。

2.11　背景和前景页

前景页：一个绘图的顶部页。前景页上的形状在背景页上的形状的前面显示，编辑绘图的背景时看不到它们。

背景页：出现于其他页后面的页，是一种可以分配给其他页以便在绘图中创建多个图层的页。在显示背景所分配的页时，可以看到形状显示在背景上。每个前景可以只分配给一个背景，每个背景也可以具有背景，使用背景可以创建分层效果。

2.11.1　创建背景页

如果我们希望同一形状出现在多个绘图页上，可以通过创建背景页来实现。

演示教学：创建背景页。

右键单击页标签→插入页→背景→确定(或视图→绘图资源管理器按钮→右击背景页文件夹→插入页→页属性→背景→确定)。

2.11.2　添加、删除背景设计

演示教学：添加、删除背景设计。

添加背景设计的方法是：在背景模具打开的前提下，将某个背景设计形状拖入当前页面。

删除背景设计的方法是：切换到背景页上→选择背景设计→Delete 键。

2.11.3 将背景分配给其他页

如果有一个设计元素，如徽标，我们想在绘图的多个页面上的相同位置使用它，则无须在每个页上放置此形状，而只需简单地将此徽标和所需的所有边框添加到一个背景页中，然后将此背景页分配给所有其他页。

演示教学：将背景页分配给其他页。

打开需要分配背景的前景页→文件菜单→页面设置→页属性→选择所需背景→应用→确定。

思考与操作：如何取消页的背景分配？

操作练习：选择需要取消背景的前景页→文件菜单→页面设置→页属性→背景选择无→确定。_____。

2.11.4 显示、编辑、删除背景页

要对背景页进行编辑，必须显示背景页。

思考与操作：如何显示、删除背景页？

操作练习：绘图窗口左下部的页标签栏中→背景页，即可显示背景页。删除背景页时，右键单击该背景页→删除页。_____。

2.11.5 前景页转换为背景页

思考与操作：前景页如何转换为背景页？

操作练习：选中要转换为背景的前景页页-1→在页属性中单击背景→确定。

验证已转换为背景的前景页页-1 的方法：右键单击该页→插入页→前景→名称：页-2→背景：页-1，则页-1 作为背景分配给页-2。

2.11.6 打印背景

根据需要可以单独打印背景。

打印背景的方法：单击背景页标签→文件→打印→当前页→确定。

2.12 多 页 绘 图

Microsoft Visio 2003 中提供的多页绘图功能满足了用户创建复杂项目的要求。

2.12.1 多页绘图的用途

(1) 将相关绘图放在同一个文件中。

(2) 将单个绘图的所有修订版放在一个文件中的连续页上，显示项目从开始到结束的进展情况。

(3) 创建幻灯片放映。

(4) 将各页链接在一起。

(5) 将我们希望在每一页上出现的项目放在背景上。

(6) 旋转页面，以便编辑偏斜为一定角度的信息。

2.12.2 在各页之间进行浏览

思考与操作：如何在各页之间进行浏览？

操作练习：单击该页标签，或在绘图资源管理器的背景页或前景页文件夹中，单击某页，实现各页间的快速浏览。_____。

2.12.3 重新排列前景页顺序

演示教学：重新排列前景页顺序。

(1) 拖动页标签到新位置。

(2) 视图菜单→绘图资源管理器窗口→右击前景→重新排序页→在对话框中更改顺序。

(3) 在"绘图资源管理器"中双击"前景"文件夹→拖动页标签到希望的位置。

2.12.4 在新窗口中显示特定的页

思考与操作：如何在新窗口中显示特定的页？

操作练习：编辑主菜单→转到→页→页-2→勾选在新窗口中打开页→确定。_____
_____。

回顾　本章学习了哪些主要内容，请你总结一下：

复习测评

1. 什么是模板？它的扩展名是什么？简述如何创建模板。

2. 什么是样式？如何新建一个样式？

3. 如何隐藏工具栏？

4. 如何还原内置菜单或工具栏上的最初按钮命令？

5. 缩小和放大绘图比例的方法有哪些？

6. 如何创建新图层？

7. 如何将背景页分配给其他页？

8. 多页绘图有何用途？如何创建多页绘图？

9. 要放大形状，我们需要：

A. 按 Ctrl + Z

B. 按住 Ctrl + 空格键，同时沿着形状的周围拖动一个选择框

C. 按住 Ctrl + Alt，同时沿着形状的周围拖动一个选择框

D. 按 Ctrl + W

10. 大多数 Visio 模板是什么样的？

A. 模板是我们可以在 Visio 中打开的文件，其中包含了预先制作好的图表。我们要做的全部工作就是填空

B. 模板是一种图表类型，模板在打开时会提供一些创建特定图表所需的模具和设置

C. 模板是我们可以拖动到绘图页上的形状的集合

D. 模板是我们可以反复使用的主控形状

11. 什么是 Visio 模具？

A. 模具是"形状"窗口中提供的形状的集合

B. 模具是我们可以拖动到绘图页上的预先制作的形状

C. 模具是我们可以在 Visio 中打开的包含已经创建的图形的文件。我们要做的全部工作就是填空

D. 模具是我们可以使用任何所需颜色填充的所有形状

12. 什么是"形状"窗口？

A. "形状"窗口是包含模板的窗口

B. "形状"窗口是包含模具的窗口

C. "形状"窗口是包含模板和模具的窗口

D. "形状"窗口是包含成形工具的窗口

13. 请介绍启动 Visio 进入流程图绘图类型的基本流程图后，界面八个组成部分各自的名称。

14. 请演示在模具之外单独打开模具文件的步骤。

15. 模具一般情况下在哪里打开？它的扩展名是什么？

16. 请演示打开常用工具栏，视图工具栏的步骤和显示、隐藏绘图窗口的标尺与网格线的方法。

17. 请演示将多个工具栏放到同一行上，演示浮动工具栏，并调整工具栏大小。

18. 请自定义一个工具栏"班级号工具"，并在其中添加如下工具：图章工具(绘图工具)、剪裁工具、审阅窗格(审阅)、拆分工具(形状操作)、颜料桶工具(图标编辑器)等。

19. 请将新建自定义工具分为两个小组，并删除拆分工具。

20. 演示改变按钮的图标：将橡皮工具更改为铅笔工具的图标。

21. 网站图菜单出现在哪种新建的绘图类型中？

22. 请演示如何自定义菜单？(缩放)

23. 请演示如何向自定义菜单中添加命令(撤消、恢复)？如何删除向自定义菜单中添加的命令？

24. 如何使用形状的控制手柄，请通过控制手柄，更改箭头的形状，并向箭头中添加"考场由此向东"文字。

25. 使用虚线单箭头连接两个形状，将其中一个形状格式设置为红色粗线条，蓝色填充色格式。

26. ① 请演示新建一个样式，名称 12345，基于无样式，分别对文本，线条、填充进行设置。添加后应用于一个选中的形状。② 请演示使用其他样式，应用于某开关。

27. 请演示创建一个班级组织结构图模板，注意保存为模板(.vst)。

28. 请演示新建一个基本流程图文件，设置其度量单位为米，自定义缩放比例为 1 cm：1 m。

29. 请演示新建三个图层：A、B、C，并分别为三个图层分配 2 或 3 个形状。

30. "取消上一个动作"的快捷键是什么？"全选"的快捷键是什么？"剪贴"的快捷键是什么？"打开打印对话框"的快捷键是什么？"放大、缩小"的快捷键是什么？

31. 请将打印设置为 50% 缩放比例、1 页宽、2 页高。

32. 为页 1 添加"宇宙背景页"，添加 3 个前景页，分别为它们添加不同的背景，更改其中一个前景页的背景。

33. 新建电气工程绘图类型中的电路和逻辑电路文件，并添加 4 个页，分别在其中绘制图。

第3章 绘 图 类 型

内容摘要：

本章介绍各种绘图类型及其相应的模板、模具、绘图示例，以帮助读者了解各种绘图类型的功能和应用范围。

学习目标：

通过本章学习，了解各种绘图类型的基础知识，掌握部分绘图类型的使用。

Microsoft Office Visio 2003 提供了 16 种绘图类型和模板文件，使该软件具有广泛的适用性和易用性。每一种绘图类型又对应多个不同的模板，如图 3.1 所示。

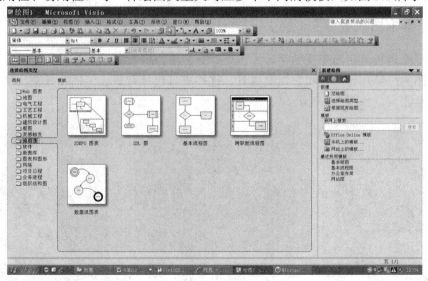

图 3.1 绘图类型及其模板的界面

3.1 框 图

一种用途十分广泛的图表类型，称为框图，在我们需要以简洁明快的方式表达要点时，它往往是最佳选择。Microsoft Office Visio 2003 框图设计方案中包含基本框图、具有透视效果的框图和框图等模板，如图 3.2 所示。本节将介绍有关框图外观、如何利用框图解决问题以及如何在 Microsoft Office Visio 中创建第一个框图的知识。

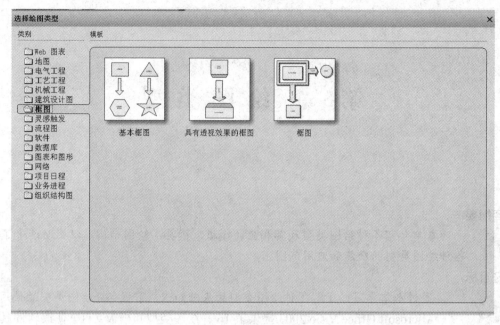

图 3.2　框图设计方案

3.1.1　基本框图模板

基本框图模板包括用于反馈循环图、功能分解图、层次图、数据结构图、数据流框图和数据框图的二维几何形状和方向线模具。这些模具包括背景、边框和标题、基本形状以及一空白绘图页，如图 3.3 所示。

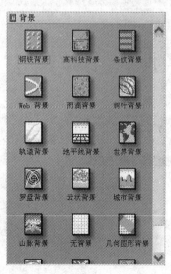

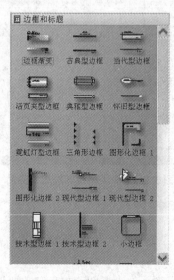

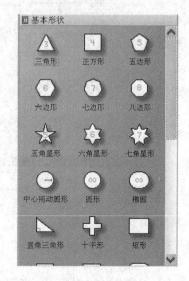

(a) 背景模具　　　　　　　(b) 边框和标题模具　　　　　　(c) 基本形状模具

图 3.3　基本框图模板中的模具

应用范围：银行工作人员通常利用基本框图模板向客户提供统计资料和财务趋势等。

3.1.2 具有透视效果的框图模板

具有透视效果的框图模板使用三维形状阐释结构、层次或概念，包括可更改深度和透视效果的三维几何形状、方向线和没影点，通常用于功能分解图、层次图和数据结构图。该模板打开的背景、边框、标题等模具与基本框图模板打开的模具基本相同，与其一起打开的还有具有透视效果的块模具，如图 3.4 所示。

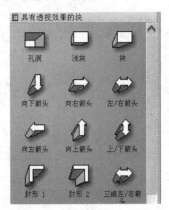

图 3.4 具有透视效果的块模具

与具有透视效果的框图模板一起打开的绘图页包括一个没影点(Vanishing Point)，如图 3.5 所示。没影点表示透视线在绘图上隐没的点。将具有凸起效果的块形状拖到绘图页上时，形状会自动调整方向，以使其透视线指向没影点。

图 3.5 具有透视效果的框图模板

演示教学：新建一个具有透视效果的框图，将没影点的位置调整到绘图页中心。将三维形状拖到绘图页上时，形状会自动调整方向，以使透视线指向没影点。

应用范围：财务报表、软件阐释对象模型和营销演示文稿等。

3.1.3 框图模板

框图模板可以阐释从概念到进程的所有内容，包括用于反馈循环图、带批注的功能分解图、数据结构图、层次图、信号流和数据流框图的二维形状、三维形状和方向线。框图模板打开的模具包括背景、边框和标题等，与基本框图模板和具有透视效果的框图模板打开的相同，另外还包括具有凸起效果的块模具，它与具有透视效果的块模具不同，如图 3.6 所示。

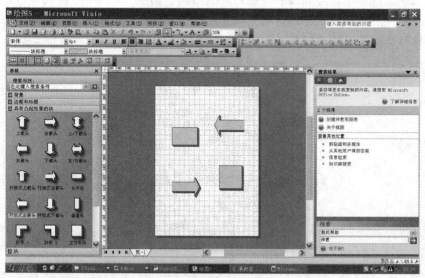

图 3.6　凸起效果的块模具在绘图页中的效果

思考与操作： 凸起效果的块模具与具有透视效果的块模具有何不同？

操作练习： 分别新建具有透视效果的框图和框图，将具有透视效果的块模具和具有凸起效果的块模具分别拖入两个框图中，观察两者的区别。_____

_____。

使用框图的各种普通块形状和具有凸起效果的块形状可进行讨论、规划和交流；使用树形状可表示层次结构，例如家谱或赛事计划；使用同心圆形状和扇环层形状可创建洋葱形图表。

应用范围： 软件程序员可以使用框图来表达自己的想法和复杂的概念；项目经理通过创建概念性框图可以讲解各个项目任务是如何结合在一起的；销售和市场营销专家通常在他们的演示文稿、提案和报告中插入框图。

3.2　灵感触发图

灵感触发图可以显示层次结构中各标题间的关系。创建灵感触发图(思维过程的图形化表示)有利于进行规划、解决问题、决策制定和灵感触发。将灵感触发图导出到 Word 大纲中，可以获得线形视图。

创建灵感触发图的方法主要有两种：

(1) 从中心思想开始，逐层生成相关标题和副标题，以便产生多种不同的可能途径。

(2) 捕获人们表达的所有想法，稍后在层次结构图中对其进行组织。我们可对结果进行修改、优化并在项目组成员中共享。在灵感触发会议中，人们会相继快速提出许多想法，这时，该方法最为有用。在此过程中，层次结构往往不明显，因此我们需要快速捕获这些想法。

与灵感触发图一同打开的有灵感触发形状、绘图页及大纲窗口，如图 3.7 所示。

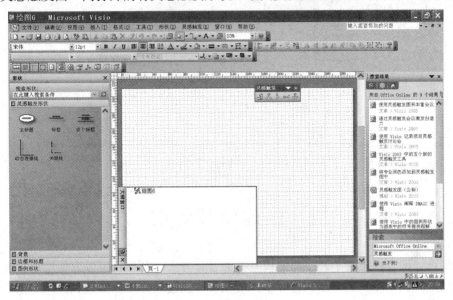

图 3.7　灵感触发图窗口

好的灵感触发图是一种非常有用的工具，可帮助小组获得最佳想法和计划。灵感触发图通过在层次结构中显示标题之间的相互关系，可帮助我们开发任何相关的想法或信息系统。

例如，项目经理可以使用灵感触发图在开发会议中捕获新产品或功能的想法。教师可以组织课程想法并构思授课计划。

使用新的 Visio 2003 "灵感触发"模板，可以快速地捕获并排列想法，创建一个类似此模板的图表，而不必担心如何创建图表结构。想法生成之后，还可以排列标题、添加标题及设置图表的格式等。

灵感触发图通常有三个主要可见组件：主标题、副标题和对等标题。"主标题"是图表的中心主题。在如图 3.8 所示的灵感触发图中，"市场营销计划"是主标题。

"副标题"连接到主标题并从属于主标题(或其他副标题)。在图 3.8 中，"推广"是"营销计划"的副标题，而"展览会"是"推广"的副标题。

"对等"标题是与选中的标题在层次结构上处于同一级上的标题。图 3.8 所示的灵感触发图实例中，"价格"是"推广"的对等标题。

演示教学：绘制一个灵感触发图：策划一次环保公益宣传活动，并将其导出到 Word 大纲中(注意提示灵感触发菜单的使用)。

应用范围：在小组会议中，项目经理可以使用灵感触发图来分析并解决进程问题，或确定新的产品构思；作家可以使用灵感触发图来直观地组织自己的构思；项目组成员可以使用灵感触发图来生成活动项。

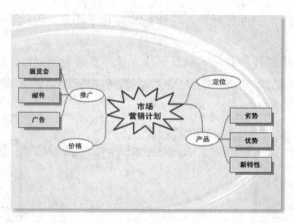

图 3.8　灵感触发图实例

3.3　建筑设计图

　　建筑设计图模板集成了许多与建筑有关的设计方案，其形状可以方便地进行连接以提供有效的建筑设计图解决方案。打开不同的模板可以使用如批注模具、建筑物核心模具、绘图工具等不同的模具。建筑设计图包含的模板如下：

　　(1) HVAC 规划模板：表示建筑物中的物理加热、通风和空调组件，创建加热、通风、空调分布的批注图，用于自动楼宇控制、环境控制和能源系统的制冷系统批注图。

　　(2) HVAC 控制逻辑图模板：显示加热、通风、空调流向及控制，创建采暖、通风、空调、配电、制冷、自动建筑控制、环境控制和能源系统的 HVAC 系统控制图。

　　(3) 安全和门禁平面图模板：布置安全系统，包括报警、控制和视频监视等。

　　(4) 办公室布局模板：显示房间布局，如图 3.9 所示。

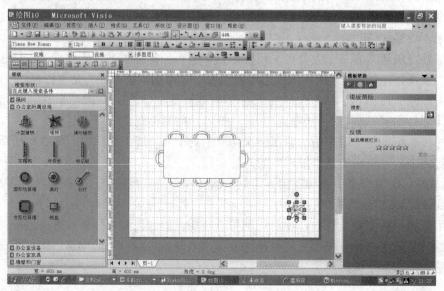

图 3.9　办公室布局窗口

应用范围：空间规划顾问可以使用办公室布局图向客户提出建议；各运作部门可以使用办公室布局图来跟踪资产库存；内部设计人员可以使用办公室布局图来确定最符合人类工程学要求的办公室布局。

(5) 电气和电信规划模板：显示建筑物中电器和电信的布线。

(6) 工厂布局模板：显示工厂、仓库和车间平面的物理布局。

(7) 管线和管道平面图模板：表示建筑物的水系和管道系统。

(8) 家居规划模板：表示家居的外部和内部结构。

(9) 空间规划模板：显示建筑物中的人员、办公室和设备。

(10) 平面布置图模板：显示建筑物中的门、窗、插座、形状和楼层布局，如图 3.10 所示。

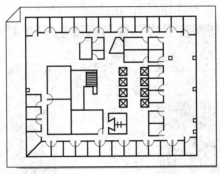

图 3.10　平面布置图示例

应用范围：在灵感触发会上，建筑师可以使用平面布置图来快速显示各种布局选项；总承包商可以使用平面布置图来设定建筑物的最佳布线图；后勤经理可以对提出的平面布置图进行批注，然后将其交回建筑师审阅。

(11) 天花板反向图模板：表示建筑物中的天花板设备，包括形状和插座等。

(12) 现场平面图模板：展示车道、街道交叉口、停车场、交通模式以及环境美化等情况，如图 3.11 所示。

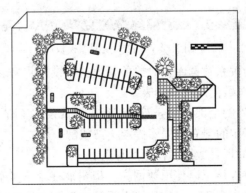

图 3.11　现场平面图示例

应用范围：后勤经理可以使用现场平面图来设计停车场布局；空间规划人员可以将现场平面图并入重布置提案中；承包商和现场设计人员可以使用现场平面图来查看建筑物与其周边环境是否相配。

思考与操作：家居规划模板包含哪些模具？

操作练习：新建一个家居规划文件，观察它所包含的模具。_____

_____。

3.4 数 据 库

数据库解决方案集成了数据库模型、Express-G、ORM 图表模板，可用来设计并记录关系数据库和对象关系的逻辑数据库模型。

(1) 数据库模型图模板：表示数据库架构，用于展示、设计、生成和更新数据库，支持 IDEF1X 和关系表示法。数据库模型图模板如图 3.12 所示。

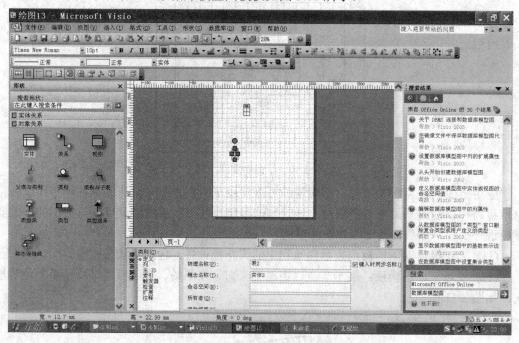

图 3.12 数据库模型图模板

通过以下方法，可为关系数据库和对象关系数据库设计并记录逻辑模型图：

• 从头开始创建逻辑数据库模型图表。

• 可以对现有数据库的全部或部分架构进行提取或反向工程，创建新的数据库模型。反向工程向导让我们从指定的现有数据库提取全部或部分架构。

• 将其他程序创建的现有数据库模型图导入。

应用范围：技术支持人员可以使用数据库模型图来查看数据库架构并排除其中存在的故障；软件工程师在与同事交流、讨论后可以设计并修改数据库模型图；培训人员利用数据库模型图可以向学员讲述数据库结构。

(2) Express-G 模板：可创建实体级别和架构级别的图表及产品数据模型。

使用 Express-G 表示法创建实体级别和架构级别图表以及产品数据模型，达到 STEP (产品模型数据交换标准)接口规范的要求。

Express-G 是 Express 形式信息要求规范语言的图形化组件,是 STEP 组件。STEP 是一种计算机可解释的产品数据的表示和交换的国际标准。

(3) ORM(Object Role Modeling)图表模板:对象角色模型模板,是一种语义建模方法,从对象所扮演角色的角度来说明世界,包含对象的形状、约束、连接线、谓词和关系。在面向对象的分析和设计中用于对象—关系模型和静态图表。

3.5 电 气 工 程

电气工程解决方案中集成了电路和逻辑电路、工业控制系统、基本电气和系统等模板,可创建基本电气图、电气工程系统图、电路和逻辑电路图和工业控制系统图等。

应用范围:电气工程师可以创建设计图、示意图和布线图;控制工程师可以使用电气工程图来设计复杂的工业控制组件和系统;电信工程师可以使用电信图来分享组件和服务设计想法。

(1) 基本电气模板:表示示意图、布线、形状、继电器、电路和传输路径,包含用于形状、继电器、传输路径、半导体、电路和电子管的形状,创建示意性的单线接线图和设计图,如图 3.13 所示。

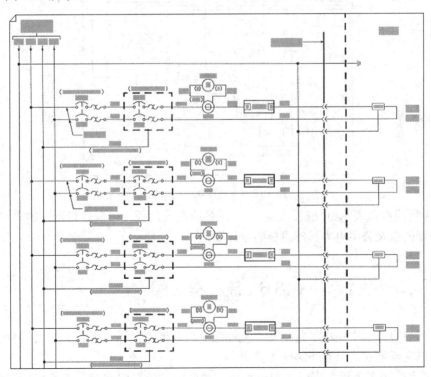

图 3.13　基本电气工程图示例

(2) 电路和逻辑电路模板:表示带批注的电路或集成电路、印刷电路板、数字或模拟传输路径,可创建带批注的电路和印刷电路板图,集成电路示意图,数字、模拟逻辑设计等,如图 3.14 所示。

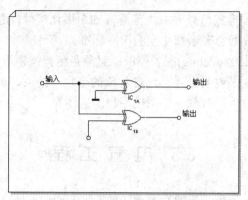

图 3.14　电路和逻辑电路图示例

思考与操作：电路和逻辑电路模板包含哪些模具？

操作练习： 尝试绘制如图 3.14 所示的电路和逻辑电路图。_____

_____。

(3) 工业控制系统模板：表示工业电力系统，可创建带批注的工业电力系统图，如图 3.15 所示。

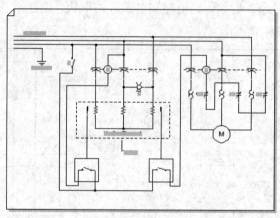

图 3.15　工业控制系统示例

(4) 系统模板：表示电气设计、组件、设备或设施流程，可创建带批注的电气原理图、维护和修复图以及公用电力基础设施的设计图。

3.6　流　程　图

流程图解决方案中集成了包括基本流程图、跨职能流程图、数据流图表等模板，使用流程图可以图解方式展示复杂的业务流程。

(1) 基本流程图模板：用于创建流程图、顺序图、信息跟踪图、流程规划图和结构预测图，包含连接线和链接。

应用范围： 会计可以使用流程图来说明财务管理、资金管理和财务库存过程；招聘经理使用产品开发流程图可以突出显示新雇员需要具备的重要技能；保险公司使用流程图可以记录风险评估流程。

演示教学：

绘制判断儿童是否买票的程序流程图，如图 3.16 所示。

(2) IDEFO 图表模板：IDEFO 是分析或设计复杂系统使用的一种图形建模技术，采用 IDEFO 图表模板可创建各种具有层次结构的图表，用于为模型配置管理、需求和收益分析、需求定义和持续改进模型创建分层图，如图 3.17 所示。

(3) SDL 图模板：表示符合 SDL 的通信系统和网络，其中 SDL 图形状是根据国际电信联盟标准设计的规范和说明语言(SDL)形状，如图 3.18 所示。

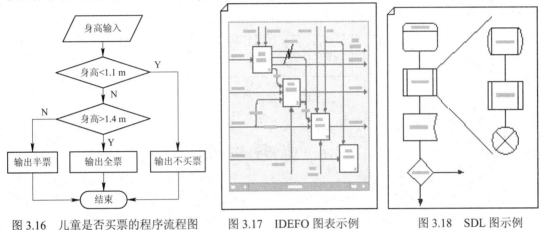

图 3.16　儿童是否买票的程序流程图　　图 3.17　IDEFO 图表示例　　图 3.18　SDL 图示例

(4) 跨职能流程图模板：显示如何以及在哪里将多个部门和多种职能融合在一个流程中；显示业务进程或职能单位之间的关系；显示负责该流程的职能单位实施该进程的步骤等，如图 3.19 所示。

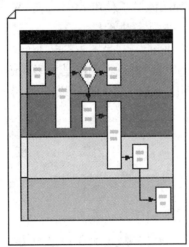

图 3.19　跨职能流程图示例

应用范围：制订项目日程时，项目经理可以使用组织结构图来显示小组的人员构成及任务分配情况；管理人员可以使用组织结构图来形象地显示如何重组其部门或如何评估职位安置的需要；人力资源专家可以创建组织结构图并将它们张贴在公司的 Intranet 上。

(5) 数据流图表模板：显示流程中的数据流或信息流，如图 3.20 所示。

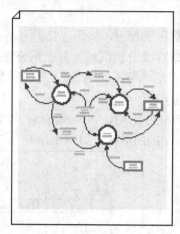

图 3.20　数据流图表示例

3.7　业　务　进　程

业务进程类别提供了许多模板，用来记录具体的业务进程，可满足常规的进程管理需要。

(1) EPC 图表模板：表示事件驱动的进程链(EPC 是由事件驱动的进程链)。

业务进程模板可以展示业务进程、SAP(Systems Application and Products in Dat a Processing，是目前全球最大的 ERP 软件公司)进程。EPC 图用于说明业务进程工作流，它是进行业务工程设计的 SAP R/3 建模概念的重要组成部分。EPC 图使用图形符号，将业务进程的控制流结构显示为事件和职能链。使用 Microsoft Office Visio 中的 EPC 图，我们可以轻松快捷地创建栩栩如生的高级业务进程模型。

EPC 图中使用的组块包括：职能，它是图表的基本组块，每个职能对应一个已执行的活动；事件，它在职能执行前和/或后发生，职能是由事件链接的；连接线，用于将活动和事件关联。连接线有三种：AND、OR 和 XOR(异或)，如图 3.21 所示。

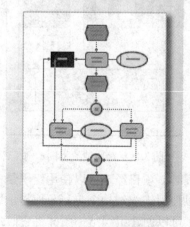

图 3.21　EPC 图表示例

(2) TQM 图模板：TQM(全面质量管理)表示 TQM 和业务进程重新设计中使用的进程流程图。

使用 TQM 图模板可为全面质量管理项目创建流程图。因为流程图以图形形式展示各个流程，所以，使用它们可以对当前流程和理想化的流程进行比较，并理解流程中各步骤是如何协同工作的，如图 3.22 所示。

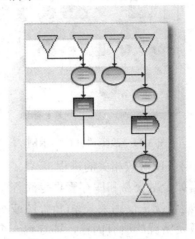

图 3.22　TQM 图示例

(3) 工作流程图模板：以图解方式表示物理工作流程或信息流程。

使用"工作流程图"模板可以创建各种流程图，用来描述、分析和展示组织中的流程，如图 3.23 所示。

图 3.23　工作流程图示例

(4) 故障树分析图：显示并分析进程中的故障。

故障树分析图通常用于说明可能会导致故障的事件，以防止故障的发生。故障树分析图通常用在 Six Sigma 进程中，特别是用在 Six Sigma 业务改进进程的分析阶段。

绘制故障树分析图时，可从顶层事件(或故障)开始，然后，可以使用事件形状和门形状从上到下来说明可能导致故障的进程。完成该图后，即可使用它来确定消除故障起因的方法，找到防止此类故障的纠正措施，如图 3.24 所示。

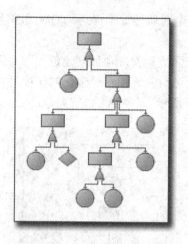

图 3.24　故障树分析图示例

(5) 审计图模板：表示与财务或财政相关的进程。

审计图可以展示并分析诸如金融交易和库存管理等流程，如图 3.25 所示。

(6) 因果图模板：显示特定情况正反因果关系(鱼骨图或石川图)。

因果图显示导致或影响特定情况的所有因素，即导致一个特定结果的所有原因。此类图表又称为石川图、鱼骨图或特征图表。

打开"因果图"模板，我们会看到包含一个脊骨形状(效果)和四个类别框(原因)的绘图页，我们可以从此处开始绘图。该模板还提供用于表示主要原因和次要原因的各种形状，这些形状可用于添加更详细的细节，如图 3.26 所示。

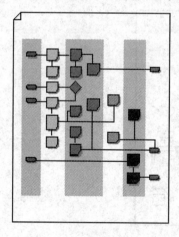

图 3.25　审计图示例

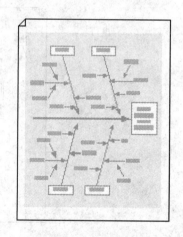

图 3.26　因果图示例

(7) 基本流程图模板：用于展示过程、分析进程、指示工作流或信息流、跟踪成本和效率等。

有两个位置中提供"基本流程图"模板。在"文件"菜单中，依次指向"新建""业务流程"或"流程图"，然后单击"基本流程图"。基本流程图如图 3.27 所示。

(8) 数据流图表模板：用于面向进程或面向数据的模型、数据流程图、数据进程、结构化分析和信息流图表。

我们可以使用数据流图表一组进程或过程来展示数据的逻辑流程。我们可以在数据流图表中包括数据的外部来源和目的地、转换数据活动以及用于保存数据的数据仓库或数据集合。

有两个位置中提供"数据流图表"模板。在"文件"菜单中，依次指向"新建""业务流程"或"流程图"，然后单击"数据流图表"。

(9) 跨职能流程图模板：用于创建说明流程和组织部门之间的关系的图表，如图 3.28 所示。

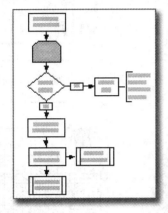

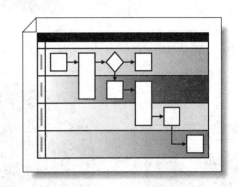

图 3.27 基本流程图示例   图 3.28 跨职能流程图示例

使用跨职能流程图可显示一个业务流程与负责该流程的职能单位(例如部门)之间的关系。带区表示职能单位，代表流程中各步骤的形状被放置在负责哪些步骤的职能单位的带区中。

有两个位置中提供"跨职能流程图"模板。在"文件"菜单中，依次指向"新建""业务流程"或"流程图"，然后单击"跨职能流程图"。

思考与操作：基本流程图模板、数据流图表模板和跨职能流程图模板分别在哪两个绘图类型中提供模板？

操作练习：分别在不同的位置新建基本流程图、数据流图表和跨职能流程图。_____
_____。

3.8 图表和图形

图表和图形解决方案包含图表和图形模板、营销图表模板。

使用图表和图形可以对财务销售报告、损益表、市场预测和年度报告等进行形象地说明。

(1) 图表和图形模板：以直观的形式显示数字信息。

"图表和图形"模板可为图形元素提供现成的形状，例如 X 轴、Y 轴、标准曲线和指数曲线形状。这样，我们就可以轻松地将这些图形元素放在文档和演示中。

使用"图表和图形"模板可创建以下类型的绘图：二维条形图，如图 3.29 所示；三维条形图，如图 3.30 所示；具有特殊效果的图，如图 3.31 所示；折线图，如图 3.32 所示；饼图，如图 3.33 所示；功能比较图，如图 3.34 所示。

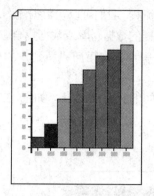

图 3.29 二维条形图示例

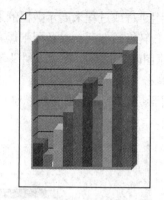

图 3.30 三维条形图示例

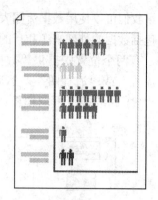

图 3.31 具有特殊效果的图示例

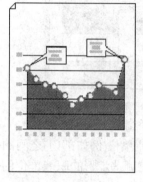

图 3.32 折线图示例

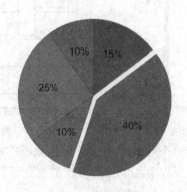

图 3.33 饼图示例

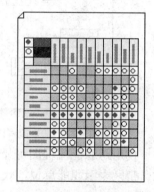

图 3.34 功能比较图

(2) 营销图表模板：阐明概念并以图解方式阐释数据，可用于进程图，基准问题测试，模拟路径路由，资源或假设分析，部署图表，目标、销售塔形分布，业务成本计算和任务管理等情况。

使用"营销图表"模板，可为流程模型建立、基准测试、模拟和改进、路线选定、时间和成本分析、基于活动的成本计算、产品组合、范围和营销综合示意、产品寿命和应用周期、市场和资源分析、定价矩阵等情况创建绘图。

使用"营销图表"模板可创建以下类型的绘图：中心辐射图，如图 3.35 所示；市场分析图，如图 3.36 所示；营销综合图，如图 3.37 所示；矩阵，如图 3.38 所示；金字塔图，如图 3.39 所示。

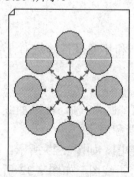

图 3.35 中心辐射图示例

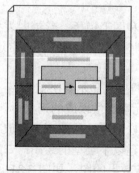

图 3.36 市场分析图示例

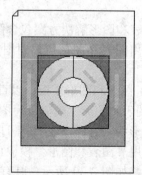

图 3.37 营销综合图示例

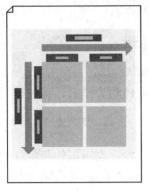

图 3.38　矩阵示例

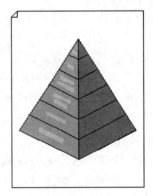

图 3.39　金字塔图示例

3.9　地　　图

地图解决方案中包含方向图和三维方向图等模板，运用它们可设计地图、路线方向、小范围的三维地理区域、村镇和市区示意图等。

1. 方向图模板

使用方向图形状(包括标识清晰的道路、地铁线路和陆标)来创建易于查看的地图及路线方向，如图 3.40 所示。

应用范围：交通部门的官员使用方向图可以评估交通方案；活动策划者使用方向图可以为雇员提供公司活动的方位；销售经理使用方向图可以向客户提供贸易展销会的方位。

2. 三维方向图模板

通过三维方向图，可以使用彩色的三维形状表示小范围的地理区域，如村镇等。例如，我们可以在幻灯片演示中使用三维方向图，以图形方式突出显示较大地理区域的某一部分，如图 3.41 所示。

图 3.40　方向图示例

图 3.41　三维方向图示例

演示教学：

新建并绘制一张校园三维方向图。

3.10 机 械 工 程

机械工程解决方案集成了部件和组件绘图模板和液体动力模板，可创建装配体制图、焊接图、紧固件和弹簧、液压或气压控制系统图等。

1. 部件和组件绘图模板

部件和组件绘图模板用来表示机械部件、工具或设备。使用部件和组件绘图模板可以绘制下列图形：组件图，如图 3.42 所示；焊接图，如图 3.43 所示；紧固件和弹簧，如图 3.44 所示。

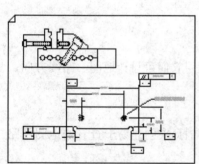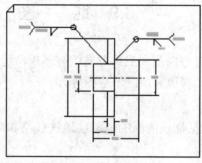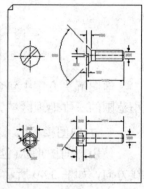

图 3.42　组件图示例　　　　　图 3.43　焊接图示例　　　　图 3.44　紧固件和弹簧示例

2. 流体动力模板

流体动力模板用于表示流体动力控制、装配和设备。

流体动力图以图表形式展示液压或气压控制系统。例如，工厂自动化系统、重型机械或汽车悬架系统中的液压或气压控制系统。

3.11 网 络

网络解决方案集成了 Active Directory 图表、LDAP 目录、Novell Directory Services、机架图、基本网络图、详细网络图等模板，可以设计出与网络有关的方案。

利用 Microsoft Office Visio Professional 2003 中包含的"网站图"模板中的增强功能，可以更好地控制布局选项和形状文本，使用新增形状可以展示当前技术和即将出现的技术，还可以更快地生成网站图，使用新增的交互式搜索功能，甚至还能绘制我们对其具有相应访问权限的受保护网站区域的网站图。

使用详细网络图来设计和实施网络配置，可以跟踪缆线和设备，并形象地显示错综复杂的现有网络，从而使对网络基础设施进行故障排除的工作变得轻而易举，因为我们有准确而详细的参考信息。使用 Visio 绘图工具可以指定图层以区分网络组件，使图表更为实用；使用自定义属性还可以存储和报告与网络形状关联的数据，如图 3.45 所示。

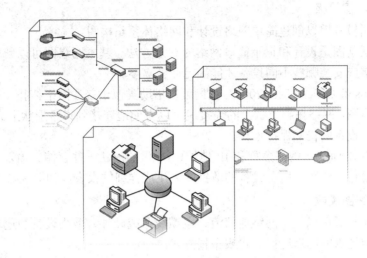

图 3.45 网络图示例

1．Active Directory 图表模板

Active Directory 图表模板用以表示 Active Directory 对象、站点和服务。

使用表示普通 Active Directory 对象、站点和服务的形状可以展示 Active Directory 服务。

2．LDAP 目录模板

LDAP 目录模板用以表示目录服务中的 LDAP(轻型目录访问协议)对象。

使用表示普通 LDAP(轻型目录访问协议)对象的形状可以创建目录服务文档。

3．Novell Directory Services 模板

Novell Directory Services 模板用以表示 Novell Directory Services 对象和分区。

使用表示普通 NDS 对象和分区的形状可以创建 Novell Directory Service (NDS)的图表。

4．机架图模板

机架图模板用以显示机架中的物理网络设备配置。

创建机架图是设计和展示机架系统的有效方法。利用机架图，我们可以优化机架设备所使用的空间并准确地向他人展示机架设备的配置方式。

借助 Microsoft Office Visio 2003，我们可以使用符合工业标准尺寸的网络设备形状，快速创建机架图。根据设计，这些形状可准确地结合到一起，并且通过其连接点可以方便地调整大小并准确入位。连接好这些形状后，即使它们在移动时也会保持结合状态。

我们可以在 Visio 设备形状中存储数据，如序列号和位置。将数据与各形状相关联后，我们可以生成很详细的报告，机架图示例如图 3.46 所示。

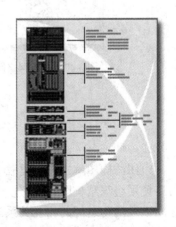

图 3.46 机架图示例

5. 基本网络图模板

基本网络图模板用以创建简单网络设计和网络体系结构图。

创建基本网络图是设计和记录简单网络的有效方法。基本网络图可以帮助我们在逻辑上展示简单网络应安装哪些不同设备才能满足业务需要。

使用 Microsoft Office Visio 2003，我们可以借助类似于普通网络拓扑和设备的形状快速创建基本网络图。网络拓扑形状上的连接线可以方便地连接到设备形状上。一旦连接好，即使移动它们，设备间仍然保持连接。

我们可以将数据(如：网络名称和 IP 地址)与提供的形状一并存储。输入数据后，我们可以为那些需要特定绘图上所有设备的数据的人生成详细的报表，如图 3.47 所示。

6. 详细网络图模板

详细网络图模板用以显示网络通信流、电缆线路或硬件、网络设备的逻辑连接方式、网络设备在特定地点的物理连接方式或布置方式。

创建详细网络图是设计和展示计算机网络的有效方法。利用详细网络图，我们可以：

- 显示网络设备的逻辑连接方式。
- 显示网络设备在特定地点(如服务器机房)的物理连接方式或布置方式。

使用 Microsoft Office Visio 2003 的代表普通网络拓扑和设备的形状可以快速创建详细的网络图。网络拓扑形状上的连接线可以很容易地附加到设备形状上。连接好这些形状后，即使移动它们，设备间仍然保持连接。

我们可以在 Visio 网络形状中存储数据，如网络名称和 IP 地址。将数据与各形状相关联后，我们可以生成很详细的报告，如图 3.48 所示。

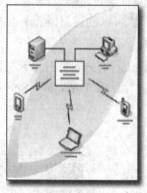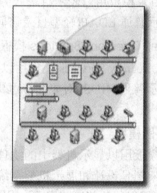

图 3.47　基本网络图示例　　　　图 3.48　详细网络图示例

3.12　组织结构图

组织结构图解决方案集成了组织结构图模板和组织结构图向导模板。

使用组织结构图，能够以图表形式表示组织的等级结构中人员之间、操作之间、职能之间以及活动之间的相互关系。我们可以采用不同的颜色来区分各个部门，采用不同的线条样式来区分隶属关系。

使用"组织结构图"模板，我们可以自动创建等级结构。

演示教学：创建组织结构图。

新建一个组织结构图，将总经理形状拖入绘图页后，分别将经理、顾问等职位形状拖到总经理形状之上；分别右键单击各形状，向其中插入头像图片；双击各形状填入姓名和职务等。

使用虚线连接线可以显示次要隶属关系，使各页上的形状保持同步。使用组织结构图向导可以依据数据文件中存储的人员数据生成组织结构图。比较组织结构图的不同版本并生成差异报告。尝试各种不同的布局，而无须手动移动形状。通过更改组织结构图的设计主题及其形状的颜色来改变图的外观。

1. 组织结构图模板

组织结构图模板用以显示雇员在上下级结构中所处位置和公司组织结构的图表，如图 3.49 所示。

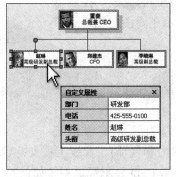

图 3.49　组织结构图示例

2. 组织结构图向导模板

组织结构图向导模板根据向导提示可以创建用于人力资源管理、职员组织、办公室行政管理和管理结构的图表。组织结构图向导模板包括了创建和维护组织结构图所需的所有形状和工具，如图 3.50 所示。

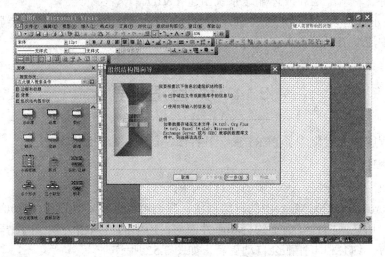

图 3.50　组织结构图向导界面

思考与操作： 你对学校学生管理模式是否清楚？

操作练习： 请绘制学校学生管理组织结构图。_____

_____。

3.13 工 艺 工 程

工艺工程解决方案集成了工艺流程图(PFP)、管道和仪表设备图(P&ID)模板，如图3.51所示。

应用范围： 工艺工程师创建工艺流程图可以显示石油冶炼厂的管道平面图；车间操作员使用P&ID可以记录对现有设施(如锅炉系统)的更改。控制器操作员使用管道布置图可以显示逻辑图与物理管道平面图之间的关系。

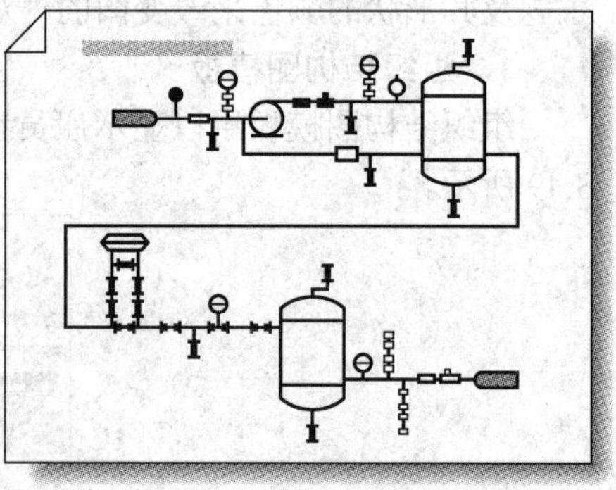

1. 工艺流程图模板

工艺流程图模板用以表示管道和液体输送系统以及物资分配流程。

使用工艺流程图模板可以为管线工程系统

图3.51　工艺流程图示例

(工业、制炼、真空、流体、水力和气体)、管线工程支持、材料配送和液体输送系统创建PFD(Process Flow sheet Diagram)。PFD显示管道系统如何将工业加工设备连接在一起。PFD比P&ID更为概念化，通常包含更多用于显示数据的批注。

2. 管道和仪表设备模板

管道和仪表设备模板用以显示管道如何与工业加工设备相连接。

使用管道和仪表设备模板可以为管线工程系统(工业、制炼、真空、流体、水力和气体)、管线工程支持、材料配送和液体输送系统创建 P&ID。

P&ID显示管道系统如何将工业加工设备连接在一起。P&ID示意图还会显示用于监控物料在管道中流动情况的仪表和阀门。

3.14 项 目 日 程

项目日程解决方案集成了 PERT 图、甘特图、日历、时间线等模板。

1. 日历模板

日历模板用以创建日、周、多周、月和年的日历，并定义其格式。

利用 Microsoft Office Visio 中的日历形状，我们可以创建各种日历，还可以添加约会、多日事件和日历艺术图片。由于约会和事件都与日历中的日期相关联，因此当我们修改日历上的日期时，约会和事件都会自动更新，如图3.52所示。

应用范围： 管理人员可以使用日历来跟踪雇员假日；项目经理可以将日历并入项目管

理文档，以便小组成员查看项目日程安排；活动策划者使用日历可以安排一年的活动日程并进行跟踪。

2. 时间线模板

时间线模板用以显示项目事件的顺序或一段时间的进程。

使用"时间线"模板可以快速创建水平或垂直时间线，以图解方式说明某项目或进程生命期内的里程碑和间隔。Microsoft Office Visio 2003 时间线可以显示年、季度、月、周、天、小时、分钟和秒的间隔。

我们可以使用"导入时间线向导"从 Project(MPP)文件中导入任务和里程碑，再将它们用来创建 Visio 时间线。如果要使用 Visio 时间线中的数据来在 Project 中创建更详细的跟踪日程，可以将时间线中的数据导出到 Project (MPP)文件。

我们还可以使用"展开的时间线"形状展开部分时间线，以便获得更详细的信息，如图 3.53 所示。

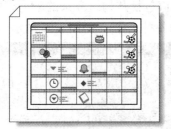 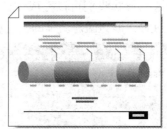

图 3.52　日历示例　　　　　　　　图 3.53　时间线示例

应用范围：项目经理使用时间线可以表示项目持续的时间和里程碑；主管使用时间线可以确保小组成员明白各自的最终期限；文档管理专家使用时间线可以跟踪进程的完成日期。

3. PERT 图模板

PERT 图模板以流程图表示项目视图。

我们可以使用计划评价与审查技术(PERT)图来计划、分析和监控项目。在项目的早期阶段，PERT 图对于组织任务、建立时间框架以及显示依赖于其他任务的任务十分有用，如图 3.54 所示。

4. 甘特图模板

甘特图模板显示项目的详细信息。

甘特图是显示活动及持续时间的条形图。甘特图用于安排、计划和管理项目，如图 3.55所示。

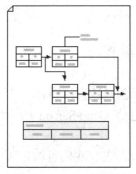 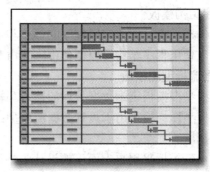

图 3.54　PERT 图示例　　　　　　図 3.55　甘特图示例

3.15　软　　件

软件解决方案集成了 COM 和 OLE、Jackson、ROOM、UML 模型图、Windows XP 用户界面、程序结构等模板。运用这些模板，我们可方便快捷地设计出数据结构图、系统网络图、程序结构图、数据流模型图表等。

1. Windows XP 用户界面模板

Windows XP 用户界面模板用于 Microsoft Windows XP 界面元素的程序原型。

通过 Windows XP 用户界面模板，可以使用按 Microsoft Windows XP 指导原则设计的形状来创建用户界面的模型。这些形状包括界面中常用的各种元素，如空白窗体(应用程序窗口的基础)、向导页、工具栏和菜单形状以及控件形状等。

使用这些形状我们可以完成创建界面的所有工作(包括从构造复杂的应用程序窗口或带选项卡的对话框到创建简单的消息框或单个按钮的各种工作)，如图 3.56 所示。

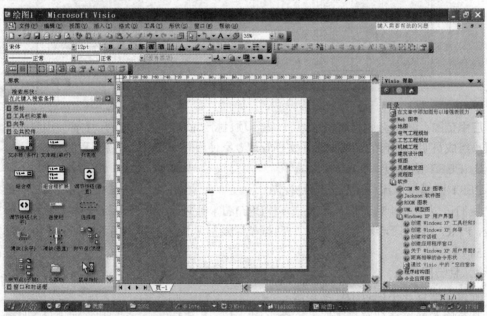

图 3.56　使用 Windows XP 用户界面模板创建文件界面

2. 程序结构模板

程序结构模板表示软件应用程序的体系和数据流。

我们可以使用程序结构模板创建程序和内存对象的结构图。

3. 数据流模型图模板

数据流模型图模板表示数据处理的输入和输出，用于创建数据流图表。

数据流模型图模板可用于设计数据流模型；该模板包括 Gane-Sarson 表示法中使用的所有符号的形状。

数据流模型模板采用自上而下的设计策略创建数据流图表。我们可以先从创建顶层进程开始，然后再将每个进程细分为若干子进程。

4. 企业应用模板

企业应用模板用以显示企业范围的资产中的软件体系结构或通信流。

使用企业应用模板可以设计并制作包括物理和逻辑组件的企业级的系统图。

5. COM 和 OLE 模板

COM 和 OLE 模板用以表示 COM(组件对象模型)和 OLE(对象链接和嵌入)软件元素及其交互。

COM 和 OLE 模板包括用来创建 COM 和 OLE 图表所用的图标和符号的形状。该模板也含有各类连接线形状,可以用来连接 COM 对象、对象模型和其他形状。

COM(组件对象模型)是一种二进制的标准。该标准可使我们利用其他语言编写的组件来构建软件应用程序。COM 规范控制如何构建组件以及这些组件是如何与其他组件协同工作的。

我们可以在面向对象的程序设计中创建系统图、COM 和 OLE 图表,或公共接口图表、COM 接口图表和 OLE 接口图表。

6. Jackson 模板

Jackson 模板用以显示数据结构和创建用于程序设计的数据结构图。

使用 Jackson 模板可以创建数据结构图、系统网络图和程序结构图,这些图表符合 Jackson 软件设计方法。该设计方法涵盖了从分析到实际设计的系统生命期。该方法通过对输入和输出数据流的影响来加强系统的操作,而不是强调直接的功能性任务。 使用该方法还可以创建分层的树结构图表。

7. ROOM 模板

ROOM 模板用以表示实时系统模型,基于适时性、动态内部结构、反应性、并发性和分布来对实时系统建模。

使用 ROOM 模板,可以创建结构图和行为图(又称为 ROOM 图表),前者以图解的形式阐明了系统的主要组件,后者以图解的形式阐明了系统是如何运转的。

8. UML 模型图模板

UML 模型图模板使用 UML 表示法表示软件体系结构,创建 UML 模型和静态结构(类和对象)、用例、协作、序列、组件、部署、活动和状态图等图表。

Microsoft Office Visio "UML 模型图" 模板为创建复杂软件系统的面向对象的模型提供全面的支持。

3.16 Web 图 表

Web 图表解决方案集成了网站图模板和网站总体设计图模板。

1. 网站图模板

网站图模板用以显示网站的层次和流向(编制站点上的文件、图片、数据和内容)。

使用网站图模板可以搜索链接,并可为 HTTP 服务器、网络服务器或本地硬盘上的网站生成站点图。

站点图可以帮助我们维护站点并排除站点故障。使用它们可以分析站点的组织结构并对其内容进行分类。当我们接手不熟悉的站点时，站点图尤其有用。

　　站点图中的每个形状都表示网站上的一个链接，并且每个形状都包含与链接类型和位置有关的信息。形状包括超链接，这样我们可以直接从形状跳转到该形状所表示的链接。

演示教学： 生成某网站的层次结构图。

　　主菜单文件→新建→选择绘图类型→Web 图表→网站图，在对话框中输入某网站网址(如图 3.57 所示)→确定。某网站的层次结构图如图 3.58 所示。

图 3.57　利用网站图生成站点图对话框

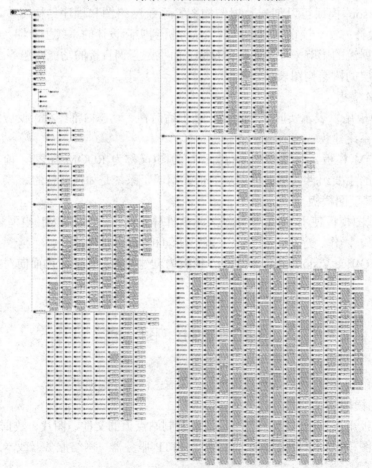

图 3.58　某网站的层次结构图

2. 网站总体设计图模板

网站总体设计图模板用以显示网站可能的层次结构、组织和流程。

网站要想组织有序，应首先强调规划。网站规划的第一步是围绕整体规划广开思路，确定站点的用途、内容和总体组织结构。我们可以使用"网站总体设计图"模板为我们的新网站创建一个高起点的总体设计图，借此来开展讨论。也可以使用此类型的图表来重新组织一个现有站点。

回顾　本章学习了哪些主要内容，请你总结一下：

3.17 UML 简 介

UML(Unified Modeling Language)，统一建模语言是对面向对象系统的产品进行说明、可视化和编制文档的一种标准语言，是非专利的第三代建模和规约语言。掌握该门语言也是软件开发人员必备的技能之一。

1. 使用 UML 模型图模板绘制用例图

1) 用例图的概念

由参与者(Actor)、用例(Use Case)以及它们之间的关系构成的用于描述系统功能的动态视图称为用例图。

2) 用例图的组成

(1) 参与者是指存在于系统外部并直接与系统进行交互的人、系统、子系统或类的外部实体的抽象。

在用例图中使用一个人形图标来表示参与者，参与者的名字写在人形图标下，如图 3.59 所示。

(2) 参与者之间的关系：由于参与者实质上也是类，因此它拥有与类相同的关系描述，即参与者与参与者之间主要是泛化关系(或称为"继承"关系)。

用户

图 3.59　参与者示意图

泛化关系("继承"关系)是指把某些参与者的共同行为提取出来表示成通用行为，并描述成超类。泛化关系表示的是参与者之间的一般或特殊关系，在 UML 图中，使用带空心三角箭头的实线表示泛化关系("继承"关系)，如图 3.60 所示。

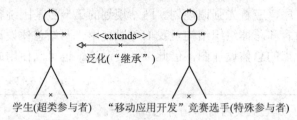

图 3.60　参与者间的泛化关系

(3) 系统：由一系列相互作用的元素形成的具有特定功能的有机整体。同时系统又是相对的，一个系统本身又可以是另一个更大系统的组成部分，因此，系统与系统之间需要使用系统边界进行区分，如图 3.61。系统边界是指系统与系统之间的界限。我们把系统边界以外同系统相关联的其他部分，称为系统环境。

图 3.61　系统间的关系图

3) 用例之间的关系

(1) 包含关系：用例(称为基础用例)可以包含其他用例的行为，并将被包含用例的行为作为基础用例行为的一部分。在 UML 中，包含关系用带箭头的虚线段加◇字样来表示，箭头由基础用例(Base)指向被包含用例(Inclusion)，如图 3-62 所示。

图 3.62　包含关系用例图

在处理包含关系时，具体的做法就是把几个用例的公共部分单独抽象出来构成一个新的用例。主要有以下两种情况需要用到包含关系：

① 若多个用例用到同一段的行为，则可以把这段共同的行为单独抽象成为一个用例，然后让其他用例来包含这一用例。

② 当某一个用例的功能过多、事件流过于复杂时，我们也可以把某一段事件流抽象成为一个被包含的用例，以达到简化描述的目的。

(2) 扩展关系：在一定条件下，把新的行为加入到已有的用例中，获得的新用例叫作扩展用例(Extension)，原有的用例叫作基础用例(Base)，从扩展用例到基础用例的关系就是扩展关系，如图 3.63 所示。

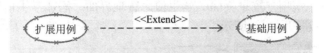

图 3.63　扩展关系用例图

一个基础用例可以拥有一个或者多个扩展用例，这些扩展用例可以一起使用。

(3) 泛化关系：一个父用例可以被特化形成多个子用例，而父用例和子用例之间的关系就是泛化关系。

在用例的泛化关系中，子用例继承了父用例所有的结构、行为和关系，子用例是父用例的一种特殊形式。

子用例还可以添加、覆盖、改变继承的行为。在 UML 中，用例的泛化关系通过一个三角箭头从子用例指向父用例来表示，如图 3.64 所示。

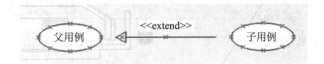

图 3.64　泛化关系用例图

思考与操作：你是否了解银行存款的两种方式？(一种是银行柜台存款方式，一种是 ATM 机存款方式。)请根据前述关系，绘制银行存款与其两种存款方式的用例关系图。

银行柜台存款和 ATM 机存款都是存款的一种特殊方式，因此"存款"为父用例，"柜台存款"和"ATM 机存款"为子用例，如图 3.65 所示。

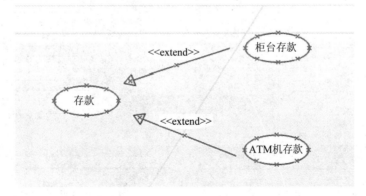

图 3.65　存款与柜台存款和 ATM 机存款的用例关系图

4) 参与者和用例之间的关系

参与者和用例之间的关系使用带箭头或者不带箭头的线段来描述，箭头表示在这一关系中哪一方是对话的主动发起者，箭头所指方是对话的被动接受者。

演示教学：绘制"学生信息管理系统"的用例图。

该系统功能：可以登录、退出该系统；可以存储历届的学生信息，安全、高效；可以随时添加某位新同学的个人信息；可以迅速查询到某位同学的所有个人信息；可以根据实际需要，方便地增加、删除、修改、查找学生个人信息。

学生信息管理系统用户登录界面、学生信息管理界面、添加学生信息界面、修改学生信息界面，如图 3.66～图 3.69 所示。

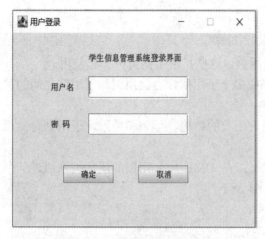

图 3.66　学生信息管理系统用户登录

图 3.67　学生信息管理界面

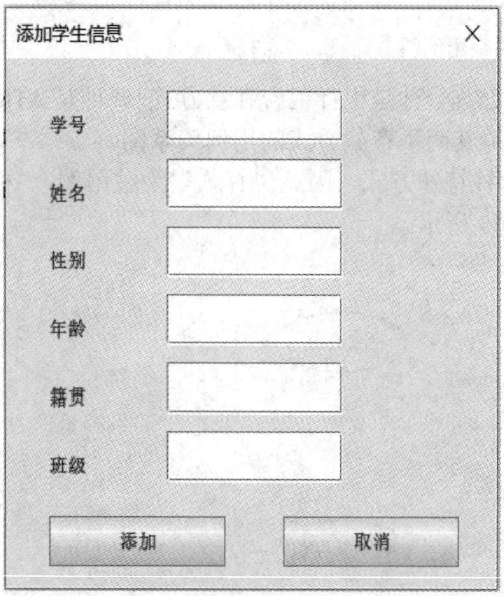

图 3.68　添加学生信息界面　　　　　　　图 3.69　修改学生信息界面

在"软件"绘图类型中找到"UML 模型"模板，点击"UML 用例"进入绘图界面。将系统边界拖入绘图页面，并完成系统名称"学生管理系统"写入，将参与者、用例等元素添加到绘图页面。根据学生信息管理系统的功能要求，完成用例图的绘制，如图 3.70 所示。

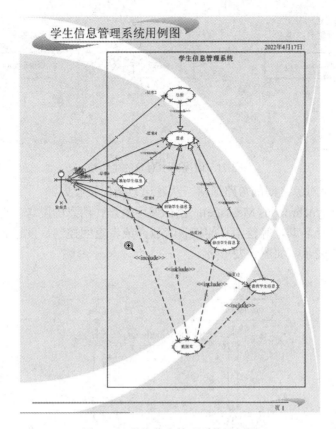

图 3.70 学生信息管理系统用例图

思考与操作：你能根据自己的生活经验，绘制出搭乘地铁的用例图吗？

_____。

2. 使用 UML 模型图模板绘制时序图

1) 时序图的概念

时序图描述了对象之间传递消息的时间顺序，用来表示用例中的行为顺序。

时序图主要用来更直观地表现各个对象交互的时间顺序，即各个对象发送消息、接收消息、处理消息、返回消息的时间流程顺序。

2) 时序图的组成

时序图包括四个元素：对象(Object)、生命线(Lifeline)、激活(Activation)和消息(Message)。

(1) 对象：时序图中对象使用矩形表示，并且对象名称下有下画线。对象置于时序图的顶部，说明在交互开始时对象就已经存在了；如果对象的位置不在顶部，就表示对象是在交互的过程中创建的。

对象可以是系统角色，可以是人或者其他系统、子系统。

(2) 生命线：用一条垂直的虚线表示时序图中的对象在一段生命周期内存在。每个对象底部中心的位置都带有生命线，其长度取决于交互的时间。

对象与生命线结合在一起就是对象的生命线，包含对象图标以及对象下面的生命线图标，如图 3.71 所示。

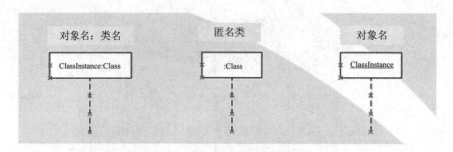

图 3.71　时序图中对象的生命线

(3) 消息：两个对象之间的单路通信，从发送方指向接收方。

① 同步消息(Synchronous Message)：也称调用消息。消息的发送者把信号传递给消息的接收者，然后停止活动，等待消息的接收者放弃或者返回控制，发送者需要等待消息的响应，用实心箭头表示，如图 3.72 所示。

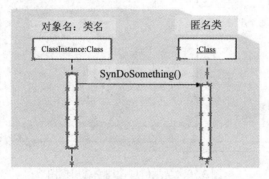

图 3.72　同步消息传递

② 异步消息(Asynchronous Message)：消息发送者把信号传递给消息的接收者，然后继续自己的活动，不等待接收者返回消息，如图 3.73 所示。异步消息的接收者和发送者是并发工作的。

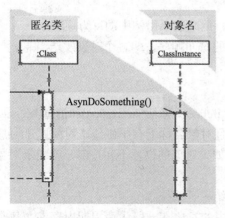

图 3.73　异步消息传递

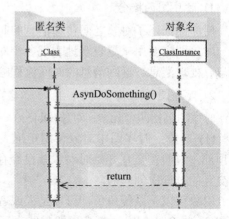

图 3.74　返回消息

③ 返回消息(Return Message)：从过程调用返回的消息，如图 3.74 所示，用虚线的线性箭头表示。

④ 自关联消息：方法对自身进行调用以及一个对象内一个方法调用另外一个方法，如图 3.75 所示。调用自身的方法，即自我调用的同步消息。

(4) 激活：对象被占用以完成某个任务。在 UML 中，对象激活是将对象的生命线拓宽为矩形来表示的，如图 3.76 所示。矩形称为计划条或控制期。

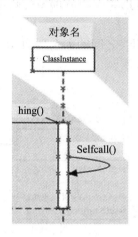

图 3.75 自关联消息

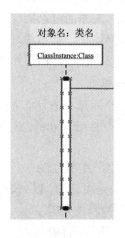

图 3.76 对象激活状态

演示教学：绘制一个学生信息管理系统的时序图。

首先打开 Visio，点击"软件和数据库"，在模板里选择"UML 类"并点击"确定"。找到"UML 类"中的"序列"点击，找到对象、生命线、激活、消息，分别添加到绘图页上，即可完成学生信息管理系统时序图，如图 3.77 所示。

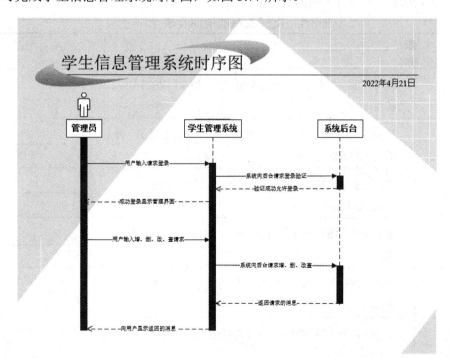

图 3.77 学生信息管理系统时序图

3. 使用 UML 模型图模板绘制类图

1) 类图的概念

UML 中的类图是用来描述一个系统的静态结构。它既可以用于一般概念建模，也可以用于细节建模。类(Class)包含了数据和行为，是面向对象的重要组成部分，它是具有相同属性、操作、关系的对象集合的总称。

利用类来建模，就是通过编程语言构建这些类。类和类之间的关系就构成了类图，类图中也可以包含接口、包等元素，还可以包括对象、链等实例。

2) 类的组成

类用一个矩形来表示，被两条直线分隔成三个部分：类名、属性(Attribute)、操作(Operation)，如图 3.78 所示。

(1) 属性：在单独的一行中列出了该类的每个属性。属性部分是可选的，以列表格式显示。属性的格式：

　　　　名称:属性类型

例如：名字:字符型。

(2) 操作：操作位于类图矩形的底部区域，也是可选的。像属性一样，类的操作以列表格式显示。操作的格式：

　　　　名称(参数列表):返回值的类型

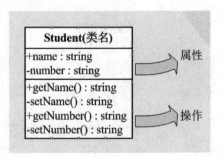

图 3.78　类的表示图

3) 类与类之间的关系

如表 3.1 所示，类与类之间的关系如下：

表 3.1　类间关系的说明及表示符号

关系	说　　明	符　号
依赖	使用关系，指向方(符号左)为使用类，被指向方(符号右)为被使用类	– – – – – – –▶
关联	联系关系，是类与类之间的联结，使一个类知道另一个类的属性和方法	────────▶
实现	接口的实现关系，指向方(符号左)为实现类，被指向方(符号右)为接口类	– – – – – – –▷
泛化	继承关系，指向方(符号左)为子类，被指向方(符号右)为父类	────────▷
聚合	整体和部分关系，指向方(符号左)为整体类，被指向方(符号右)为部分类	◇───────▶
组合	整体和部分关系，指向方(符号左)为整体类，被指向方(符号右)为部分类	◆───────▶

(1) 依赖(Dependency)：对象之间最弱的一种关联方式，是临时性的关联。依赖关系可以简单地理解为一个类 A 使用到了另一个类 B，而这种使用关系是具有偶然性的、临时性的、非常弱的，但是类 B 的变化会影响到类 A。代码中的依赖关系一般指由局部变量、函数参数、返回值建立的对于其他对象的调用关系。一个类调用被依赖类中的某些方法而得以完成这个类的一些任务。例如，类 B 作为参数被类 A 在某个方法中使用，或者类 A 引用了类 B 的静态方法，类 A 与类 B 之间就是依赖关系。在类图中依赖关系使用带箭头的虚线表示，箭头从使用类指向被依赖的类。

(2) 关联(Association)：对象之间的一种引用关系，比如客户类与订单类之间的关系。这种关系通常使用类的属性表达。关联又分为一般关联、聚合关联与组合关联。例如，在代码中的关联关系，表现为被关联类 B 以类属性的形式出现在关联类 A 中，或者关联类 A 引用了一个类型为被关联类 B 的全局变量。在类图中关联关系使用带箭头的实线表示，箭头从使用类指向被关联的类，可以是单向或双向。

(3) 实现(Realization)：在类图中就是接口和实现之间的关系，是两个实体之间的一种合同关系，一个实体定义一个合同，而另外一个实体保证履行该合同，这对应于 Java 中的一个类实现了一个接口。实现关系在 Java 中使用 implements 关键字来表示，在类图中使用带三角箭头的虚线表示，箭头从实现类指向接口。

(4) 泛化(Generalization)：即继承，是对象之间耦合度最大的一种关系，子类继承父类的所有细节。泛化关系直接使用语言中的继承表达，在 Java 中使用 extends 关键字来表示。泛化关系在类图中使用带三角箭头的实线表示，箭头从子类指向父类。

(5) 聚合(Aggregation)：聚合算是关联的一种形式，是一种不稳定的包含关系，较强于一般关联，有整体与局部的关系，并且没有了整体，局部也可单独存在。在类图中，聚合关系使用空心的菱形表示，菱形从局部指向整体。

(6) 组合(Composition)：是一种强烈的包含关系。组合类负责被组合类的生命周期。组合关系是一种更强的聚合关系，部分不能脱离整体存在。例如在代码中的组合关系，表现为类中的成员数据是另一个类的对象。在类图中，组合关系使用实心的菱形表示，菱形从局部指向整体。

🖳 **演示教学**：完成学生信息管理系统类图。

(1) 进入 UML 模型图模板，选择 UML 静态结构模具，将所需的类添加到绘图页上。双击 UML 类，在"UML 类属性"对话框中对不同类的类名、属性、操作进行写入。点击"确定"。

(2) 根据类之间的依赖、继承、组合、关联、聚合等关系，按要求绘制出各类间的连接关系，完成学生信息管理系统类图绘制，如图 3.79 所示。

(3) 在绘制接口的实现关系时，先在实现接口的类中添加接口方法，右击该类，在弹出的列表中选择"形状显示选项"，在弹出的 UML 形状显示选项对话框中勾选"实现链接"，点击"确定"。从该类的黄色手柄向接口类拖拽连接线，便可出现以空心箭头虚线连接的"实现"关系的连接线。

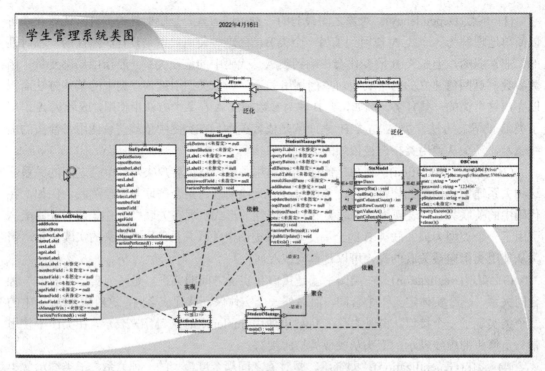

图 3.79　学生信息管理系统类图

思考与操作： 如何绘制学生就餐系统的类图？

学生实现就餐，可能会涉及哪些类？它们各自有哪些属性？每一种类能完成哪些操作？_____。

每种类之间是什么关系？_____。

复习测评

1. 组织结构图包含哪些模板？它们各有什么用途？

2. 流程图包含哪些模板？它们各有什么用途？

3. 绘图类型有多少种？

4. 什么是没影点？没影点出现在哪种绘图类型的什么模板的绘图页面上？

5. 框图就是：

A. 对一个过程中的每个步骤进行说明的非常详细的图表

B. 具有简单基本形状的图表，可用于对某事物进行一目了然的说明

C. Visio 中框图的一个类别，不包括树形框图

D. Visio 中的一种框图，只使用类似元素的形状

6. 以下哪种箭头会连接到形状？

A. 开放式一维单向箭头　　　　　　　　　B. 二维单向箭头

C. 三维双向箭头　　　　　　　　　　　　D. 曲线箭头

7. 我们要创建一个显示我们的经理以及对其负责的所有人员的组织结构图, 下列哪种方式是最佳开始方式?

A. 首先, 将多个"职位"形状拖到页面上, 然后将"经理"形状拖到页面顶部

B. 首先, 将"经理"形状拖到页面顶部, 然后使用"组织结构图"工具栏为其团队选择形状

C. 首先, 代表我们的经理助理的形状拖到页面上, 以免将其遗忘

D. 首先, 将"经理"形状拖到页面上, 然后将"职位"形状拖到页面上

8. 将"职位"形状放在"经理"形状上时, 会发生什么情况?

A. Visio 会将"职位"形状排列在"经理"形状下面, 然后我们用"连接线"工具连接形状

B. Visio 会将"职位"形状连接并排列在"经理"形状下面

C. Visio 将"职位"形状连接到"经理"形状, 然后我们将"职位"形状移动到"经理"形状下面

D. Visio 会显示一条通知: 不能将一个形状放在另一个形状上面

9. 如果我们进行了练习单元, 那么我们就能回答此问题。我们将一个"职位"形状放在一个"经理"形状上, 默认情况下, "职位"形状将具有哪些内容?

A. 一个用于键入雇员姓名、职务和部门的位置

B. 雇员的姓名、职务和照片(如果我们有可用的照片)

C. 导入的数据

D. 一个用于键入雇员姓名和职务的位置

第4章 文件管理

内容摘要：

本章详细介绍 Visio 在文件管理方面的内容。

学习目标：

通过本章学习，了解绘图文件模具的使用和属性管理的基本知识，掌握绘图文件模具的使用和属性管理方法。

在前一章中，我们学习了 Microsoft Office Visio 2003 提供的 16 种绘图类型的基础知识以及部分绘图类型的功能和应用范围。本章我们将进一步学习 Microsoft Office Visio 2003 中的文件管理，包括文件的建立与存储、文件的打开与打印等详细内容。

4.1 创建绘图文件

绘图文件是指 Visio 的存储文档，是以 .vsd 为扩展名的文件。

在 Microsoft Office Visio 2003 中创建新绘图有三种基本方法：使用 Visio 模板或自定义模板创建绘图，创建空白绘图，根据现有绘图创建新绘图。

4.1.1 创建基于模板的新绘图

模板可以看成是一种文件，它能打开一个或多个模具，而在模具中包含创建图表所需的形状，包括创建特定的图表类型所需的所有样式、设置和工具。模板包括创建绘图所需的绘图页、形状、样式等全部元素。使用模板可确保绘图文件的一致性，这样我们就可以把工作重心放在对绘图页进行的操作上。

演示教学：打开一个业务进程模板创建 Visio 文件。

启动 Visio→开始→程序→Microsoft Office Visio 2003→文件→新建→选择绘图类型→业务进程→故障树分析图，如图 4.1 所示。

图 4.1 基于模板创建新绘图

思考与操作：打开的文件包含哪些内容？

操作练习：创建一个基于建筑设计图模板的新绘图。_____

_____。

新建绘图时我们可以观察到，打开的文件包含：一个或多个包含相关形状的模具；一个空白绘图页；对于有比例的绘图类型(办公室布局类型的绘图)，按正确的比例和页面尺寸的设置显示绘图页；适用于创建的绘图类型的文本、线条的填充样式等。

4.1.2 创建不基于模板的空白绘图文件

不基于模板的新绘图将打开一个空白的绘图页，它为我们提供了足够的灵活性，让我们可以按自己喜欢的任何方式创建绘图。我们可以使用该绘图页创建绘图，也可以创建随后可添加到自定义模具并在其他绘图中使用的形状。我们可以打开任一 Visio 模具或自定义模具，搜索形状，然后使用绘图、格式或墨迹工具来创建绘图。

思考与操作：如何创建不基于模板的空白绘图文件？如何向空白绘图文件中添加模具、形状？

操作练习：尝试进行如下操作：文件→新建→新建绘图。_____

_____。

4.1.3 根据现有绘图创建新绘图

演示教学：根据现有绘图创建新绘图。

启动 Viso 文件菜单→新建→选择绘图类型→新建绘图→在"新建绘图"窗口(如图 4.2 所示)中选择"根据现有绘图新建"→打开"根据现有绘图新建"对话框(如图 4.3 所示)→查找并打开一个现有绘图文件，就可在此文件基础上创建包含此文件的新的绘图文件。

图 4.2 "新建绘图"窗口   图 4.3 "根据现有绘图新建"对话框

4.2　打开现有绘图文件

4.2.1　打开现有的绘图文件

🖥 **演示教学**：打开现有的绘图文件。

　　启动 Visio，文件菜单→打开(如图 4.4 所示)→在"打开"对话框(如图 4.5 所示)中打开选中的现有绘图文件。

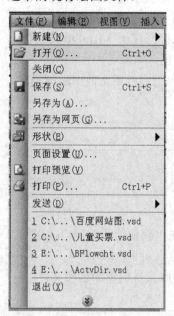

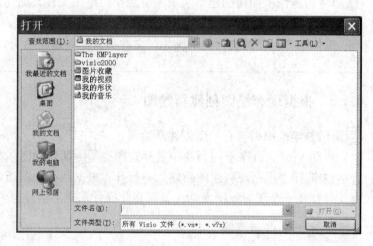

图 4.4　打开现有的绘图文件　　　　　　　　　图 4.5　"打开"对话框

4.2.2　打开最近使用过的绘图文件

　　在"开始工作"任务窗格，可以打开最近使用过的绘图文件。

🐢 **思考与操作**：打开最近使用过的绘图？

　　操作练习：尝试操作：启动 Visio→任务窗格中→开始工作→在打开选项中选择最近使用过的绘图文件。

4.2.3　打开先前版本中保存的工作区文件

　　在 Microsoft Visio 的先前版本中，工作区是具有.vsw 扩展名的单独文件，但现在 Visio 将工作区默认保存为.vsd 文件的一部分。

🖥 **演示教学**：打开先前版本中保存的工作区文件。

　　文件菜单→打开→文件类型选择"工作区(.vsw)"→查找范围→选择要打开的绘图。

4.2.4　保存为先前版本的 Microsoft Office Visio 文件

思考与操作：能否将 Visio 2003 的文件保存为先前版本的文件？

操作练习：尝试操作：文件菜单→打开→另存为→保存类型选择"Visio2002 绘图(*.vsd)"→输入文件名→保存，如图 4.6 所示。

注：在低版本 Visio 中可能看不到高版本绘图的某些绘图元素。

图 4.6　保存为先前版本的文件时保存类型的选择

4.3　使用模具与模板

4.3.1　模具、主控形状和实例的概念

模具是与特定的 Visio 绘图类型(模板)相关的主控形状的集合，是文件名中包含".vss"或".vsx"的文件。例如，模具可能叫作"宏远形状.vss"或"宏远形状.vsx"。当我们收到模具文件时，可将其另存到以下位置：C:\Documents and Settings\我的文档\我的形状，完成此操作后，就可以在"文件"菜单的"形状"子菜单→我的形状→(自命名)上使用该模具了。默认情况下，与模板一起打开的模具固定在绘图窗口的左侧。

主控形状：包含于模具，是模具上可以用来反复创建绘图的形状。

实例：当使用者将某个形状从模具中拖到绘图页上时，该形状就会成为该主控形状的实例。

思考与操作：模具在窗口的什么位置？办公室绘图模板有多少个默认模具？

操作练习：打开一个办公室绘图模板，观察窗口模具及各模具中的主控形状。

4.3.2　打开模具

演示教学：

(1) 文件菜单→形状→选择模具类型→在列表中单击所需的模具类别。

(2) 文件菜单→形状→打开模具→在对话框中打开需要的模具，或按住 Ctrl 键可同时打开多个模具，如图 4.7 所示→打开。

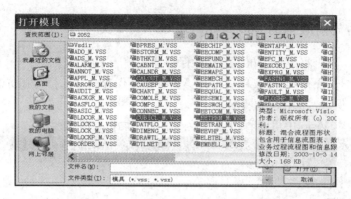

图 4.7　在打开模具对话框中打开多个模具

4.3.3　关闭模具

思考与操作：如何关闭所有模具？如何关闭当前模具？

操作练习：(1) 右键单击形状标题栏→关闭所有模具。

(2) 右键单击某模具标题栏→关闭当前绘图窗口中的某个模具。_____

_____。

4.3.4　主控形状在模具中的不同显示方式

演示教学：主控形状在模具中有以下四种不同的显示方式。

(1) 显示图标和名称：右键单击模具标题栏→视图→图标和名称。

(2) 只显示图标：右键单击模具标题栏→视图→仅图标。

(3) 只显示名称方式：右键单击模具标题栏→视图→仅名称。

(4) 显示图标、名称和形状说明方式：右键单击模具标题栏→图标和详细信息。

4.3.5　模具窗口的显示位置

演示教学：默认模具窗口在绘图窗口的左侧显示。

若要使固定模具浮动：右键单击某模具标题栏→浮动窗口，则该模具出现在模具窗口之外，呈浮动状态，如图 4.8 所示。还可以单击该模具标题栏，将其拖动到任意位置。

思考与操作：还有什么方法可以使模具浮动？如何还原浮动的模具？模具固定后不在原来的位置，怎么让它复原？

操作练习：右键单击浮动模具标题栏→固定窗口。_____

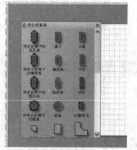

_____。

图 4.8　浮动窗口

4.3.6　更改形状在模具中的顺序

演示教学：

要更改形状在模具中的顺序，首先要让模具处于可编辑状态。

右键单击模具标题栏→另存为→在对话框中输入文件名→保存。模具标题栏的图标从只读变为可编辑的→调整模具中形状的顺序。

4.4 绘图文件的属性

4.4.1 Microsoft Office Visio 绘图文件的摘要属性

我们可以为 Microsoft Office Visio 文件指定摘要属性(如标题、主题、作者和说明)，以帮助自己和其他用户搜索和标识文件。

演示教学：指定摘要属性。

(1) 首次保存后，文件菜单→属性→摘要选项卡→输入相应要求(如三张办公桌绘图属性的录入)，如图 4.9 所示。

(2) 在绘图属性对话框中输入的信息有助于识别文件。当打开文件时该信息将在打开的对话框中显示：文件菜单→打开→视图按钮(如图 4.10 所示)→属性(如图 4.11 所示)。

图 4.9 绘图属性对话框

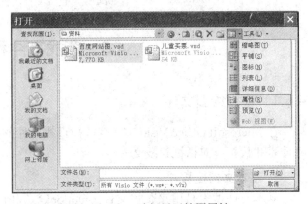

图 4.10 选择显示绘图属性

图 4.11 帮助识别打开绘图文件属性

4.4.2　查看 Microsoft Office Visio 文件属性

思考与操作：如何查看 Microsoft Office Visio 文件属性？如何打开资源管理器？

　　操作练习：(1) 资源管理器→右键单击一个 Visio 文件→属性。

　　(2) 文件菜单→打开→选择一个绘图文件→工具→属性，如图 4.12 所示。

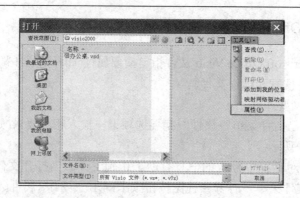

图 4.12　查看文件属性的方法

4.5　查找文件和形状

4.5.1　查找绘图文件

　　在 Microsoft Office Visio 中，有多种查找文件的方法。其中包括基本文件搜索、高级文件搜索和从打开对话框查找文件。

　　1. 基本文件搜索

　　基本文件搜索是用来查找文件、Outlook 项和网页的最全面的方法。我们可以查找在其标题、内容或属性中包含指定文本的文件；还可以通过指定其位置的类型来查找文件。

演示教学：基本文件搜索。

　　文件菜单→文件搜索→输入一个或多个词语(关键词、？、*通配符)→输入搜索范围→输入搜索文件类型→搜索。

　　2. 高级文件搜索

　　高级文件搜索更为具体，它基于文件属性来查找文件。我们可通过创建查询(一个或多个规则的集合，这些规则必须都为真才能找到文件)来执行这种搜索。

思考与操作：如何进行高级文件搜索？

　　操作练习：文件菜单→文件搜索→基本搜索→高级文件搜索→输入一个或多个搜索条件→属性→条件→值→添加条件(与、或选择)→搜索。

　　3. 从打开对话框查找文件

　　通过"打开"对话框中的"工具"菜单，可以查找需要的文件。与在"文件搜索"任务窗格中的类似，可以通过基本搜索或高级搜索来查找文件，查找结果按位置分别显示。在打开文件后，我们可以查看文件的属性。

思考与操作：如何从"打开"对话框中查找文件？

操作练习：文件菜单→打开→工具→查找，如图 4.13 所示。_____

_____。

图 4.13 从"打开"对话框中查找文件示例

4.5.2 查找形状

Visio 中有成千上万个形状可供选择，数量之多远非脑力所能记忆，因此最好知道如何在需要时查找它们。

从 Microsoft Office Visio 中的模板开始一个新绘图时，绘图页旁边的"形状"窗口中将显示一些模具，其中包含为该绘图类型设计的形状。如果我们还需要其他形状，只需使用"搜索形状"框就能很快搜索它们，无须打开其他模具。"搜索形状"会搜索硬盘上安装的 Visio 形状，以及我们已经添加到自定义模具中的新形状。如果我们连接了 Internet，"搜索形状"还会在 Web 上搜索新增的和更新过的 Visio 形状。

当我们搜索形状时，系统会创建一个搜索结果模具用以存放找到的形状。要使用某个形状，将其从结果模具中拖到我们的绘图中即可。

演示教学：在当前绘图下打开一个其他类型的模具。

文件菜单→形状→Microsoft Office Visio 模具(或我的形状、新建模具)，如图 4.14 所示。

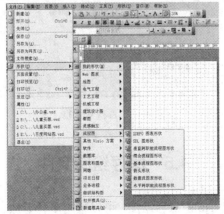

图 4.14 在当前绘图下打开一个其他类型模具的示例

4.5.3　在模具或 Web 上查找形状

思考与操作：(1) 如何搜索特定形状(如"灯""电话"等)？
(2) 如何打开形状窗口(视图→形状窗口)？

操作练习：在形状窗口的"搜索形状"框中，键入需要的形状名词，如"灯""电话"等，单击确定。注：词与词之间用空格、逗号或分号分隔，如果有搜索提示，请按提示操作。

──────────────────────

──────────────────────　　　　　　　　　　　　　　　　　　　　　　　　。

4.5.4　查找相似形状

演示教学：查找更多类似的形状。

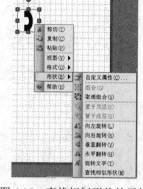

将该形状拖入绘图中，右键单击该形状→形状→查找相似形状，如图 4.15 所示。

Microsoft Office Visio 会搜索与所选形状有相同关键字的形状，并将找到的形状添加到搜索结果模具中。

4.5.5　查找绘图文件上的形状

思考与操作：如何查找绘图文件上的形状？

图 4.15　查找相似形状的示例

操作练习：编辑菜单→查找→查找内容→键入与形状相关的文本→搜索范围→查找下一处，如图 4.16 所示。

──────────────────────

──────────────────────　　　　　　　　　　　　　　　　　　　　　　　　。

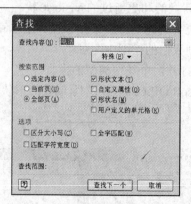

图 4.16　查找对话框

4.6　保存绘图文件

要在 Microsoft Office Visio 中保存绘图，可以采用多种方法。我们可以保存正在使用的活动绘图，无论它是新绘图还是先前已有的绘图。

4.6.1 保存绘图的不同方式

演示教学：(1) 另存为模板：我们可以将绘图文件另存为模板(*.vst)或 XML 模板(*.vtx)，以用作其他绘图的模型。

(2) 另存为只读：要防止任何人无意中编辑或更改我们的绘图，可以单击"文件"菜单→另存为→保存箭头→只读，将绘图保存为只读文件。

(3) 导出文件：我们可以将文件导出(保存)为 HTML、Windows 图元文件或其他多种格式。

4.6.2 保存绘图文件

图表完成后，我们可以使用与保存任何 Microsoft Office 文件大体相同的方法保存或打印该图表。

思考与操作：(1) 如何保存绘图文件？

操作练习：① 文件菜单→保存或另存为→文件名文本框中，键入绘图文件的名称。

② 选择"保存位置"，请打开要保存该文件的文件夹。

③ 如果要以其他文件格式保存图表，请在"保存类型"框中选择所需的文件格式。

④ 如果要以 Visio 文件格式保存图表，则可以跳过这一步。单击"保存"。

(2) 有几种保存文件的方法？

单击工具栏中的保存按钮![save icon]或利用组合快捷键：Ctrl + S 可保存文件。＿＿＿＿＿＿＿

＿＿＿＿＿＿＿＿＿＿＿＿＿＿＿＿＿＿＿＿＿＿＿＿＿＿＿＿＿＿＿＿＿＿＿＿＿＿。

4.6.3 以 .jpg、.gif 或 .png 格式保存形状和绘图

我们可以将绘制的图表保存为以下格式的图形文件：

(1) *.jpg 文件交换格式。

(2) *.gif 图形交换格式。

(3) *.png 可移植网络图形格式。

演示教学：

文件菜单→另存为→选择保存类型→确定，如图 4.17 所示。

图 4.17 选择合适格式保存绘图

回顾　本章学习了哪些主要内容，请你总结一下：

复习测评

1. 什么是绘图文件？它的扩展名是什么？
2. 有几种创建绘图文档的方法？
3. 什么是模具？它的扩展名是什么？
4. 什么是主控形状？什么是实例？
5. 在哪里可以写入文件的摘要？试述查看文件摘要的方法。
6. 如何将文件保存为只读文件？
7. 如何将绘图文件保存为*.jpg 格式?

第 5 章　形状操作基础

内容摘要：

本章将介绍形状操作的基础内容。

学习目标：

通过本章学习，我们将了解形状的基本概念，掌握形状的修改、放置、组合等操作。

5.1　基本概念与分类

5.1.1　关于形状

在 Microsoft Office Visio 绘图中，形状既表示实际的对象又表示抽象的概念。

Visio 形状可以表示以下内容：

(1) 现实世界中的对象，例如平面布置图中的写字台、椅子和计算机，或电气工程图中的电路。

(2) 组织层次结构中的对象，如组织结构图中的雇员或职位。

(3) 某一进程或顺序中的对象，例如流程图中的步骤。

(4) 软件模型或数据库模型中的对象，例如数据库模型图中的实体和关系。

5.1.2　形状的特点

1. 简单形状和复杂形状

Visio 形状可以像线条那样简单，也可以像日历、表格或可调整大小的墙那样复杂。术语形状可以表示以下内容：

(1) 使用绘图工具绘制的一条直线、弧线或自由绘制曲线(带有曲线段的形状，也称为样条)。

(2) 一系列线段。

(3) 模具中出现的预先提供的形状。

(4) 组合在一起的几个形状。

(5) 自己绘制的形状。

在 Visio 中，一条线就是一个形状，一套桌椅的组合也是由组合在一起的单独形状构成的形状。

2．一维形状和二维形状

Visio 形状可以是一维(1-D)形状或二维(2-D)形状。

1) 一维形状

一维形状(使用 Visio 绘图工具绘制的直线，或具有起点和终点并可粘附在两个形状之间以连接它们的形状)的行为与线条的类似。一维形状具有端点，我们可以拖动端点来调整形状的大小。我们可以将一维形状的端点粘附到二维形状的各边上，以创建移动形状时仍停留于原处的连接线。一维形状具有两个端点：起点▣和终点▣，如图 5.1 所示。

图 5.1　一维形状

一维形状只有两个端点。某些一维形状还具有其他手柄，例如此弧线中间的控制手柄。

2) 二维形状

二维形状的行为类似矩形的行为。二维形状具有选择手柄，我们可以拖动它来调整形状的大小，如图 5.2 所示。

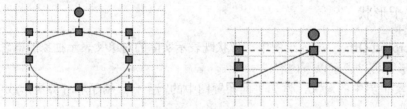

图 5.2　二维形状

二维形状具有两个以上的手柄，并且既可以是封闭的(如椭圆形)，也可以是开放的(如折线)。

Visio 形状设计在特定环境下能按照我们期望的方式做出反应。例如，用于门、窗和写字台的形状符合标准行业的规范，其大小已被锁定，不能调整，所以我们不会在使用形状时将它们伸展为不适当的大小。

5.1.3　关于形状的手柄

形状具有各种手柄，我们可以拖动它们来修改形状的外观、位置或行为。例如，我们可以使用手柄将一个形状粘附到另一个形状、移动形状的文本或更改弧线的曲度。

1．连接点

某些形状具有连接点×、、*，我们可将一维形状(例如连接线形状)的端点粘附到连接点上。通过"连接点"工具×可移动连接点。

💻演示教学：移动形状的连接点。

新建一个流程图文件，向绘图页中拖入"进程"形状，从基本形状模具中向绘图页拖入直线→曲线连接线，并演示粘附过程。使用连接点工具(在连接线工具下找)移动连接点，如图 5.3 所示。

思考与操作：如果工具栏没有"连接点"工具✕，如何打开它？

操作练习：视图菜单→工具栏→自定义→命令→绘图工具→连接点工具拖入工具栏，练习使用该工具移动连接点。＿＿＿＿＿＿＿＿＿＿＿＿＿＿＿＿＿＿＿＿＿＿＿。

2. 控制手柄

某些形状具有黄色控制手柄◇，我们可以通过它们来修改该形状。对于具有控制手柄的形状，其控制手柄具有的功能也有所不同。例如，我们可以使用控制手柄来调整形状的角的圆度或调整箭头的形状。

要显示控制手柄的功能提示，可将指针悬停在该控制手柄上，如图 5.4 所示。拖动该形状的控制手柄◇可以调整行距等。

图 5.3　一维形状粘附到形状上　　　　　图 5.4　指针悬停在控制手柄上

3. 控制点

演示教学：

当我们使用"铅笔"工具✐来选择线条、弧线和自由绘制曲线时，在它们上面就会出现绿色的圆形控制点⊙。拖动控制点可更改线段的曲度或对称性，如图 5.5 所示。

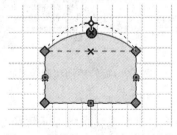

图 5.5　用铅笔工具点击选择形状

4. 离心率手柄

离心率手柄 (是以一对控制点中夹一个紫色圆形符号表示的,当用铅笔工具选择椭圆弧线的控制点时，出现在虚线各端的圆圈。拖动离心率手柄可更改弧线的角度和弧度)用于调整椭圆弧线的角度和弧度。

演示教学：

要显示离心率手柄，可选择一条弧线并单击"铅笔"工具，然后单击弧线中心的控制点，如图 5.6 所示。

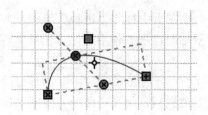

图 5.6　显示具有离心率手柄的弧线

5. 灰显框

灰显框□出现在角选择手柄的位置上，指示所选形状已受到保护或被锁定，不能进行特定的更改。例如，某些形状已锁定而无法进行翻转、旋转、调整大小或其他可能破坏其预设行为的更改。

思考与操作：灰显框什么情况下出现？

操作练习：右键单击"文档"中的某形状→格式→保护→勾选"宽度"→勾选"高度"→勾选"旋转"等→确定→单击该形状，观察灰显框。＿＿＿＿＿＿＿＿＿＿＿＿＿＿＿＿＿＿＿

＿＿＿＿＿＿＿＿＿＿＿＿＿＿＿＿＿＿＿＿＿＿＿＿＿＿＿＿＿＿＿＿＿＿＿＿＿。

灰显框只在形状已锁定而无法调整大小或旋转时显示。当形状已锁定而无法进行重定位、删除或选择等操作时，即使不显示灰显框，我们也不能执行上述操作。

6. 旋转手柄

演示教学：

用圆形绘图工具绘制一个椭圆，旋转手柄显示在该形状的顶部。拖动旋转手柄可以旋转该形状。旋转中心点(形状或文本块围绕其旋转的点)，用内有加号的圆圈进行标记，移动它可以更改旋转的中心，如图 5.7 所示。

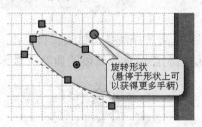

图 5.7　旋转手柄和旋转中心

7. 选择手柄和端点

使用"指针"工具选择形状时，形状上将显示绿色矩形选择手柄和端点、。拖动形状的选择手柄或端点，可以调整形状的大小。

大多数形状都具有角选择手柄(拖动它可以成比例地调整形状的大小)和边选择手柄(拖动它可以调整形状的各边的大小)。

8. 顶点

演示教学：

(1) 使用"铅笔"、"线条"、"弧线"或"自由绘制"工具选择形状时，将显示绿色菱形顶点◆。通过拖动顶点可以更改形状的外形，如图 5.8 所示。

(2) 通过添加或删除顶点可以改变形状中的线段数量，如图 5.9 所示。

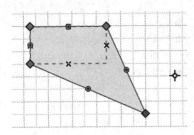

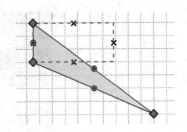

图 5.8　拖动顶点改变形状　　　　　　　　　图 5.9　删除顶点来改变形状

5.2　放　置　形　状

5.2.1　将形状拖到绘图页上

Microsoft Office Visio 形状作为主控形状存储在"形状"窗口的模具中。通过将主控形状从模具拖到绘图页上，可以将主控形状的副本添加到绘图中，然后就可以处理该形状。

5.2.2　对齐

对齐操作可精确地确定形状位置和使形状对齐。对齐就是沿其他形状或标尺细分线、网格(网格：以固定间隔出现于绘图页上的水平线条和垂直线条，它们在打印时不显示)线、参考线(参考线、参考点：可以拖到绘图页上以便对形状进行精确定位的参考线。参考线可从标尺中拖出，参考点可从绘图窗口的左上角拖出)或辅助点(从纵横标尺交叉点拖出的点)来拖曳形状，以使我们能够控制其放置和对齐。我们可以控制形状要与之对齐的对象的类型和对齐强度(即对象施加的拖曳量)。

默认情况下，形状与标尺细分线和网格线对齐。要使形状更容易与标尺细分线对齐，请禁用与网格线对齐。

思考与操作：如何禁用对齐？

操作练习：拖曳两个形状到绘图页上，观察对齐情况。取消对齐的步骤：工具菜单→对齐和粘附→对齐→选择或取消→确定。＿＿＿＿＿＿＿＿＿＿＿＿＿＿＿＿＿＿＿＿＿

＿＿＿＿＿＿＿＿＿＿＿＿＿＿＿＿＿＿＿＿＿＿＿＿＿＿＿＿＿＿＿＿＿＿＿＿＿＿。

5.2.3　形状坐标

除了通过将形状与网格对齐，直观地从在绘图标尺上测量形状之间的距离和位置外，还可以使用 X 轴和 Y 轴坐标来确定形状的位置。

形状或组合在绘图页上的位置是用页面坐标来表示的，坐标的原点位于页面的左下角。水平位置在 X 轴上指定；垂直位置在 Y 轴上指定。页面坐标按标尺的测量尺寸显示。

形状的 X 和 Y 轴坐标指定该形状的中心点位置。对于大多数形状(例如流程图形状)，中心点位于形状的中央。我们可以更改很多形状的中心点，如图 5.10 所示。

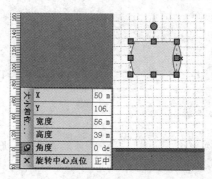

图 5.10　在"大小和位置"窗口中查看形状的位置

思考与操作：如何通过 X 和 Y 轴坐标指定形状的中心点位置？

　　操作练习：在绘图中选择某一形状，视图菜单→大小和位置窗口→旋转中心的位置→选择列表中的适当值→输入指定 X、Y 的值(150，200)＿＿＿＿＿＿＿＿＿＿

＿＿＿＿＿＿＿＿＿＿＿＿＿＿＿＿＿＿＿＿＿＿＿＿＿＿＿＿＿＿＿＿＿＿＿＿＿。

　　(1) 如果是二维形状(二维形状：一种有四个选择手柄的形状，选择这些手柄可用于按比例调整该形状的大小)，则输入"X"和"Y"的值。

　　(2) 如果是一维形状(一维形状：使用 Visio 绘制工具绘制的直线，或具有起点和终点并可粘附在两个形状之间以连接它们的形状)，则输入"起点 X""起点 Y""终点 X"和"终点 Y"的值。

5.2.4　分配形状

演示教学：

　　选择多个形状，形状菜单→分配形状→垂直分布或水平分布→确定，如图 5.11 所示。勾选"创建参考线并将形状粘附到参考线"，观察关于参考线对齐的情况。

图 5.11　分配形状窗口

　　(1) 对于"垂直分布"，边界由所选内容中最上面和最下面的形状确定。

　　(2) 对于"水平分布"，边界由所选内容中最左侧和最右侧的形状确定。

5.2.5　关于参考线和辅助点

　　当我们需要精确地确定形状位置或对齐若干形状时，可以使用参考线。我们可以将参考线放在页面上的任何地方，并使形状与之对齐。也可以将形状粘附到参考线上，这样，当移动参考线时，形状也会随之移动。有两种参考线可供使用：参考线和辅助点。

(1) 参考线：非打印线条，可以放在绘图页上的任何位置。当形状粘附到参考线时，可以移动参考线，从而一次移动所有的形状。

(2) 辅助点：两条很短的交叉参考线，可以放在绘图页或形状上的任何位置。辅助点也可用于使堆叠的形状按中心对齐。

5.2.6　放置、删除或隐藏参考线或辅助点

演示教学：放置参考线。

从横向标尺上拉下参考线，添加形状粘附于参考线上，拖动参考线，形状跟随移动。

思考与操作：(1) 如何放置纵向参考线？

操作练习：从纵向标尺上拉出参考线，添加形状粘附于参考线上，拖动参考线，观察形状跟随移动的情况。

(2) 如何隐藏参考线？视图菜单→取消"参考线"勾选。＿＿＿＿＿＿＿＿＿＿＿

＿＿＿＿＿＿＿＿＿＿＿＿＿＿＿＿＿＿＿＿＿＿＿＿＿＿＿＿＿＿＿＿＿＿＿。

演示教学：放置辅助点。

将标尺的交点拖到绘图页上，拖入圆和正方形，以辅助点为中心对齐(需在"视图"菜单中勾选"参考线")。

思考与操作：如何删除辅助点？

操作练习：将标尺的交点拖到绘图页上，流程图中的进程和直接数据两个形状拖入绘图页，以辅助点为中心对齐。删除辅助点的方法是按 Delete 键。

5.2.7　旋转参考线

演示教学：键入角度旋转参考线。

选中参考线，视图菜单→大小和位置→在角度框中键入值 45，参考线将绕中心点旋转 45°。顺时针方向旋转键入正值，逆时针方向旋转键入负值。

思考与操作：如何更改参考线的旋转中心？

操作练习：选中参考线，将指针放在中心点上并沿参考线拖动。＿＿＿＿＿＿＿＿

＿＿＿＿＿＿＿＿＿＿＿＿＿＿＿＿＿＿＿＿＿＿＿＿＿＿＿＿＿＿＿＿＿＿＿。

5.2.8　将形状粘附到参考线上

思考与操作：如何将形状粘附到参考线上？

操作练习：

(1) 将参考线从水平标尺或垂直标尺拖到绘图页上，然后松开鼠标按钮。

(2) 在"工具"菜单上，单击"对齐和粘附"。

(3) 在"当前活动的"下，确保选取了"粘附"复选框。

(4) 在"粘附到"下，选取"参考线"复选框单击"确定"。

(5) 执行以下操作之一：

· 如果形状是一维形状，如直线-曲线连接线，则将形状的某个端点拖到参考线上我们要粘附它的位置。在形状粘附好后，端点会变成红色。

· 如果形状是二维形状，如"准备"形状，则将形状拖到参考线上我们要粘附它的位置。在形状粘附好后，形状粘附部分上的选择手柄会变成红色。_____
_____。

5.2.9　将形状与辅助点对齐

思考与操作：如何将形状与辅助点对齐？

操作练习：如果看不到标尺，则在"视图"菜单上单击"标尺"。鼠标指向两个标尺交点处的十字，然后将其拖到绘图页上需要辅助点所在的位置。将"准备"和"纸带"两个形状根据辅助点对齐。_____
_____。

5.3　绘　制　形　状

5.3.1　显示绘图工具栏

"绘图"工具栏包含用户在绘制和编辑自己的形状时所需的全部绘图工具，如图 5.12 所示。

图 5.12　"绘图"工具栏

演示教学：显示"绘图"工具栏。

(1) 单击"标准"工具栏上的"绘图工具" ![绘图工具图标]。

(2) 视图菜单→工具栏→绘图。

(3) 工具菜单→自定义→工具栏→选择"绘图"→关闭，如图 5.13 所示。

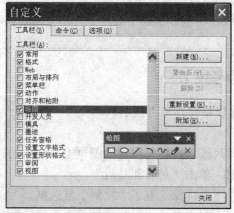

图 5.13　通过自定义对话框打开绘图工具栏

5.3.2　绘制线段

🖱️**思考与操作**：如何绘制线段？如何绘制折线？

　　操作练习：在"绘图"工具栏上，单击"铅笔"工具✏️或"线条"工具📏。鼠标指向希望线条开始的位置，拖动鼠标以绘制该线条。_____

_____

_____。

5.3.3　绘制自由绘制曲线

🖱️**思考与操作**：如何绘制自由绘制曲线？

　　操作练习：在"绘图"工具栏上，单击"自由绘制"工具〰️，朝着各个方向上进行拖动，以便绘制自由绘制曲线。通过拖动曲线的控制点⊗和端点⊠，来修改曲线的形状和位置。

　　注：要得到更平滑的曲线，请在绘制前禁用对齐。方法是，在"工具"菜单上，单击"对齐和粘附"；单击"常规"选项卡，在"当前活动的"下清除"对齐"复选框。

_____

_____。

5.3.4　绘制矩形或正方形

🖱️**思考与操作**：如何绘制矩形？如何绘制正方形？

　　操作练习：在"绘图"工具栏上，单击"矩形"工具▢。鼠标指向我们希望形状某个角所在的位置。拖动形状直到其达到所需大小。

　　要绘制正方形，请在拖动时按住 Shift 键。_____。

5.3.5　绘制具有多条线段的形状

🖥️**演示教学**：绘制具有多条线段的形状，如图 5.14 所示。

　　单击"标准"工具栏上的"绘图工具"🖊️以显示"绘图"工具栏。

　　单击下列工具之一："铅笔"工具✏️、"线条"工具📏、"弧形"工具⌒或"自由绘制"工具〰️。

　　(1) 要绘制第一条线段，将鼠标指向我们希望形状开始的位置，然后拖动线段直到达到所需大小。

　　(2) 要绘制第二条线段，将鼠标指向第一条线段的端点(端点：出现在已选定的线条、弧形或其他一维(1-D)形状的任意一端上的正方形手柄指针将变为一个加号⊞)，然后进行拖动。

　　(3) 绘制第二条线段后，形状将显示顶点◆(顶点：一种菱形手柄，出现在多段形状上的两个段之间，或出现在某一段的末端。拖动形状或连接线的顶点可以调整其外形)而不是显示端点⊠、⊞。

(4) 要绘制附加线段，请指向所添加的最后一条线段末端的顶点，然后拖动以绘制下一条线段。要将形状封闭起来，请将所创建的最后一条线段的端点拖到第一条线段开始处的顶点上。

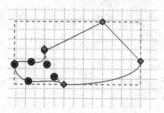

图 5.14 具有多条线段的形状

5.3.6 绘制弧形

思考与操作：如何绘制弧形(如图 5.15 所示)？

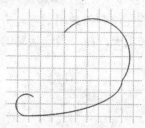

图 5.15 绘制弧形示例

操作练习：单击"绘图"工具栏上的下列工具之一： 要绘制外观类似圆形的一部分的弧线，请单击"铅笔"工具✐；要绘制外观类似椭圆形的一部分的弧线，请单击"弧线"工具◹。鼠标指向希望弧线开始的位置，拖动以绘制弧线。_____

_____。

5.3.7 绘制椭圆或圆形

思考与操作：如何绘制椭圆？

操作练习：(1) 在"绘图"工具栏上，单击"椭圆"工具⬭。鼠标指向我们希望绘制形状的开始位置。拖动形状直到其达到所需大小。

(2) 如何绘制正圆(如图 5.16 所示)？_____。

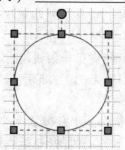

图 5.16 正圆示例

5.3.8 绘制椭圆、圆形、弧形或自由绘制曲线的切线

演示教学：

在"绘图"工具栏上，单击"线条"工具✏。单击椭圆、圆形、弧形或自由绘制曲线并沿着它们的边缘拖动，直至看到切线形状延长线，如图 5.17 所示。然后沿着该线拖动，直至看到它变为红色为止，如图 5.18 所示。

当我们围绕着形状拖动指针时，切线会随之移动。

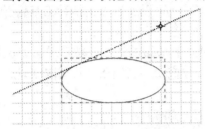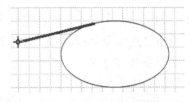

图 5.17 椭圆切线的延长线 　　　　　　　图 5.18 椭圆切线出现时的示例

思考与操作： 如何绘制两圆的切线(如图 5.19 所示)？

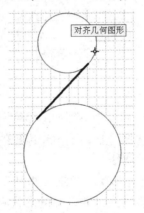

图 5.19 两圆的切线示例

操作练习： 要绘制两个形状的切线，请在第一个形状(如：圆)的红色切线出现后向着另一个形状边缘(如：第二个圆)拖动线条。当线条变为蓝色时，松开鼠标按钮。＿＿＿＿＿＿

＿＿＿＿＿＿＿＿＿＿＿＿＿＿＿＿＿＿＿＿＿＿＿＿＿＿＿＿＿＿＿＿＿＿。

5.4 选 取 形 状

5.4.1 选取一个或多个形状

要处理一个形状，首先要在绘图页上选择它，然后才能执行诸如应用格式、移动形状、对齐形状或添加文本等任务。

思考与操作： (1) 如何选取一个形状？

操作练习：单击"标准"工具栏上的"指针"工具，然后指向绘图页面上要选择的形状。当指针变成四向箭头时，单击该形状。选择单个形状时，该形状上将显示绿色手柄。

当我们要移动许多形状或设置许多形状的格式时，可以一次选择要一同处理的多个形状。选择的方法取决于多种因素：要执行的操作性质、要确定为主形状的形状以及如何在绘图中排列要选择的形状(无论这些形状在页面上是邻近的还是分散的)。

(2) 如何选取多个形状？有多少种不同的方法？如何取消或删除选取的形状？

操作练习：可以使用下列方法之一选择多个形状："区域选择"工具 、"套索选择"工具 、"多重选择"工具 、键盘快捷方式(这些工具可以通过点击指针工具 右侧的下拉箭头获得)。

(1) 使用"区域选择"工具选择形状：单击指针工具旁边的箭头，然后单击"区域选择"。将指针置于要选择形状的上方或左侧，然后进行拖动，以便在形状周围创建选中内容网，如图 5.20 所示。

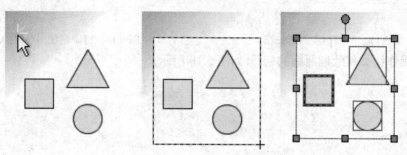

图 5.20　使用"区域选择"工具选择形状

选择形状后，我们会看到被选择形状周围出现绿色的选择手柄，各个形状周围显示洋红色线条。主形状具有洋红色粗轮廓线。

(2) 使用"套索选择"工具选择形状：单击"指针"工具旁边的箭头，然后单击"套索选择"；将自由绘制的选中内容网拖至要选择的形状周围。选择多个形状时，所选的形状周围会显示绿色选择手柄，如图 5.21 所示。

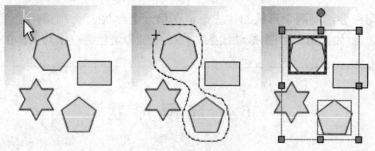

图 5.21　使用"套索选择"工具选择形状

(3) 使用"多重选择"工具选择形状：单击"指针"工具旁边的箭头，然后单击"多重选择"，单击要选择的每个对象(注：使用"多重选择"工具并在形状周围拖动鼠标时，指针的作用与使用"区域选择"工具的一样)。选择的第一个形状周围是洋红色粗轮廓线，而所有其他形状周围都是洋红色细轮廓线，如图 5.22 所示。

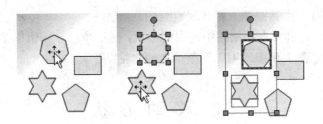

图 5.22　使用"多重选择"工具选择形状

(4) 键盘快捷方式：我们可以按住 Shift 或 Ctrl 键，同时单击形状，以便一次选择多个形状，也可以使用这些键在当前选择内容中添加其他形状。例如，如果要在使用"区域选择"工具创建的选择内容中添加形状，则可以按下 Shift 或 Ctrl 键，然后单击对应的形状，如图 5.23 所示。

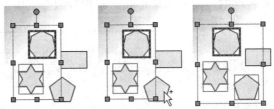

图 5.23　键盘快捷方式选择形状

(5) 选择页面上的所有形状：在"编辑"菜单上，单击"全选"或按 Ctrl + A 组合键(注：我们可以方便地选择所有特定类型的对象，如形状、组合或参考线等。在"编辑"菜单中，单击"按类型选择"，然后选中要选择的对象类型)。

5.4.2　关于选取多个形状

当我们在选择多个形状后单击某个菜单命令时，结果取决于以下几个方面：主形状、选择形状的顺序、形状的堆叠顺序。

(1) 主形状：主选定内容，多个选定内容中第一个选择的形状，它在绘图页上用深洋红色粗轮廓指示。当多个选定内容组合在一起时，主选定内容的格式设置将应用于新的形状。

(2) 堆叠顺序：形状在页面上与其他形状重叠的顺序以及选择形状的顺序。决定一个命令在某个选择中如何影响多个形状(第一个添加的形状位于堆叠的后面，最后添加的形状位于前面，背景上的形状总是显示于前景上的形状之后。可以使用"形状"菜单上"顺序"的命令来更改形状的堆叠顺序)。

📺 **演示教学**：形状的堆叠顺序。

新建流程图文件，向页面内依次拖入并部分叠加"进程""判断""顺序数据"三个形状，观察形状堆叠的特点。

5.5　复制与粘贴形状

🕸 **思考与操作**：如何复制与粘贴形状？

操作练习：创建一个新绘图，打开现有绘图。

在现有绘图中，选择要在新绘图中使用的形状，然后单击"编辑"菜单上的"复制"。

切换到新绘图，然后单击"编辑"菜单上的"粘贴"。

5.6 移动形状

5.6.1 移动形状

1. 移动一个形状或多个形状

思考与操作：如何移动一个形状或多个形状？

操作练习：选择需要移动的一个或多个形状，将指针放在其中一个形状上，当指针变成四向箭头时，将形状拖动到新位置。_____

_____。

注：如果仅是将形状进行水平或垂直方式的移动，就必须在拖动形状的同时按住 Shift 键。

2. 将形状移到绘图中的另一页

演示教学：将形状移到绘图中的另一页。

选择需要移动的形状，将形状拖到页标签上停住，直到显示其他页，将形状放置到所需位置。

5.6.2 使形状或形状的副本移动指定距离

思考与操作：如何使形状或形状的副本移动指定距离？

操作练习：(1) 水平和垂直移动：使用相对于绘图页的 X 轴和 Y 轴坐标实现移动指定距离。绘制一个椭圆，键入 X，Y 坐标(200，350)，进行水平、垂直移动。

(2) 距离和角度移动：可使用相对于绘图页的极坐标(如，键入角度：45，X:150，Y:100)，使形状沿指定角度移动一定径向距离。

(3) 使形状或形状的副本移动指定距离：在绘图页上，选择要移动的一个或多个形状；工具菜单→加载项→其他 Visio 方案→移动形状；在"方向"下，指定用于移动形状的坐标系(如，水平：150，垂直：100)；键入所选形状要移动的距离或角度(如，距离：15，角度：45)，勾选"复制"复选框，单击"确定"，如图 5.24 所示。

图 5.24 移动形状到指定距离对话框

5.6.3　将形状微调到合适的位置

思考与操作：如何对形状的位置进行微调？

操作练习：选择需要对其位置进行微调的形状。

执行以下操作之一：

(1) 要将形状移到可对齐的旁边的位置，请按"箭头"键。如果没有形状可与之对齐的位置，按下箭头键后会使形状在标尺上移动一个刻度。

(2) 要将形状移动一个像素，请在按住 Shift 键的同时按"箭头"键。

注：确保 Scroll Lock 键未按下，否则按下箭头键会滚动绘图而不是移动形状。

5.6.4　将形状与主形状对齐

思考与操作：如何将形状与主形状对齐？

操作练习：选择主形状，按住 Shift 键的同时单击想要与它对齐的形状。主形状具有洋红色粗轮廓线。形状菜单→对齐形状→单击所需的"对齐方式"选项。我们可以同时选择"垂直对齐"和"水平对齐"。要取消某项选择，请单击红色的"×"。要创建参考线并将形状粘附到该参考线上，请选取"创建参考线并将形状粘附到参考线"复选框，如图 5.25 所示。

图 5.25　对齐对话框

如何删除参考线？_____

_____。

5.7　旋转与翻转形状

5.7.1　关于旋转中心

当我们选择一个形状并将指针放在旋转手柄上时，旋转中心处将显示一个含有加号的圆形(◉)，我们称之为旋转中心点(形状或文本块围绕其旋转的点，用内有加号的圆圈进行标记)。将指针移到旋转手柄上时，旋转中心点将变为一个圆形箭头 ↻，指示我们可以旋转该形状，如图 5.26 所示。

 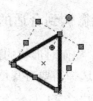

图 5.26　形状的旋转中心及移动旋转中心后的形状旋转

5.7.2　旋转形状

思考与操作：如何旋转形状？

　　操作练习：选择一个形状并将指针放在旋转手柄上时，中心将显示一个旋转中心点(旋转中心)。将形状的旋转中心点移动到任意点上，观察形状围绕该点进行的旋转。

_____

_____。

5.7.3　翻转或颠倒形状

演示教学：翻转或颠倒形状。

　　(1) 对于二维形状：形状菜单→"旋转或翻转"→"垂直翻转"(或"水平翻转")。

　　(2) 对于一维形状：要颠倒线条上的起点和终点，形状菜单→操作→颠倒两端。

5.8　组　合　形　状

5.8.1　组合多个形状

　　我们可以对形状进行组合，以使其能够作为一个单元来执行操作。如果经常一起使用某些形状，则将它们组合在一起会十分有用。例如，如果我们要制作由若干独立的形状构成的公司徽标，可以将这些形状组合在一起，以便能够将它们作为一个形状来处理，并将该组合形状添加到其他绘图中。我们可以任意组合 Microsoft Office Visio 形状、自己绘制的形状、参考线、其他组合以及其他程序中的对象。多个形状的组合如图 5.27 所示。

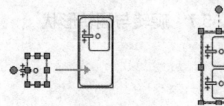

图 5.27　多个形状的组合

演示教学：组合多个形状。

　　选择需要组合的形状，形状菜单→组合→组合。

要取消组合形状，请选择该组合，并在"形状"菜单上，指向"组合"，然后单击"取消组合"，如图 5.28 所示。

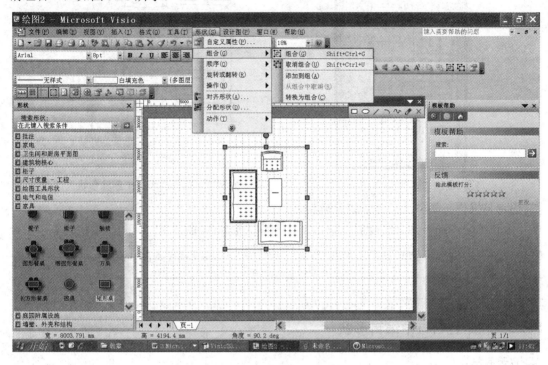

图 5.28 组合多个形状示例

5.8.2 向组合添加形状或从组合中删除形状

演示教学：向组合添加形状(分别对形状和组合进行设置)。

(1) 选择形状及要向其中添加形状的组合，形状菜单→组合→添至组合。

(2) 选择需要向其中添加形状的组合，格式菜单→行为→接受放下的形状→确定，如图 5.29 所示；选择尝试添加到组合中的形状，格式菜单→行为→放下时将形状添加到组合→确定，如图 5.30 所示；将形状拖入组合，如图 5.31 所示。

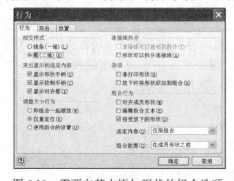 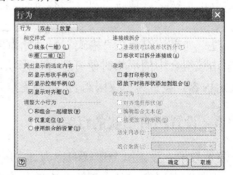

图 5.29 需要向其中添加形状的组合选项　　　　图 5.30 尝试添加到组合中的形状选项

验证组合已形成的方法：格式菜单→特殊。如果将形状"类型"指定为"组合"，则该形状就成为组合形状。

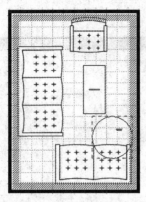

图 5.31　将形状放入组合中

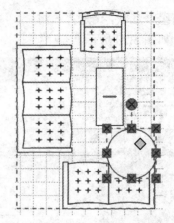

图 5.32　准备从组合中删除形状

🐢**思考与操作：** 如何从组合中删除形状？

　　操作练习： 选择某个组合后，单击需要删除的形状(如图 5.32 所示)，形状菜单→组合→从组合中取消。请读者验证形状已从组合中取消。_____

_____。

5.8.3　在组合窗口中编辑形状

💻**演示教学：**

　　选择某个组合，编辑菜单→打开组合。如果该组合具有名称，将会显示"打开组合名称"。可在打开的组合窗口中编辑形状。

　　要保存我们所做的更改并返回绘图窗口，可单击该组合窗口的"关闭窗口"按钮。

5.8.4　选择组合中的形状

🐢**思考与操作：** 如何选择组合中的形状？

　　操作练习： 单击该组合中的某个形状，将显示该组合的矩形边框，然后单击该组合中要选择的形状，选择后可对该形状进行编辑、移动等操作。_____

_____。

　　注： 如果该组合在"格式"→"行为"→"选定内容"设置为"成员在先"，则在第一次单击该组合中的形状时便可选择该形状。然后，需要单击矩形边框来选择该组合。如果"选定内容"设置为"仅限组合"，则无法选择组合中的单个形状。

5.8.5　设置组合形状的行为

💻**演示教学：** 设置组合形状的行为。

　　选择一个组合：单击该组合中的某个形状，将显示该组合的矩形边框。

　　格式菜单→行为，在"行为"选项卡的"组合行为"下选择所需的选项。

5.9　保护形状和文件

5.9.1　关于形状和文件的保护

如果我们打算与他人共享绘图、模具或模板，可能需要对自己创建的内容采取保护措施，这样既可以防止他人更改个体形状，也可以防止更改组合内的形状。将形状设为只读，可以保护整个绘图不被更改；也可以单独锁定绘图文件的属性。

我们可以使用以下方法来保护形状和绘图不被更改：

(1) 锁定形状，防止他人用特定方式修改它们。

(2) 锁定图层，使该图层上的任何形状都不能修改。

(3) 以只读格式保存文件和模具。

(4) 保护绘图文件属性。

5.9.2　锁定形状以防止选取或取消这种锁定

演示教学：锁定形状。

选择需要保护的形状，格式菜单→保护→防止选取→确定，如图 5.33 所示。

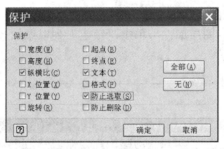

图 5.33　"保护"对话框

视图菜单→绘图资源管理器窗口→右击绘图名称→保护文档(如图 5.34 所示)→在"保护文档"对话框中选择"形状"→确定，如图 5.35 所示。

 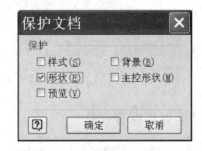

图 5.34　绘图资源管理器窗口　　　　　图 5.35　"保护文档"对话框

注：若要取消对形状的锁定，可执行以上同样步骤，取消各选项，然后确定。

5.9.3 禁止或允许对形状属性进行修改

思考与操作： 如何禁止或允许对形状属性进行修改？

操作练习： 选择某个形状，格式菜单→保护→选择我们要锁定的形状属性，或清除需要取消锁定的属性的复选框→确定，如图 5.36 所示。

如何允许对形状属性进行修改？_____

_____。

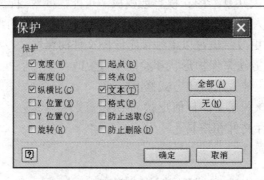

图 5.36　对形状属性进行保护

5.9.4 锁定图层(学生练习)

思考与操作： 如何锁定图层？

操作练习： 视图菜单→图层属性→单击"锁定"列以添加选中标记→确定，如图 5.37 所示。

如何取消锁定图层？_____

_____。

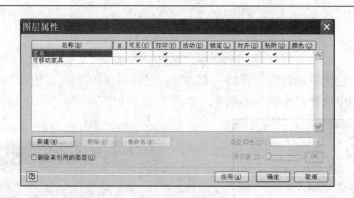

图 5.37　锁定图层属性

5.9.5 以只读方式保存文件

思考与操作： 如何以只读方式保存文件？

操作练习： 文件菜单→另存为→单击"保存"按钮上的箭头→选择"只读"。

5.10 标尺和网格

5.10.1 标尺

每个绘图窗口都具有垂直标尺和水平标尺，它们以绘图比例(比例：实际距离与 Visio 绘图中表示的距离之间的关系的度量。例如，在平面布置图中，一米的实际距离可能用绘图中的一厘米来表示)显示测量尺寸。

(1) 标尺的间隔与"页面设置"对话框中设置的度量单位相对应。

(2) 两个标尺上显示的单位和零点(即起点)的位置都在"标尺和网格"对话框中设置。零点是指水平或垂直标尺上 0 的位置或绘图窗口中各标尺零点相交的点。默认情况下，零点位于绘图页的左下角，但我们可以移动它，以便更方便地在特定绘图中测量距离。例如，我们可能需要在平面布置图中使零点与墙壁对齐。如果我们旋转页面，零点将被用作旋转的中心。

当我们在绘图中移动形状时，标尺上会出现颜色较淡的线，指示形状的位置。

注：要显示或隐藏标尺，请在"视图"菜单上单击"标尺"。

5.10.2 绘图网格

网格是以固定间隔出现于绘图页上的水平线条和垂直线条，它们在打印时不显示。网格线交叉分布在各绘图页上，能帮助我们在绘图页上直观地确定形状的位置，并且我们可以将形状与网格对齐。网格不会自动打印出来，但我们可以在"页面设置"对话框中的"打印设置"选项卡上，指定我们想要的网格随绘图页一起打印出来。

注：要显示或隐藏网格，请在"视图"菜单上单击"网格"。

1. 可变网格

大多数 Microsoft Office Visio 绘图都使用可变网格 (网格：以固定间隔出现于绘图页上的水平线条和垂直线条，它们在打印时不显示)。可变网格线根据我们查看绘图时的缩放比例而改变。视图的最佳网格间距由我们所使用的 Visio 产品决定。如果我们要放大绘图以便精确地调整某些内容，则可变网格会很有用。

2. 固定网格

对于某些绘图，例如空间规划和工程图等，我们可能需要设置固定的网格。这样，无论是否缩放，网格线都始终保持相同的距离。

3. 网格起点

网格起点的位置设定为与标尺零点的位置相同。如果移动标尺零点，网格起点也随之移动。我们可以将网格起点设置为独立于标尺的零点。

5.10.3　更改网格的起点

■演示教学：更改网格的起点。

　　工具菜单→标尺和网格→打开"标尺和网格"对话框→"网格起点"中输入作为网格起始点的 X 轴(水平)和 Y 轴(垂直)坐标→确定，如图 5.38 所示。

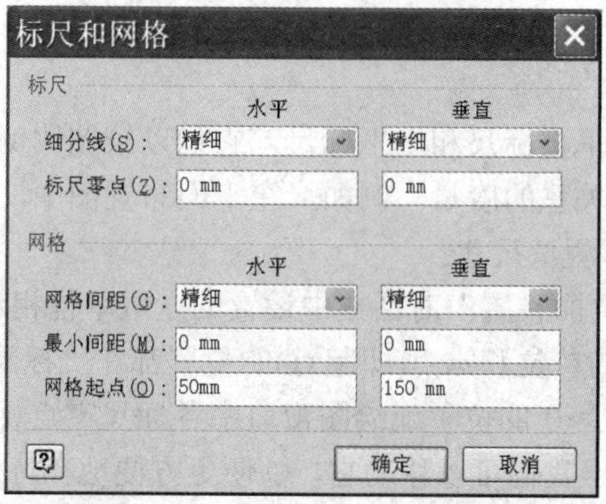

图 5.38　在"标尺和网格"对话框中更改网格的起点

5.10.4　启用动态网格

　　动态网格会根据先前形状放置的位置，在绘图页上显示虚线，指示我们拖放的下一个形状的中心部位在绘图页上的最理想位置。

■思考与操作：如何启用动态网格？

　　操作练习：工具菜单→对齐和粘附→"常规"选项卡，从"当前活动的"下面选择"动态网格"→确定。

　　拖放一个形状到绘图页，观察动态网格的作用。_____

_____。

5.10.5　设置网格间距

　　工具菜单→标尺和网格。通过执行以下步骤之一，将网格间距设置为可变或固定：

■演示教学：

　　对于可变网格(可变网格：当更改绘图的缩放比例时也随之更改的网格线。放大绘图时，网格线之间的距离变近；缩小绘图时，网格线之间的距离变远)，在"水平网格间距"和"垂直网格间距"列表中选择"精细""正常"或"粗糙"。

　　选择"正常"→放大绘图到 200%→缩小绘图到 50%，观察网格的变化。

　　"精细"是最小的网格间距，"粗糙"是最大的网格间距。

■思考与操作：

　　操作练习：对于固定网格(固定网格：绘图页上的网格线，当我们放大或缩小绘图时，它们保持相同的距离)，在"水平网格间距"和"垂直网格间距"列表中单击"固定"。在"最小间距"中键入所需的间距，如图 5.39 所示。

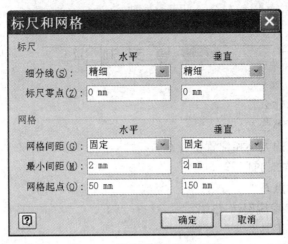

图 5.39　设置固定网格的间距

选择"正常"→放大绘图到 200%→缩小绘图到 50%，观察网格的变化。_____

_____。

5.10.6　设置标尺度量单位和细分线

演示教学：(1) 设置标尺度量单位：

文件主菜单→页面设置→页属性→度量单位，选择需的单位(毫米)→确定。

(2) 更改标尺细分线的间距：

工具菜单→标尺和网格→细分线，单击所需的间距。

5.10.7　更改零点的位置

思考与操作：如何更改零点的位置？

操作练习：执行以下任意操作之一。

(1) 按住 Ctrl 键，然后将两个标尺的交点拖到希望新的零点所在的位置。

(2) 按住 Ctrl 键，然后从标尺上进行拖动。观察标尺上零点的变化_____

_____。

注：要使零点的位置返回页面的左下角，可双击两个标尺的交点。

回顾　本章学习了哪些主要内容，请你总结一下：

复习测评

1. 形状可以表示什么？

2. 形状的手柄有哪些？

3. 如何打开形状的大小和位置窗口？

4. 分配形状窗口如何打开？

5. 如何显示辅助点？

6. 如何将 X 轴参考线旋转 45°？

7. 如何打开绘图工具？

8. 如何绘制两个椭圆的切线？

9. 如何选取多个形状？如何选取全部形状？主形状有何特殊显示？

10. 如何向形状添加新线段？

11. 如何调整弧线的曲度和离心率？

12. 如何将页 1 的图形移动到页 2？

13. 如何将形状放置到精确位置？

14. 如何让扇形绕顶点旋转？

15 如何将形状水平翻转？

16. 如何向一个组添加形状？

17. 如何取消形状的保护？

18. 如何更改网格的起点？

19. 如何调整一段曲线离心率的角度和幅度？

20. 什么是控制手柄？举例说明其功能。

21. 如何将三个形状关于垂直参考线对齐？

22. 如何将两个正圆(大、小)关于辅助点对齐？(同心圆)

23. 什么是主形状？

24. 如何将"循环界限"形状调整为四边形？

25. 如何将三个形状与主形状对齐？

26. 如何向组合中添加形状？如何实现向组合中拖动形状时自动添加到组合？

27. 如何取消形状的灰显框，以对形状进行选取、编辑？

28. 形状保护的方法有几种？

29. 固定网格与可变网格有何区别？如何选择固定网格线？

第6章　形状格式

内容摘要：

　　本章通过对更改形状的部分属性或全部属性的介绍，学习对 Microsoft Office Visio 2003 绘图中的形状进行格式设置。

学习目标：

　　通过本章学习，了解形状的部分属性或全部属性，熟悉 Visio 绘图中的形状格式设置。

　　通过更改形状的部分属性或全部属性(如线条粗细和线型、填充颜色和图案以及文本格式等)，可以对 Microsoft Office Visio 绘图中的形状进行格式设置。例如，我们使用填充颜色可以使幻灯片演示文稿的绘图效果更强，也可以使用线型来表示形状之间特定类型的连接。

6.1　基本概念

　　可应用于形状的格式类型取决于该形状是开放形状还是闭合形状。开放形状是指直线、弧线或折线等形状，可以使用线型和线端来设置开放形状的格式，例如将实线变成虚线并在一端添加箭头。闭合形状是指一种由连续线条环绕而成的形状，如矩形或圆。

　　可以向闭合形状(例如圆形或矩形)添加填充，但不能向开放形状添加填充；可以向开放形状(例如弧形或折线)添加线端，但不能向闭合形状添加线端。

1. 开放形状的格式设置

对于开放形状(例如弧形)，我们可以更改以下属性：

(1) 线端。

(2) 线端形状。

(3) 线型、粗细、颜色和透明度。

(4) 阴影、颜色和透明度。

(5) 角。

2. 闭合形状的格式设置

对于闭合形状(例如矩形)，我们可以更改以下属性：

(1) 线型、粗细、颜色和透明度。

(2) 填充颜色、图案和透明度。

(3) 阴影颜色、图案和透明度。

(4) 角。

3. 多个形状的格式设置

通过执行以下操作之一，我们可以一次对若干形状进行格式设置：

(1) 同时选择多个形状。

(2) 在某个组合中选择多个形状。

6.2　颜色与配色方案

6.2.1　关于配色方案

配色方案决定文档中使用的颜色组。

可以将完全基于特定配色方案的文本、线条、填充和阴影样式的集合应用于绘图。当应用配色方案时，绘图中可以支持配色方案的所有形状的格式设置将一次完成。

注：如果某个 Microsoft Office Visio 绘图类型支持配色方案，则该绘图类型的模板和形状包含可实现配色方案的特定设置和样式。如果将形状从另一个不支持配色方案的绘图类型(COM 和 OLE 不支持配色方案)拖到支持配色方案的绘图(组织结构图)中，或者绘制新形状，则这些形状不一定具有和该绘图相同的配色方案设置，因此，可能不会显示当前配色方案中的颜色。

可以创建自己的配色方案。例如，可以创建与公司的徽标颜色相匹配的配色方案。

如果使用的 Visio 绘图类型不提供配色方案，"配色方案"命令就不会出现在该页的快捷菜单上。

注：某些绘图类型具有第一次打开时应用的默认配色方案。要将绘图恢复为默认的黑白配色方案，请在"配色方案"对话框的"选择配色方案"下，单击"黑白"。

支持配色方案的绘图类型如图 6.1 所示。

绘图类型
审计图
基本流程图
基本网络
基本形状
框图
具有透视效果的框图
灵感触发图
日历
因果图
图表和图形
跨职能流程图
数据流图表(仅限 Professional 版)
甘特图
IDEF0 图(仅限 Professional 版)
营销图表
组织结构图
PERT 图
SDL 图(仅限 Professional 版)
时间线
TQM 图
工作流程图

图 6.1　支持配色方案的绘图类型

6.2.2　创建配色方案

💻**演示教学**：创建配色方案。

新建业务进程文件→审计图→右键单击页面→配色方案→新建，出现如图 6.2 所示的对话框。

键入新配色方案的名称。单击要应用于各个样式设置的选项(如线条颜色：蓝色；文本颜色：品红色)。要将当前文档用作配色方案的模型，请单击"使用当前文档的样式颜色"→确定→应用→确定。验证配色方案：拖入一个形状，双击后键入文字，观察配色方案的应用。

如果选取了"保留我的形状颜色更改"复选框，则应用配色方案时将保留以前对各个形状的颜色所作的所有更改。

图 6.2　新建配色方案

6.2.3　删除配色方案

🐟**思考与操作**：如何删除配色方案？

操作练习：新建框图文件→右键单击页面→配色方案，自建一个配色方案，应用确定后，右键单击页面→配色方案→选择自建并要删除的自定义配色方案→删除，如图 6.3 所示。＿＿＿＿＿＿＿＿＿＿＿＿＿＿＿＿＿＿＿＿＿＿＿＿＿＿＿＿＿＿＿＿＿

＿＿＿。

图 6.3　删除自建配色方案

注：我们无法删除内置的配色方案。

6.2.4　编辑配色方案

💻**演示教学**：编辑配色方案。

在新建的流程图文件中，右键单击页面→配色方案→选择我们要修改的自定义配色方案→编辑→选择要更改的选项，如图 6.4 所示，进行颜色修改，"颜色"对话框设置如图 6.5 所示→确定→确定。

图 6.4　编辑配色方案　　　　　　　　图 6.5　颜色修改

6.3　填充、线条、线端和透明度

6.3.1　关于自定义填充、线条和线端图案

可以创建自己的自定义填充图案、线型和线端。要设计自定义图案，可创建一个主图案，表示该图案的一个实例。例如，可以使用单个点创建自定义图案；该图案用作填充时，外观类似完整的圆点图案。

当创建自定义图案时，可以指定以下图案属性：

(1) 图案的名称。

(2) 图案的类型：填充图案、线型或线端图案。

(3) 图案的行为：图案是如何应用于形状以及它是如何随形状的伸展或形状的格式变化而改变的。

(4) 图案随绘图页比例的变化而作相应调整，还是保持固定的大小。

可以基于现有的 Microsoft Office Visio 形状和填充创建图案，也可以基于我们创建的或从其他程序导入的位图创建图案。

▣演示教学：自定义填充图案。

视图菜单→绘图资源管理器窗口→右键单击"填充图案"→新建图案→填入图案新名称(荷花)→进行行为选择→确定→右键单击"绘图资源管理器"窗口中的图案新名称(荷花)→编辑图案形状→可画、可插入图片→关闭编辑窗口→是。

自定义填充和线型出现在"填充"和"线条"对话框中"图案"列表的底部。自定义线端出现在"线条"对话框中"端点"列表的底部。

1. 自定义填充图案中的颜色

如果希望在把自定义填充图案应用于形状之后能够更改图案中的颜色，请仅使用黑色和白色来设计图案。这样，将图案应用于形状后，就可以通过更改形状的填充图案颜色，来更改图案中黑色区域(线条或填充)的颜色。

通过更改应用图案的形状的填充颜色，可以更改图案中白色区域(线条或填充)的颜色。但是，如果图案中包含除黑白之外的其他任何颜色，无论我们如何设置应用该图案的形状的填充和图案颜色，图案仍将保留那些颜色。

🐾 **思考与操作**：如何更改自定义填充图案中的颜色?

操作练习：视图菜单→绘图资源管理器窗口→右键单击"填充图案"→新建图案→填入图案新名称(黑点)→进行行为选择→确定→右键单击"绘图资源管理器"窗口中的图案新名称(黑点)→编辑图案形状→画一个正圆→填充黑色→关闭编辑窗口→是。

向绘图页中拖入一个形状，右键单击→格式→填充→在图案下拉菜单中选择黑点→图案颜色更改为蓝色，可在预览中观察→应用→确定。观察自定义图案颜色的改变。_____

_____。

2. 自定义线条图案中的颜色

如果希望在将图案应用于形状之后能够更改自定义线型中的颜色，可使用黑色来设计图案。这样，将图案应用于形状后，就可以通过更改线条的颜色来更改图案中黑色区域(线条或填充)的颜色。如果使用除黑色外的其他颜色来创建图案，将无法更改其中任何区域的颜色。

🐾 **思考与操作**：如何自定义线条图案?

操作练习：(1) 视图菜单→绘图资源管理器窗口→右键单击"线型"→新建图案→填入图案新名称→选择一种行为→勾选"按比例缩放"→确定。

(2) 右键单击绘图资源管理器窗口的"线型"中新建图案名称→编辑图案形状→可利用"线型"工具按钮绘制不同的线型图案→关闭编辑窗口→是。

(3) 文件菜单→新建→图表和图形→图表和图形，将"网格"形状拖入绘图页→右键单击该形状→格式→线条→在线条图案中选择新建的图案名称→应用→确定。

6.3.2 将填充应用于闭合形状

💻 **演示教学**：将填充应用于闭合形状。

选择某个形状，格式菜单→填充。在"填充"下，从"颜色""图案"和"图案颜色"列表中单击需要的选项，然后设置所需的透明度级别，应用→确定，如图 6.6 所示。预览将显示所选设置的效果。

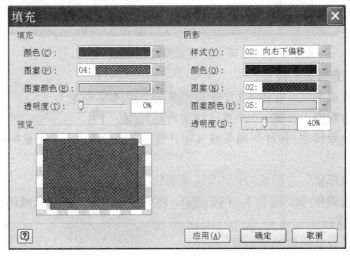

图 6.6 填充选项

也可以使用"设置形状格式"工具栏上的填充格式列表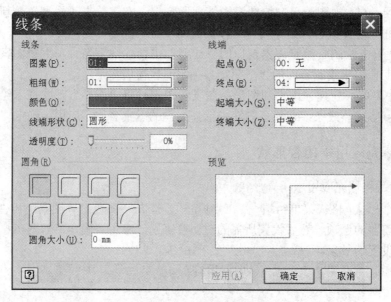。指向调色板，以便查看标识它们的屏幕提示(屏幕提示：当我们将指针悬停在 Visio 程序中的某些元素上时出现的提示，这些元素包括：模具上的主控形状、工具栏按钮和标尺)。

要完全隐藏一个形状，请在"格式"菜单上单击"填充"；在"图案"列表中单击"00:无"；再单击"确定"。然后，在"格式"菜单上单击"线条"，并在"图案"列表中单击"00: 无"。

通过将透明形状与不透明形状组合在一起，可以创建具有透明孔洞的形状。

6.3.3　线条的格式设置

在 Microsoft Office Visio 中，线条可以是开放的直线、自由绘制的线条或弧线，也可以是围绕某闭合形状(例如矩形)的边框。

通过单击"格式"菜单上的"线条"并选择所需的选项，可以设置线条的格式，如图6.7 所示。

图 6.7　线条设置对话框

演示教学：设置线条的格式。

(1) 添加图案或颜色。在图 6.7 中更改线条的颜色(如：红色)。

(2) 更改线条粗细。在图 6.7 中更改线条的粗细(如：17)。

(3) 添加或删除线端，使任何线条或其他开放形状变为箭头。在图 6.7 中更改线端起点、终点。

(4) 更改线端形状。在图 6.7 中更改线端形状(如：方形)。

(5) 使角成为圆形(如：圆角大小 12 mm)。将圆角应用于开放形状或闭合形状上两条线段汇合处的任何角。

(6) 更改线条或其阴影的透明度。

如图 6.8 所示，可在线条选项中预览线条。

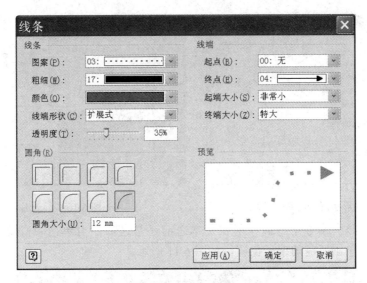

图 6.8　设置线条格式

6.4　形 状 编 号

6.4.1　对形状进行编号

在 Microsoft Office Visio 中，可以使用"其他 Visio 方案"菜单中的"给形状编号"命令以多种方式对形状进行编号。每个形状的编号都显示在形状文本块中，但我们可以单独控制该编号，而不影响文本块中的其他文本。

例如，可以隐藏形状编号而不隐藏形状文本，也可以抛开形状文本，单给形状编号设置格式。不过，不能将形状编号移到其相关形状的文本块之外，而且当移动文本块时，形状编号也随之一起移动。

为什么要给形状编号？首先，其他文档引用了本绘图中的形状编号后，可使它们与该文档中已编号的形状相对应；其次，绘图表示某进程，给形状进行编号可以指示步骤的顺序。

6.4.2　对现有绘图中的形状编号

要给特定的形状编号，请选择需要编号的形状。要给所有形状编号，请确保未选取任何形状。

■演示教学：对现有绘图中的形状编号。

(1) 新建基本流程图，拖入 10 个"进程"，工具菜单→加载项→其他 Visio 方案→给形状编号→"常规"选项卡→选择所需的形状编号选项(如图 6.9 所示)→确定。弹出如图 6.10 所示手动编号窗口→按顺序点击需要编号的形状→关闭。放大绘图，观察编号。

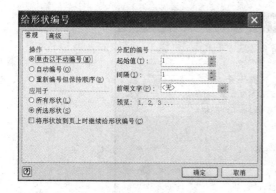 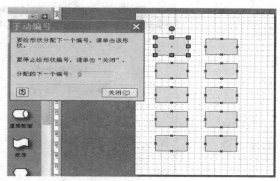

图 6.9　给形状编号的常规选项　　　　　图 6.10　手动编号窗口

（2）要指定形状编号是出现在形状文本之前还是之后，可单击"高级"选项卡→在"编号的位置"单击所需的编号位置，如图 6.11 所示。

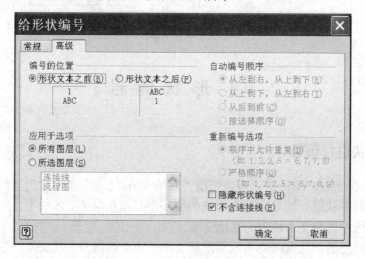

图 6.11　给形状编号的高级选项

　　要指定自动编号的顺序，请在"常规"选项窗口(图 6.9)中选择"自动编号"，然后单击"高级"选项(见图 6.11)，在"自动编号顺序"下，单击所需的形状编号顺序。

　　思考与操作：如何进行形状自动编号？

　　操作练习：新建基本流程图，拖入 10 个"进程"，工具菜单→加载项→其他 Visio 方案→给形状编号→"常规"选项卡→自动编号→"高级"选项卡→在"自动编号顺序"下，单击所需的形状编号顺序(如"从上到下，从左到右")→确定。＿＿＿＿＿＿＿＿＿＿＿

＿＿。

6.4.3　对绘图页上的形状重新编号

　　演示教学：对绘图页上的形状重新编号。

　　工具菜单→加载项→其他 Visio 方案→给形状编号→"常规"选项卡，然后在"操作"下，选择"重新编号但保持顺序"→在"分配的编号"中输入起始值 101→"高级"选项卡→在"重新编号选项"下单击所需的重新编号选项→确定。放大绘图，观察编号变化。

6.4.4　将形状添加到绘图页时自动给它们编号

思考与操作：如何实现将形状添加到绘图页时自动给它们编号？

　　操作练习：工具菜单→加载项→其他 Visio 方案→给形状编号→"常规"选项卡→在"操作"下选择"自动编号"→在"分配的编号"下，指定所需的形状编号选项→选取"将形状放到页上时继续给形状编号"复选框→确定。向绘图页中拖入几个形状，观察形状编号情况。_____

_____。

6.4.5　自动给形状编号时采用的顺序

思考与操作：如何实现自动给形状编号时采用的顺序？

　　操作练习：工具菜单→加载项→其他 Visio 方案→给形状编号→"常规"选项卡→在"操作"下选择"自动编号"，指定所需的其他编号选项→"高级"选项卡→在"自动编号顺序"下单击所需的顺序。

6.4.6　显示或隐藏形状编号

思考与操作：如何显示或隐藏形状编号？

　　操作练习：工具菜单→加载项→其他 Visio 方案→给形状编号→单击"高级"选项卡，选取或清除"隐藏形状编号"复选框→确定。_____

_____。

　　自动添加的形状编号会自动隐藏或显示。

　　要隐藏或显示手动添加的形状编号，请在"手动编号"对话框打开的情况下单击相应的

形状。

```
┌──────────────────────────────────────────────────────┐
│ 回顾　本章学习了哪些主要内容，请你总结一下：            │
│                                                        │
│                                                        │
│                                                        │
│                                                        │
│                                                        │
│                                                        │
│                                                        │
│                                                        │
└──────────────────────────────────────────────────────┘
```

复 习 测 评

1. 什么是开放形状？什么是闭合形状？
2. 写出五个支持配色方案的绘图类型。
3. 如何创建或删除配色方案？
4. 如何自定义填充图案并将它应用于闭合形状？
5. 如何进行线条格式设置？
6. 为什么要进行形状编号？
7. 如何对形状进行自动编号？
8. 如何实现将形状添加到绘图页时自动给它们编号？
9. 开放形状可以更改哪些格式设置？
10. 闭合形状可以更改哪些格式设置？
11. 什么是配色方案？请演示将"玫瑰"配色方案应用于某绘图类型的形状。
12. 如何更改线条的粗细、起点、终点、线条的阴影和透明度？
13. 如何对现有绘图中的形状进行手动编号(起始 10，间隔 2)？
14. 如何对绘图中的形状进行自动编号(从上到下，从左到右)？
15. 如何对形状重新编号(起始值 100，间隔 20)？
16. 如何隐藏形状编号？

第 7 章　组 织 形 状

内容摘要：

　　　　本章将介绍连接形状、连接线的创建与应用、定制形状的行为、动态连接线等组织形状方面的内容。

学习目标：

　　　　通过本章学习，了解与形状连接相关的概念，熟悉形状连接的方法。

　　在前一章里，我们学习了形状格式的设置，颜色配色方案，填充、线条、线端和透明度，形状编号等内容，掌握了形状的格式及其属性的设置。

　　Visio 形状设计为我们提供了大量的标准图件，如门、窗和写字台等，它们的形状须符合标准行业规范，并已被锁定，大小不能调整。

7.1　连 接 形 状

　　在第 5 章中，我们学习了形状的特点以及一维、二维形状的概念以及形状手柄的知识，本节我们将借助这些知识，进一步学习形状连接的操作。

　　在两个形状间创建连接最简单的方法是使用"连接线"工具绘制连接线。

7.1.1　使用"连接线"工具连接形状

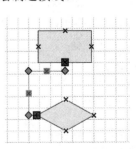

　演示教学：使用"连接线"工具连接形状。

　　单击"连接线"工具，使用以下两种方法之一进行形状连接。

　　(1) 点到点连接：要让连接线与形状上的特定的点保持粘附状态，可从第一个形状上的连接点×拖到第二个形状的连接点上。形状连接好后，连接线的端点变为红色。点到点连接如图 7.1 所示。

图 7.1　点到点连接

(2) 形状到形状的连接：要让连接线围绕形状移动，可将"连接线"工具放置在第一个形状的中心上，直至该形状的周围出现一个红色框，按住鼠标按钮并拖到第二个形状中心，当第二个形状周围出现红色框时，松开鼠标按钮。形状到形状的连接如图 7.2 所示。

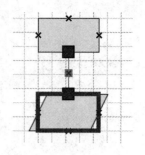

图 7.2　形状到形状的连接

🐭**思考与操作**：如何创建形状的点到形状的连接？点到点的连接与形状与形状间连接的区别是什么？

操作练习：单击"连接线"工具后，从第一个形状上的连接点拖到第二个形状中心，当第二个形状周围出现红色框时，松开鼠标按钮，如图 7.3 所示。_____

_____。

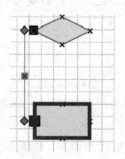

图 7.3　点到形状的连接

7.1.2　使用模具中的连接线形状连接形状

我们还可以使用在许多 Visio 模具中均提供的连接线形状。模具中的连接线形状通常是为与这些模具相关的特定绘图类型量身定做的。有些连接线形状看起来不一定像线条。

💻**演示教学**：使用模具中的连接线形状连接形状。

新建基本流程图→拖入两个形状→将模具中的"直线-曲线连接线"拖入绘图中→将连接线的起点拖到第一个形状上→将连接线的终点拖到第二个形状上。当连接线粘附到形状上时端点会变成红色，如图 7.4 所示。

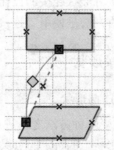

图 7.4　使用模具中的连接线形状连接形状

注：不是所有模具都有连接线形状。如果没有看到连接线形状，则使用"连接线"工具🔗。

7.1.3 连接多个形状

思考与操作：如何连接多个形状？

操作练习：新建基本流程图→拖入四个形状(不规则摆放)→全部选中→形状菜单→连接形状，如图 7.5 所示。_____

_____。

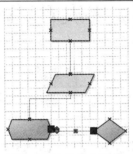

图 7.5 连接多个形状

7.2 连接线的创建与应用

7.2.1 创建曲线连接线、弯折的连接线或直线连接线

1. 更改单个连接线的外观

演示教学：更改单个连接线的外观。

右键单击连接线形状→单击"直角连接线"或"直线连接线"或"曲线连接线"，如图 7.6 所示。分别观察形状的连接情况。

图 7.6 更改绘图页上所有连接线的外观

2. 更改绘图页上所有连接线的外观

思考与操作：如何更改绘图页上所有连接线的外观？

操作练习：选择绘图页上所有连接线→右键单击绘图页上连接线形状→选择"直线连接线"或"曲线连接线"或"直角连接线"。观察形状连接情况。_____
_____。

提示：我们还可以在"页面设置"对话框(可以从"文件"菜单打开该对话框)中的"布局与排列"选项卡上更改绘图页上连接线的外观、样式和布局。"样式"和"外观"选项控制绘图页上连接线线条的外观。

7.2.2　向连接线添加文本

演示教学：向连接线添加文本。

选择某一连接线→双击→键入要添加的文本，如图 7.7 所示。

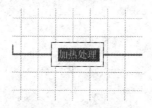

图 7.7　向连接线添加文本

7.2.3　调整连接线上文本的位置

演示教学：调整连接线上文本的位置。

选择连接线→指针工具 ▶ →通过控制手柄(黄色◇)移动文本，如图 7.8 所示。如果没有控制手柄，可用"文本旋转"工具 ⚙ 调整文本的位置。

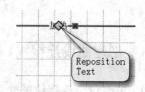

图 7.8　通过控制手柄移动文本

7.2.4　向连接线添加箭头或其他线端

向连接线添加箭头或其他线端的方法如下：选择某一连接线→右键单击→格式→线条→在"线端"下选择所需的线端类型和大小→确定。

7.2.5　反转连接线的方向

思考与操作：如何反转连接线的方向？

操作练习：选择某一连接线→形状菜单→操作→颠倒两端，如图 7.9 所示。

图 7.9　反转连接线的方向

7.2.6 从形状上的控制手柄拖出连接线

💻**演示教学**：从形状上的控制手柄拖出连接线。

新建基本流程图→选择"并行模式"形状和"预定义的进程"形状→指针放置在"并行模式"形状黄色控制手柄◇上→将其拖到"预定义的进程"形状的连接点上。

7.3 定制形状的行为

7.3.1 定制自定义形状的行为

💻**演示教学**：定制自定义形状的行为。

选择一个组合→单击该组合中的某个形状→右键单击→格式→行为→进行行为选择，如图 7.10 所示。

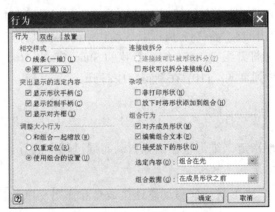

图 7.10 "行为"对话框

7.3.2 "行为"选项卡

(1) 相交样式：指定形状的表现是线条还是框。

(2) 突出显示的选定内容：指定选择形状后，是否显示形状手柄、控制手柄和对齐框。

(3) 调整大小行为：确定调整组合的大小时如何调整组合中一个形状或其他对象的大小。

(4) 连接线拆分。

🐾**思考与操作**：形状可以拆分连接线。

操作练习：画一条形状的连接线→选择连接线→格式→行为→连接线被拆分(需在"页面设置"→"布局与排列"中→启用"连接线拆分")。将一形状置在该连接线上。观察连接线的拆分情况。_____。

(5) 杂项。如果选择"非打印形状"，形状仍会出现在屏幕上，但在打印绘图时，形状不会显示在打印出的绘图上。

(6) 组合行为。选取"对齐成员形状"后，指定可以对齐和粘附组合中的各个形状。

(7) 选定内容：

· 仅限组合：指定单击组合后，只选取该组合，而不能选取组合中的个体形状。

· 组合在先：指定单击组合时，将首先选取组合。再次单击时，可以选取个体形状。

· 成员在先：指定单击组合时，将选取指向的个体形状。若选取组合本身，则单击组合周围的边界框。

(8) 组合数据：

· 隐藏：除了组合的连接点或控制手柄外，隐藏使用绘图工具创建的组合的文本或形状。

· 在成员形状之后：将组合的各个组件放置到组合中的形状后面。

· 在成员形状之前：将组合的各个组件放置到组合中的形状前面。

练习：点击隐藏、在成员形状之后、在成员形状之前各选项，观察各有什么不同。

7.3.3　双击"选项卡

默认情况下，双击一个形状会打开该形状的文本块，以使我们能够编辑它的文本。不过，我们可以更改此双击的行为：(1) 执行默认动作；(2) 不执行任何动作；(3) 编辑形状的文字；(4) 在新窗口中打开组合；(5) 编辑形状的 ShapeSheet；(6) 自定义；(7)　OLE 动作；(8) 运行宏；(9) 转到页面；(10) 在新窗口中打开。

7.3.4　"放置"选项卡

"行为"对话框用于指定二维形状在诸如自动布局过程中的行为。

1. 放置行为

放置行为用以确定二维形状如何与动态连接线交互作用，以及自动布局中是否包括该形状。

(1) 要让 Microsoft Office Visio 确定何时围绕形状排列连接线，请单击"由 Visio 确定"。排列方式取决于连接线的类型。

(2) 要允许连接线围绕形状排列，请单击"排列并穿绕"。该形状现在可放置(见 7.4.2 节)。

(3) 要防止连接线围绕形状排列，请单击"不排列并穿绕"。该形状现在不可放置。

2. 放置

"放置时不移走"指定自动布局时不应移动形状。

"允许将其他形状放置在前面"指定自动布局时可将其他形状放置在所选形状的前面。

3. 放下时移动形状

思考与操作："放下时移动形状"选项有什么作用？

操作练习：在如图 7.11 所示的"行为"对话框"放置"选项卡中，分别选择"放下时移走其它形状"后的"按页上指定绘制""不绘制任何形状""绘制每一个形状"以及"放下时不允许其他形状移走此形状"，观察绘图页形状的变化。_____

_____。

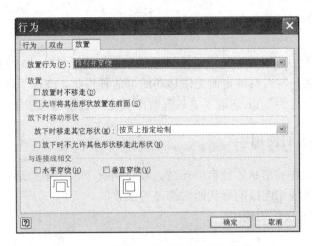

图 7.11　"行为"对话框"放置"选项卡

4. 与连接线相交

演示教学：选择"放置"选项卡中的"与连接线相交"。

(1) 水平穿绕：向绘图页中拖入三个形状，将中间形状设置为水平穿绕，使用连接线工具将第一和第三个形状连接起来，观察水平穿绕(指定动态连接线可水平穿绕二维形状)。

(2) 垂直穿绕：向绘图页中拖入三个形状，将中间形状设置为垂直穿绕，使用连接线工具将第一和第三个形状连接起来，观察垂直穿绕(指定动态连接线可垂直穿绕二维形状)。

7.4　动态连接线与可放置形状

7.4.1　动态连接线

动态连接线是一种一维(1-D)连接线形状。此类连接线可更改自己的路径，以避免从位于其所连接的两个形状之间的二维(2-D)可放置形状中穿过，又称为可绕连接线。

连接形状时，可使用"连接线"工具创建动态连接线，然后确定连接线的方向，以便起点和终点能够指示绘图的流向。

"形状"菜单中的"排放形状"命令可根据起点和终点的位置确定应在何处放置形状。连接线一端或两端可以有箭头，但箭头的指向不一定指示起点和终点的位置。

如果连接线的方向有误，可以颠倒起点和终点。方法是选择该连接线，在"形状"菜单上指向"操作"，然后单击"颠倒两端"。

7.4.2　可放置形状

可放置形状是设置为与可穿绕连接线和自动布局一起使用的二维形状。如果某个形状设置为可放置形状，可穿绕连接线就能检测到它并避免从中穿过。

思考与操作：可放置形状如何设置？

操作练习：选择某形状→右击→格式→行为→放置→排列并穿绕。

此时的形状即为可放置形状。_____

_____。

对于下列情况下的可放置形状，"排放形状"命令将无法移动它们：粘附到参考线的可放置形状，由形状开发人员锁定而无法移动的可放置形状，或在"放置"选项卡(在"格式"菜单上，单击"行为")上选取了"放置时不移走"选项的可放置形状。

7.4.3　动态连接线的使用

只有设置为可放置的形状才能自动排放。默认情况下，大多数形状均已设置为可放置的，而且与动态连接线相连接的形状通常都是可放置的。

演示教学：动态连接线的使用。

向绘图中拖入四个形状，如图 7.12 所示。形状 2 没有设置为可放置形状，形状 3 设置为可放置形状，使用连接线工具对四个形状进行连接，观察自动排放情况。

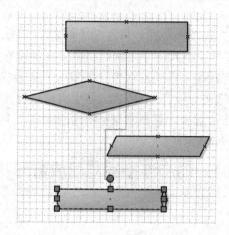

图 7.12　可放置形状的设置与否与动态连接线的使用

回顾　本章学习了哪些主要内容，请你总结一下：

复习测评

1. 如何进行点到点的连接？
2. 如何进行形状到形状的连接？
3. 如何进行点到形状的连接？
4. 如何进行多个形状的连接？
5. 如何为连接线添加文本？
6. 如何调整连接线上文本的位置？
7. 哪种形状可以从控制手柄拖出连接线？
8. 什么是动态连接线？
9. 如何设置可放置形状？

第8章　文　本　操　作

内容摘要：

　　　　　本章将详细介绍文本的基本概念、添加文本、编辑文本、设置文本格式、自动更正与自动套用、文本的查找与替换、文本的拼写检查、插入备注等文本操作方面的内容。

学习目标：

　　　　　通过本章学习，掌握与文本相关的基本概念及文本的编辑和格式设置。
　　　　在前一章里，我们学习了连接形状、连接线的创建与应用、定制形状的行为及动态连接线等内容，这些知识对于我们熟练地操作形状将会有很大帮助。
　　　　本章我们将讨论文本，也就是如何向形状中添加文本，以及如何单独添加文本，还要掌握如何编辑文本。
　　　　作为 Visio 绘图的组成部分，形状无疑在传递信息、想法、过程等方面发挥着极大的作用。但是，在绘图中，如果没有文本的参与，形状也是孤掌难鸣，不管文本是长的还是短的，是描述性的还是指示性的，都很重要。文本具有传达信息容量大且表达清楚、准确的特点。Visio 中的大部分文字输入及编辑操作与其他专业文字处理软件的操作相似，易于学习和掌握。

8.1　文本的基本概念

8.1.1　纯文本

　　纯文本就是未附加到形状或未与形状关联的文本。如果我们要在 Visio 页面的某个地方添加另外的标题、文字标注、注释和列表，或将文本添加到从其他程序导入的对象中，就需就要使用纯文本。

8.1.2　创建纯文本

　　演示教学： 创建纯文本。
　　单击"文本"工具 A→双击"页面"(或单击并拖动)→键入文本→退出文本输入状态。如何退出文本输入状态？(按 Esc 键或者在文本块外单击)。如何删除文本？(使用"指针"工具　选择该形状，然后按 Delete 键)。

请不要忘记：使用"文本"工具A完成操作后，应该退出这种模式。方法是在完成操作后，单击"指针"工具。

为什么要返回到"指针"工具？虽然我们可能没有注意到，但是在 Visio 中，大约有 90%的时间我们都是在使用"指针"工具。使用该工具，可以完成一件非常重要的操作：选择。但是如果保持"文本"工具处于活动状态，将无法选择任何内容，而只能键入文本。

8.2 添 加 文 本

形状都自带文本框，其文本框不可见。只要激活它就可向形状添加文本。双击形状，文本框被激活增大，方便文本的写入。

添加文本有两种类型：

(1) 在形状中添加文本：选择相应的形状，双击然后键入文本。完成键入后，按 Esc 键或者在文本块(文本块：与某个形状相关联的文本区域；当我们用文本工具单击该形状或用指针工具选择它时，就会出现此区域)外单击。

(2) 在形状中选择文本块：单击文本工具 A→单击含有待选文本块的形状，可以更改或添加文字。

8.3 编 辑 文 本

8.3.1 设置字体属性

演示教学：设置字体字号、字体、颜色等属性。

双击有文本的形状→文字反白显示(已被全选，进入编辑状态)→可进行字号设置(48)→字体设置(黑体)→颜色设置(红色)。

8.3.2 利用剪贴板剪切、复制或者粘贴文本

思考与操作：如何利用剪贴板剪切、复制或者粘贴文本？

操作练习：选中文本→按组合键 Ctrl + X 或 Ctrl + C→双击另一形状→按组合键 Ctrl + V。F4 键可进行重复粘贴(剪切或复制后按组合键 Ctrl+V，再按 F4 键三次)＿＿＿＿＿＿＿＿ ＿＿。

8.3.3 复制、移动和删除文本

演示教学：(1) 利用拖动法在文本中复制文本：选中要复制的文本→按住 Ctrl 键并拖动文本到新位置。

(2) 在文本中利用拖动法移动文本：选中要复制的文本→拖动文本到新位置。

思考与操作：(3) 如何用拖动法从一个形状复制文本到另一个形状？

操作练习：选中要复制的文本→按住 Ctrl 键并拖动文本到另一个形状中。

(4) 如何用拖动法从一个绘图页移动文本到另一绘图页？

选中要复制的文本→拖到要粘贴该文本的目标页标签上。

💻演示教学：(5) 利用拖动法从一个绘图页复制文本到另一绘图页：选中要复制的文本→拖到要粘贴该文本的目标页标签上，松开鼠标前按住 Ctrl 键。

(6) 复制粘贴无格式文本：选中要复制的文本→按组合键 Ctrl + C→选择需要复制文本的位置或形状→编辑→选择性粘贴→无格式文本→确定，显示系统默认字体字号。

🐟思考与操作：(7) 如何将文本属性从一个形状复制到另一个形状？

操作练习：选中要复制属性的文本→格式刷→在另一形状的文本上拖曳。

(8) 如何用拖动法将文本从 Visio 移动到另一程序 Word 中？

选中要移动的文本→拖到任务栏其他程序的图标上→待 Word 程序窗口打开，将文本放置在适当位置。

(9) 如何删除形状中的文本：选中文本后，按 Delete 键。

8.3.4　旋转、移动文本块或调整文本块大小

💻演示教学：旋转、移动文本块或调整文本块大小。

单击"文本块"工具 🖐→单击相应的形状来选取其文本块(文本块：与某个形状相关联的文本区域；当我们用文本工具单击该形状或用指针工具选择它时，就会出现此区域)。

执行下列操作之一：

(1) 要旋转该形状的文本块，请拖动旋转手柄◉。

当指针停在旋转手柄上时，会变成一个圆形的箭头🔄，如图 8.1 所示。当拖动时，指针会变为四个成圆形排列的箭头🔄，如图 8.2 所示。

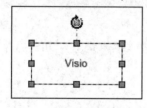

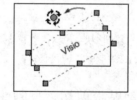

图 8.1　指针停在旋转手柄上　　　　图 8.2　拖动指针时的变化

(2) 要移动该形状的文本块，拖动指针停在文本块中的文本上时出现的双矩形。

文本块始终为形状的一部分，因此我们可以将文本块完全移到形状的边框之外，而文本块却仍会随形状一起移动、旋转和调整大小，而且在发生这些变化之后，始终不会改变其相对于形状的位置。

(3) 要调整形状的文本块的大小，可拖动选择手柄■，直到文本块的宽度或高度符合我们的要求为止。

8.4　设置文本格式

设置与形状关联的文本格式，包括：更改文本的字体、颜色、字号、样式、位置和字

符间距，还可以指定文本部分的语言。Microsoft Office Visio 拼写检查功能会自动使用正确的语言词典来检查这部分。

形状文本总是出现在文本块中。可以指定文本相对于文本块的对齐方式，也可以设置文本和文本块边框的间距，还可以应用文本背景色。对于文本块中的每个文本段落，可以更改其对齐方式、缩进和间距。

8.4.1 设置字体格式

演示教学：设置字体格式。

使用"文本块"工具单击形状→选中要定义其格式的文本块→右击→格式→可在"文本"窗口"字体"选项卡中进行文字格式设置(字体、样式、颜色等)。"文本"窗口如图 8.3 所示。

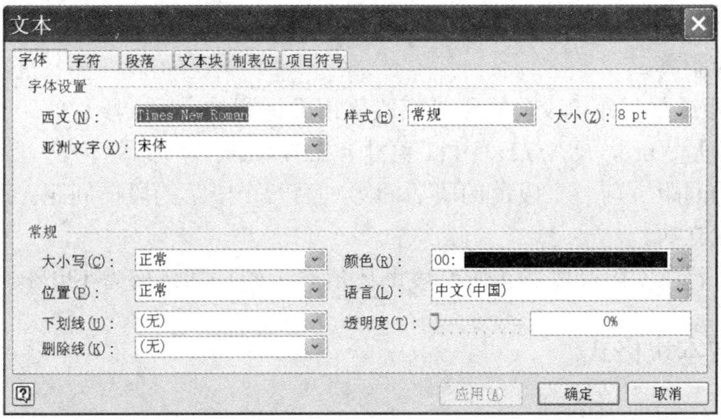

图 8.3 "文本"窗口

8.4.2 设置字符格式

思考与操作：字符格式设置有哪些内容？

操作练习：使用"文本块"工具单击形状→选中要定义其格式的文本块→右键单击→设置文字格式→可在"文本"窗口的"字符"选项卡中进行字符格式设置。_____

_____

_____。

8.4.3 设置段落格式

思考与操作：段落格式设置包含哪些内容？

操作练习：(1) 在常规项中，水平对齐方式有_____

_____。

选中某形状中的文本，在如图 8.4 所示的"文本"窗口的"段落"选项卡中分别进行各种对齐方式的练习。其中"两端对齐"是指调整字符和单词之间的距离，使段落除最后一行以外的每一行都充满左右边框间的空间；"分布式对齐"是指强制调整对齐，调整字符和单词之间的距离，使段落每一行，包括最后一行，都充满左右边框间的空间。

还可对字符缩进和间距进行练习。键入两段文字，分别进行缩进和间距的设置练习。

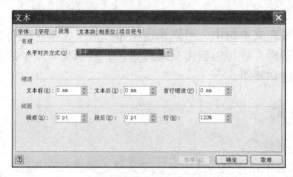

图 8.4　文本段落设置窗口

• 段落缩进：左缩进和右缩进分别指文本内容距左右边框的距离，首行缩进指段落第一行距左边框的距离。

• 段落间距或行间距：段前间距是指段落前面保留的空间；段后间距是指段落后面保留的空间，单位是"pt"，即 1/72 英寸(1 英寸 = 2.54 cm)。

两个段落的间距 = 前一个段落的段后间距 + 后一个段落的段前间距。这是因为间距定义在段落间是独立的。

行间距是以行的实际高度和正常高度的比值表示的，默认值为 120%。

8.4.4　设置文本块格式

演示教学：设置文本块格式。

(1) 单击"文本块"选项卡，可进行垂直对齐、竖排文字、边距以及文本背景的设置。

• 垂直对齐方式：整个文本块与上边框的相对位置，选项包括顶部、中部和底部对齐。

• 竖排文字：通常用于中文等方块文字。

(2) 边距是文本块到四周边框的最小距离。

(3) 大多数 Visio 形状中，文本背景是透明的。可对文本背景色进行选择和编辑，如图 8.5 所示。

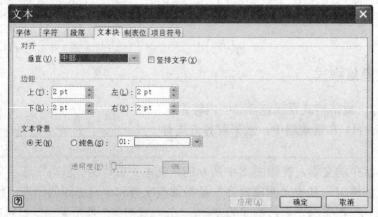

图 8.5　文本块的设置窗口

8.4.5 设置制表位格式

· 制表位：水平标尺上的位置，它指定了文字缩进的距离或一栏文字开始的位置，使用户能够向左、向右或居中对齐文本行；或者将文本与小数字符或竖线字符对齐，如同有一个无线的表格。按下 Tab 键时，光标跳到下一个位置。

· 默认制表符(步长)：两个制表位间步幅长度。

· 制表位位置：添加制表位时，Microsoft Office Visio 2003 自动把前一个制表位的位置加上制表符步长，作为新的制表位位置。

演示教学：设置制表位格式。

选择"制表位"选项卡，如图 8.6 所示→选择对齐方式(如小数点对齐)→单击添加按钮 5 次→应用→确定。

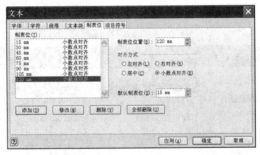

图 8.6 添加制表位选项窗口

定义了制表位，就应在文本框上方出现一个标尺。如果没有出现标尺，右键单击选中文本，在快捷菜单中选择文本标尺。

在文本框中录入文字 1997→Tab→1998→Tab……(如果光标居中闪烁：单击"段落"选项卡的"常规"选项：左对齐)。

要删除制表位可选中删除项后，单击删除按钮。

8.4.6 设置项目符号格式

思考与操作：(1) 设置项目符号格式有什么作用？

操作练习：在"文本"窗口单击"项目符号"选项卡，如图 8.7 所示→选择不同的样式为文本设置项目符号。

图 8.7 设置项目符号窗口

(2) 如何将项目符号自定义为&？_____

_____。

8.4.7　插入文本字段

使用 Microsoft Office Visio 2003 设计图表时，有时需要在图表中加入一些特殊的数据，例如文档信息、日期/时间、对象信息等。Microsoft Office Visio 2003 把这些数据做成了插件，可以直接插入到需要的地方。插入到文本中后，这些数据仍然各自是独立的实体，称为文本字段。这些文本字段是读入性的，即定义的时候把指定数据插入到文本中光标位置，成为一块独立文本，不可编辑，删除时作为一整体被删除。

📺演示教学：插入日期/时间字段。

激活文本框→光标移动到需要插入文本字段处→插入菜单→字段→类别选择日期/时间→确定，如图 8.8 所示。

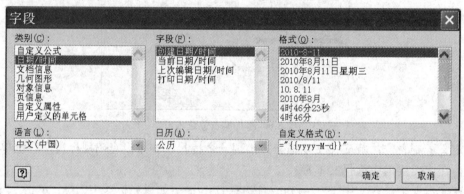

图 8.8　插入文本字段窗口

Microsoft Office Visio 2003 提供了八种类型的文本字段：自定义公式、日期/时间、文档信息、几何图形、对象信息、页信息、自定义属性、用户定义的单元格。

8.4.8　竖排文本

Microsoft Office Visio 2003 具有竖排文本功能，可以竖向显示字符或将含有竖排文本的形状保存在模具中。文本竖排有四个特点：

(1) 形状中的文本行从右至左排列，每一行内，字符从上至下排列。

(2) 字体变为其字体的竖排版本。如果该竖排版本没有安装，Microsoft Office Visio 2003 应用程序将会使用当前字体。

(3) 单击形状时，插入点变为垂直。

(4) 竖排文本格式应用于整个文本块，而不能应用于选定的字符或段落。

1. 将现有文本的格式设置为竖排文本

📺演示教学：

选择形状→格式工具栏→更改文字方向📐，参看图 8.9、图 8.10。

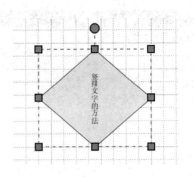

图 8.9　更改文字方向前　　　　　　　图 8.10　使用更改文字方向工具后

2. 创建新的竖排文本形状

思考与操作：如何创建新的竖排文本形状？

操作练习：在常用工具栏中→文本工具 A→单击需要输入文本的地方(或拖出文本块)→键入文本→在格式工具栏中→单击更改文字方向按钮 ，参看图 8.11。

_____

_____。

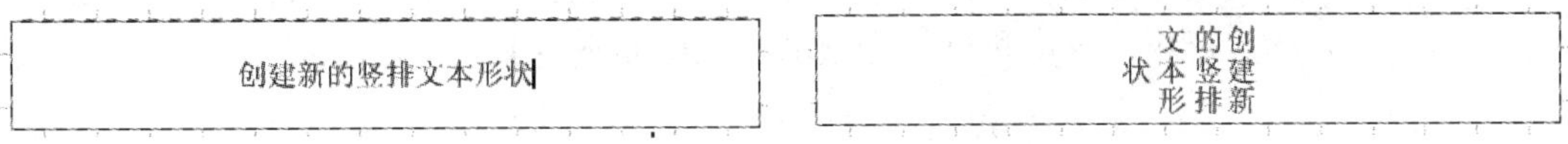

创建新的竖排文本形状	文 的 创 状 本 竖 建 形 排 新

图 8.11　创建新的竖排文本形状

8.4.9　其他文本格式设置

使用格式工具栏按钮，可以对形状中的文本进行格式设置，如图 8.12 所示。

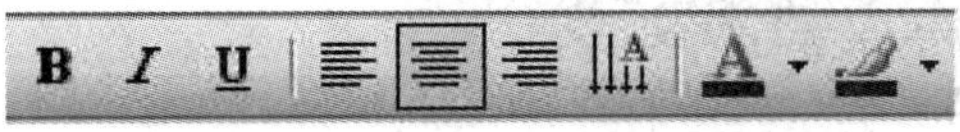

B *I* <u>U</u> ≡ ≡ ≡ ⅡA A · ✎ ·

图 8.12　格式工具栏常用按钮

加粗、斜体、下划线这几个按钮是复选按钮，按钮按下后起作用，再单击按钮则取消其作用。

左、右对齐、居中按钮是单选按钮，每次只能选定三种格式中的一种，它们可以用来设置段落格式。

8.5　自动更正与自动套用

与其他 Microsoft Office 办公系列软件一样，Microsoft Office Visio 2003 可自动对文本外观进行更改，如将分数字符更改为分数符号，或用特殊符号设置笑脸和箭头的格式等。

演示教学：自动更正与自动套用。

工具菜单→自动更正选项，在如图 8.13、图 8.14 所示的窗口中进行相应的选择演示。

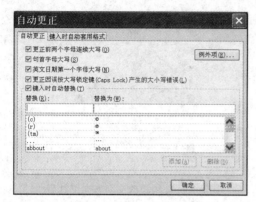

图 8.13　自动更正窗口

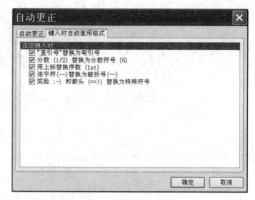

图 8.14　键入时自动套用格式窗口

8.6　文本的查找与替换

Microsoft Office Visio 2003 虽然主要用来处理图形，但文本说明是其重要的组成部分。由于办公或项目用的文档体积庞大，在其中寻找和修改某些单词或项以及检查拼写的错误时非常困难，因此，查找、替换和拼写检查功能显得非常重要。

8.6.1　文本的查找

演示教学：文本的查找。

编辑菜单→查找→输入查找的单词或短语(如：西安)→设置搜索范围→选项，如果找到，会有反白显示→查找下一个，如图 8.15 所示。

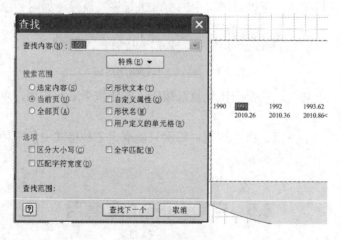

图 8.15　文本的查找

8.6.2　文本的替换

替换操作实际上由查找和替换两个操作构成，执行时，先查找指定的字符串，然后用给出的字符串代替原来的字符串。

思考与操作：如何进行文本的替换？

操作练习：编辑菜单→替换→键入查找内容字符串→键入替换内容字符串→查找下一个→替换，如图 8.16 所示。_____

_____。

图 8.16 文本的替换

8.7 文本的拼写检查

可以手动或自动检查绘图中任何形状文本的拼写。当检查拼写时，Microsoft Office Visio 2003 会搜索当前选定的形状或形状中的文本，包括纯文本形状，然后搜索文档中的其他形状，直到我们停止拼写检查为止。

如果使用标准词典里没有的行业词汇或公司特有的词汇，可以创建一个包含这些词汇的用户词典。然后，在检查拼写时，可以根据词典里的拼写检查这些单词的拼写。甚至可以为不同的用途创建不同的用户词典，然后按需要激活词典。

8.7.1 输入时自动检查拼写

要在后台检查拼写错误，请使用自动拼写检查功能。键入时，拼写检查功能会对文本进行检查并用红色波浪线标出可能的错误。

演示教学：输入时自动检查拼写。

在文本块中输入字符串(如"Family Crmmunication")→右键单击红色波浪线上的单词→自动更正→选择正确拼写，如图 8.17 所示。

图 8.17 输入时自动检查拼写

8.7.2 打开或关闭自动拼写检查

思考与操作：如何打开或关闭自动拼写检查？

操作练习：工具菜单→选项→"拼写检查"选项卡→勾选或取消"键入时检查拼写"复选框，如图 8.18 所示。

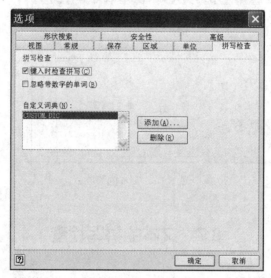

图 8.18　打开或关闭自动拼写检查

8.7.3　在绘图中手动检查拼写

思考与操作：如何在绘图中手动检查拼写？

操作练习：右键单击错字→拼写检查→输入正确文字(或选择建议的字符串)→更改→是/否，如图 8.19 所示。

图 8.19　在绘图中手动检查拼写

8.7.4 更正大小写和拼写

思考与操作： 如何更正大小写和拼写？

操作练习： 工具菜单→自动更正(如图 8.20 所示)→进行相应的选择练习并观察结果。

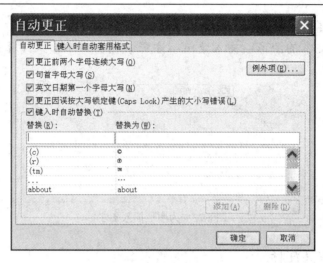

图 8.20 更正大小写和拼写

8.7.5 创建并激活用户词典

演示教学： 创建并激活用户词典。

工具菜单→选项→拼写检查→添加→打开"添加用户词典"对话框(如图 8.21 所示)→键入自定义词典名称→打开→回到"拼写检查"窗口(自定义词典被添加)，如图 8.22 所示→确定。

图 8.21 添加用户词典对话框

图 8.22 拼写检查窗口

8.8　插入备注

8.8.1　为图形插入备注

演示教学：为图形插入备注。

选择要添加文本的图形→插入菜单→注释→在窗口中输入注释信息，如图 8.23 所示。

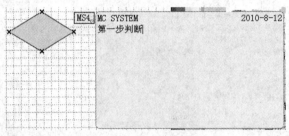

图 8.23　为图形插入备注

8.8.2　为页面定义注释

思考与操作：如何为页面定义注释？

操作练习：取消对任何图形的选定，插入菜单→注释→在窗口中输入注释信息。

8.8.3　修改编辑注释

思考与操作：如何修改编辑注释？

操作练习：右键单击备注图标→编辑注释→在窗口中输入编辑信息，如图8.24所示。

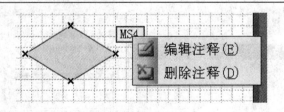

图 8.24　修改编辑注释

8.8.4　删除注释

思考与操作：如何删除注释？

操作练习：右键单击备注图标→删除注释。

回顾 本章学习了哪些主要内容，请你总结一下：

复习测评

1. 什么是纯文本？如何创建纯文本？

2. 如何将文本从一个绘图页复制到另一个绘图页？

3. 如何旋转文本块？

4. 如何设置文本块格式？

5. 如何添加制表位？如何向图形插入备注？

6. 如何插入日期/时间字段？

7. 如何竖排文本？

8. 如何进行文本的查找？

9. 大多数情况下，开始键入文本时 Visio 会放大，那么在哪种情况下它不放大呢？

A. 当我们为纯文本形状键入文本时

B. 当我们为非常大的形状键入文本时

C. 当形状的文本已经足够大，阅读不会有困难时

D. 当我们键入非常小的文本行时。

10. 完成键入后，希望返回到原来的缩放级别，该怎么办？

A. 单击绘图页的空白区域

B. 停止键入

C. 按 Alt + F6

D. 按 Return

11. 完成练习单元之后，我们应该能够回答这个问题。要始终阻止 Visio 在我们键入时放大，那么应该在"在编辑时，文本字号小于"框中输入哪个数字呢？

A. 0   B. −1   C. 10   D. 8

12. 当我们键入完毕并且希望选择和移动某个形状时，都应再次单击"文本"工具 **A** 将其关闭。

A. 正确   B. 错误

第9章　Visio 高级版本及实例

内容摘要:

　　本章对 Visio 2007、Visio 2010 高级版本做了简单介绍,给出了各种绘图实例,通过观摩绘图,有助于进一步增进对 Microsoft Office Visio 2003 的了解。

学习目标:

　　了解 Visio 2007、Visio 2010 高级版本的窗口界面变化及新增功能、该软件可以绘制的常用图形,掌握用 Visio 软件绘制常用图形的方法。

9.1　Visio 2007 简介

9.1.1　概述

　　Microsoft Office Visio 2007 是一款绘图和图表制作软件,能够将难以理解的复杂文本和表格转换为一目了然的 Visio 图表。该软件通过创建与数据相关的 Visio 图表(而不使用静态图片)来显示数据,这些图表易于刷新,并能够显著提高生产率。使用 Office Visio 2007 中的各种图表可了解、操作和共享企业内组织系统、资源和流程的有关信息。

　　在 Microsoft Office Visio 2007 中,通过将形状拖放到绘图页上来快速创建图表,不需要任何徒手绘图技能。然后轻松地向图表添加数据、主题、背景和标题,这些图表包括业务流程的流程图、时间线、组织结构图、建筑设计图、数据透视关系图以及网络图、数据库图表和设施管理图。

9.1.2　系统要求

　　我们若要使用 Microsoft Office Visio 标准版 2007 或 Microsoft Office Visio 专业版 2007,则需要:

　　计算机和处理器:500 兆赫(MHz)或更快的处理器。

　　内存:256 兆字节(MB)或更大的 RAM。

　　硬盘:1.5 千兆字节(GB);如果在安装后从硬盘上删除原始下载软件包,将释放部分磁盘空间。

　　驱动器:CD-ROM 或 DVD 驱动器。

显示器：1024×768 或更高分辨率的监视器。

操作系统：Microsoft Windows XP Service Pack (SP) 2、Windows Server 2003 SP1 或更高版本的操作系统(Office 清理向导在 64 位操作系统上不可用)。

其他：

(1) 某些高级协作功能需要连接到运行 Microsoft Windows SharePoint Services 的 Microsoft Windows Server 2003 SP1 或更高版本。可视报表需要 Visio Professional 2007 和 Project 2007、Excel 2007 或 Microsoft Windows SharePoint Services 3.0/Office SharePoint Server 2007。

(2) 某些墨迹书写功能需要运行 Microsoft Windows XP Tablet PC Edition 或更高版本；语音识别功能需要近距离麦克风和音频输出设备。

(3) Internet Explorer 6.0 或更高版本，仅限 32 位浏览器。Internet 功能需要 Internet 访问权限(可能需付费)。

(4) 附加信息：取决于我们的系统配置和操作系统，实际要求和产品功能可能会有所不同。

(5) 安装 Visio 2007 时，可选择自定义安装，并保留早期版本。

9.1.3　Visio 2007 窗口界面的变化

Visio 2007 窗口较 Visio 2003 有一些变化，但总体还是使用的 Microsoft Office 传统风格，如图 9.1 所示。

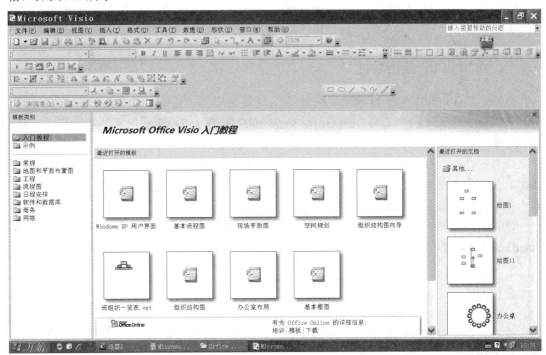

图 9.1　Visio 2007 窗口示例

主菜单仍然是由文件、编辑、视图、插入、格式、工具、形状、窗口及帮助组成。这为以前使用过 Visio 2003 的用户带来了很大的亲近感，如图 9.2 所示。

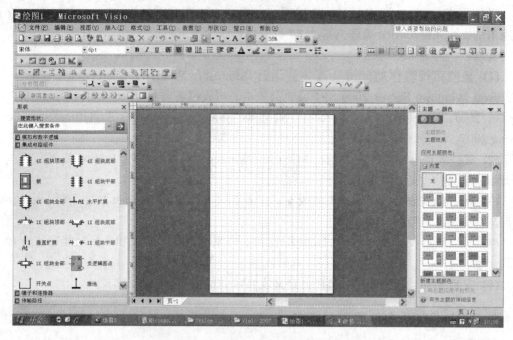

图 9.2　新建电路和逻辑电路文件界面

在使用高级版本 Visio 2007 时，不必担忧。学习 Microsoft Office 系列软件的使用，应相信自己一定能做到：举一反三、触类旁通。软件版本的不断升级，目的是为了让用户更加方便地使用它来实现预期的目标。每一个升级版本的软件，都有它的新增功能。

9.1.4　Visio 2007 新增功能

Office Visio 2007 便于 IT 和商务专业人员就复杂信息、系统和流程进行可视化处理、分析和交流。使用具有专业外观的 Office Visio 2007 图表，可以促进对系统和流程的了解，深入了解复杂信息并利用这些知识做出更好的业务决策。

Office Visio 2007 有两个独立版本：Office Visio Professional 2007 和 Office Visio Standard 2007。虽然 Office Visio Standard 2007 与 Office Visio Professional 的基本功能相同，但前者包含的功能和模板是后者的子集。

Office Visio Professional 2007 包括数据连接性和可视化功能等高级功能，而 Office Visio Standard 2007 并没有这些功能。

1. 快速入门

使用 Office Visio 2007 中新的"入门"窗口，便可找到所需的模板。

1) 更简单的模板类别

现在，由于简化了模板类别，例如业务、流程图、网络、计划等，可以更轻松地只找到所需的模板。

2) 大模板预览

每个模板的大缩略图预览和描述有助于快速识别最适合的图表模板。

3) 特色模板

每个类别中最常用的 Visio 模板显示在每个类别视图的顶部，以便我们快速找到它们。

4) 最近的模板列表

Visio 包含一个新的用于打开最近使用过的模板的快捷方式，以便我们更快地找到喜欢的模板。

5) 示例图表(需要使用 Office Visio Professional 2007)

现在可以浏览新的示例图表和数据源，以获得关于创建自己的数据驱动的图表的构思，如图 9.3 所示。

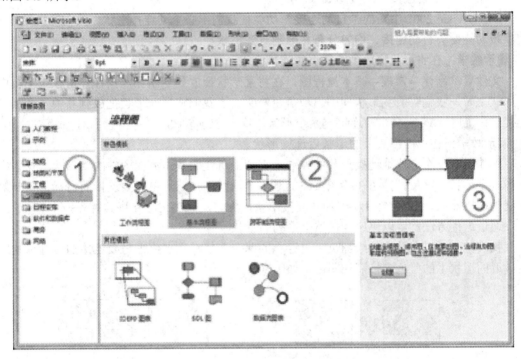

①—模板类别；②—特色模板；③—模板预览

图 9.3　示例图表

2. 轻松创建具有专业外观的图表

Office Visio 2007 中新的"主题"功能(格式菜单中)使我们不必选择颜色和效果。只需单击一次鼠标，即可对图表赋予专业的外观。

1) 主题颜色

从一组经过专业设计的内置主题颜色中选择，或者创建自己的配色方案来匹配我们的公司徽标和商标。Visio 自带的主题颜色与 PowerPoint 和 Word 等其他 2007 Microsoft Office System 程序中的主题颜色匹配。

2) 主题效果

通过对字体、填充、阴影、线条和连接线应用一组统一的设计元素，使绘图的外观更统一、更有吸引力。

3) 新的模板和形状

通过使用新的模板，例如数据透视关系图、价值流图和 ITIL(信息技术基础设施库)模板，快速创建范围更广的图表(所有这些都需要使用 Office Visio Professional 2007)。也可以通过使用工作流程图模板中的新工作流形状创建更多动态工作流。工作流形状具有全新的等角三维样式，使图表外观更佳，如图9.4 所示。

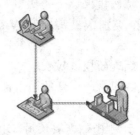

图 9.4　新工作流程图形状的示例

3. 使用"自动连接"连接图表中的形状

Office Visio 2007 中新的"自动连接"功能使我们不必手动连接形状，只需几次单击。这项新功能便会自动连接、均匀分布并准确对齐形状。

演示教学：在将形状拖放到绘图页时连接它们。

文件菜单新建→常规→基本流程图，在将某形状拖放到绘图页，指针停留在绘图页中的形状上时，我们会看到形状周围出现蓝色箭头。当我们将另一形状拖放到其中一个蓝色连接箭头上时，Visio 会自动连接这两个形状，均匀地分布它们，并将它们对齐。

演示教学：在单击模具上的形状后连接形状。

现在还有一个更快地连接形状的方法。在如上所建的基本流程图中的"形状"窗口中选择一个形状，将指针停留在绘图页中的某一个形状上，然后单击要连接的目标形状一侧的蓝色连接箭头，Visio 会自动添加和连接形状，均匀地分布它，并将其对齐。

通过这种方法，可以快速连接整个系列的形状。

我们甚至可以自动连接绘图页上已存在的两个形状，只需单击与要连接的目标形状距离最近的形状上的蓝色连接箭头即可，如图 9.5 所示。

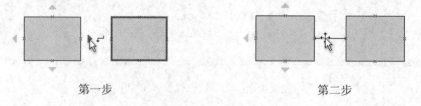

第一步　　　　　　　　　　　　　　第二步

图 9.5　形状自动连接示意图

思考与操作：如何连接绘图页上已存在的形状？

操作练习：新建→常规→基本流程图，向绘图页中拖入两个形状，单击与要连接的目标形状距离最近的形状上的蓝色连接箭头，_____。

4. 将数据集成到图表中(需要使用 Office Visio Professional 2007)

Office Visio 2007 实现了更深层次的数据连接：更轻松、快捷地将数据源连接到任一 Visio 版本创建的任何图表，包括流程图、组织结构图、网络图、空间设计图等。可以自动将图表连接到多个外部数据源。使用新的"数据"菜单和"数据"工具栏使我们可以访问需要的任何内容。

演示教学：轻松将图表连接到常用数据源。

文件菜单新建→商务→组织结构图→数据菜单→将数据连接到形状→在打开的对话框

中选择"Microsoft Office Excel 工作簿"→下一步→单击浏览按钮，选择要导入的工作簿→下一步，进行自定义范围的选择(可进行拖动全选)→完成。

使用新的"数据选择器向导"，连接 Microsoft Office Excel、Microsoft Office Access、Microsoft SQL Server™和其他常用外部数据源，将数据集成到我们的图表中。可以选择自定义数据范围、筛选要导入的数据，甚至将图表链接到多个数据源。

思考与操作：如何从 Visio 内查看数据？

操作练习：在将数据连接到图表后，可以使用新的"外部数据"窗口查看数据。____

_____。

演示教学：通过将数据行拖放到空白绘图页上创建图表。

在"形状"窗口中分别选择总经理或经理形状，然后从新的"外部数据"窗口中分别将两个数据行拖放到绘图页上。Visio 会同时将形状添加到该页并将数据与形状相关联。

比较两种不同形状选择后的区别。

思考与操作：如何将数据链接到现有图表中的单个形状？

操作练习：从新的"外部数据"窗口中将一个数据行拖放到图表中的一个形状(总经理形状)上，以手动将数据链接到形状。将数据链接到形状后，右键单击该形状→属性，可以在新命名为"形状数据"的窗口(以前称为"自定义属性"窗口)中看到相应数据。____

_____。

演示教学：自动将数据链接到形状。

通过使用新的"自动链接向导"将 Visio 图表中的形状链接到外部数据源中的数据行，从而节省了时间。新建组织结构图文件，从形状窗口中拖入"经理"形状——双击形状，录入"外部数据窗口"中的某姓名后，使该形状处于选中状态→选中"外部数据窗口"中与刚才录入"姓名"相同的某一行→在"数据"菜单中选择"自动链接"→在打开的窗口中选择"选定形状"，下一步→在"数据列"和"字段形状"中分别选择"姓名"，下一步→完成。

思考与操作：如何刷新图表中的所有数据？

操作练习：在上例中数据与形状链接正常的情况下，如数据源(Microsoft Office Excel工作簿)发生某项变更，如职务变更并保存后，在对变更后的数据源进行保存后，返回数据与形状链接正常的 Visio 图表→在"数据"菜单中选择"刷新数据"→在"刷新数据"窗口中进行刷新→关闭，观察"外部数据窗口"与相应链接形状的变化，____

_____

_____。

使用新的"刷新数据"功能可以自动刷新图表中的数据，而无须手动重新输入。在新的"刷新冲突"任务窗格中轻松处理任何冲突，甚至可以安排刷新按照所需的频率自动进行，如图 9.6 所示。

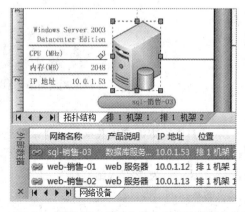

图 9.6　网络图中显示与服务器形状关联的
　　　　数据的示例部分

5. 展现数据图形中的数据(需要使用 Microsoft Office Visio Professional 2007)

将数据集成到图表中只是将图表转换为功能强大的跟踪工具的第一步。现在,使用 Microsoft Office Visio 2007,可以更为轻松地显示和自定义数据在图表中的外观,以帮助传递我们的信息。

🖥演示教学:显示和自定义数据在图表中的外观。

文件菜单→新建→常规→基本流程图,将形状按图 9.7 所示连接起来。在"主题-颜色"任务窗格中设置形状的颜色,在"主题-效果"任务窗格中设置形状的效果。在新的"数据图形"任务窗格中,只需单击要在图表中按照期望方式显示数据的格式即可。

如果没有可用的数据格式,可以新建数据图形:"数据图形"任务窗格中单击"新建数据图形"→在新建图形窗口中新建文本→"数据字段"选择"其他字段"→在"字段"窗口的类别中选择"文档信息"→在"字段名称"中选择说明→确定→"标签位置"选择值的左侧或右侧→在详细信息的"标签"中写入对请求进行资格鉴定→在"边框类型"中选择"靠下"或"无"→确定。

在新建图形窗口中新建项目→数据栏→数据字段选择"持续时间"→标注选择"进度栏"→详细信息最小值设置为 0,最大值设置为 10→确定。

将新建的图形应用于各形状。

可以对可变数据(如进程时间)安排使用进度栏,对增大或减小的数据使用箭头,对分级数据使用星号。用户无须自己设置任何格式,Visio 会自动处理格式。

选中某形状→数据菜单→显示形状上的数据→右键单击形状→数据→形状数据→在持续时间上填入时间→确定。查看形状的变化。

此外,数据值可以控制形状的颜色和外观,无须设置它们的格式,而只需指定格式出现的条件,如图 9.7 所示。

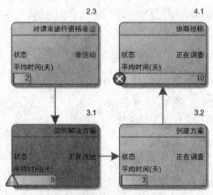

图 9.7 显示数据图形的流程图示例

6. 通过使用数据透视关系图使复杂信息可视化(需要使用 Office Visio Professional 2007)

Microsoft Office Visio 2007 提供了一种新的图表类型——数据透视关系图。数据透视关系图将数据显示为按树状结构排列的形状集合,帮助我们以可视化、易于理解的格式分析和汇总数据。使用数据透视关系图,能够以可视化的方式浏览业务数据,深入和分析研究这些数据,并创建数据的多个视图来发掘更深层次的信息。通过使用专用于跟踪数据的形状库,可以轻松确定关键问题、跟踪趋势和标记异常情况,甚至可以将数据透视关系图插入到任何其他 Visio 图表中以提供数据的补充视图。

🔘**思考与操作**：如何创建数据透视关系图？

　　操作练习：文件菜单→新建→商务→数据关系图表→打开"数据选取器向导"。该向导将引导我们逐步将图表连接到数据源，如选择 Microsoft Office Excel 工作簿→下一步→确定要导入的工作簿的位置→下一步→确定。然后创建一个数据透视节点，该节点链接到数据源中的所有数据。可以展开该数据透视节点以显示与要分析的数据对应的各个级别。如分别点击"添加类别"中的项目，展开数据透视节点，显示如图 9.8 所示。——。

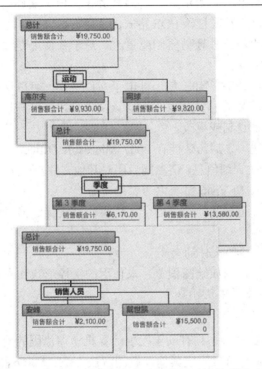

图 9.8　显示三种数据分析方法的数据透视关系图示例

7. 在其他 2007 Microsoft Office System 程序中生成并查看 Visio 图表

　　可以直接从 Windows SharePoint Services 网站和 Microsoft Office Project 2007 中生成数据透视关系图形式的可视报表，从而以新的方式与同事协作。不具备 Visio 的人也能共享我们的图表，并可以在 Microsoft Office Outlook 2007 内预览我们的图表。

　　1) 从 Microsoft Office Project 内生成 Visio 数据透视关系图

　　可以在 Project 中报告关于资源和任务数据的信息(需要使用 Microsoft Office Project 2007)。

　　2) 从 SharePoint 列表中生成 Visio 数据透视关系图

　　可以从 SharePoint 列表中报告关于问题和任务的信息，还可以跟踪工作流(基本流程图中的数据菜单下选择"插入数据透视关系"，需要使用 SharePoint 网站)。

　　3) 查看附加到电子邮件中的 Visio 图表

　　可以在 Outlook 内预览附加到电子邮件中的 Visio 图表，即使未安装 Visio 也无妨(需要使用 Microsoft Office Outlook 2007)。

8. 面向更广泛的访问群体

使用 Microsoft Office Visio 2007，可以通过图表与更广泛的访问群体进行更有效的交流。

1) 将 Visio 图表保存为 PDF 和 XPS 文件格式

通过将图表保存为以下格式，可以轻松地与所有人共享我们的 Visio 图表，包括不具备 Microsoft Office 的人员：

(1) 可移植文档格式(PDF)。PDF 是一种版式固定的电子文件格式，可以保留文档格式并允许文件共享。当联机查看或打印 PDF 格式的文件时，该文件可以保持与原文完全一致的格式，文件中的数据也不能被轻易复制或更改。对于要使用专业印刷方法进行复制的文档，PDF 格式也很有用。

(2) XML 纸张规范(XPS)。XPS 是一种电子文件格式，可以保留文档格式并允许文件共享。当联机查看或打印 XPS 格式的文件时，该文件可以保持与原文完全一致的格式，文件中的数据也不能被轻易复制或更改。

注：只有安装了加载项之后，才能在 2007 Microsoft Office System 程序中将文件另存为 PDF 或 XPS 文件。有关详细信息，请参阅启用对其他文件格式(例如 PDF 和 XPS)的支持。

2) 防止人们看到我们的 Visio 图表中的敏感信息

删除注释、审阅者标记和其他类型的个人信息。有关详细信息，请参阅删除个人信息或隐藏信息。

3) 尽可能减小 Visio 绘图文件的大小

删除不再需要的信息，例如绘图预览、未使用的主控形状和未使用的主题。有关详细信息，请参阅缩减 Visio 文件的大小。

9. 诊断计算机问题

Microsoft Office 诊断是一系列有助于发现计算机崩溃原因的诊断测试。这些诊断测试可以直接解决部分问题，也可以确定其他问题的解决方法。Microsoft Office 诊断代替了下列 Microsoft Office 2003 的功能：检测、修复以及 Microsoft Office 应用程序的恢复。

演示教学：Microsoft Office 诊断的使用。

在"帮助"菜单中选择"Office 诊断"→继续→运行诊断，可进行已知解决方案的检查、内存诊断、兼容性诊断、磁盘诊断、安装程序诊断等。诊断完成，关闭。查看有什么问题。

10. 检查工作

下面列出了拼写检查的部分新增功能：

(1) 拼写检查在各个 2007 Microsoft Office System 程序间变得更加一致。这些更改包括：

· 现在，有几个拼写检查选项是全局性的。如果在一个 Office 程序中更改了其中一个选项，所有其他 Office 程序中也会相应地更改该选项。有关详细信息，请参阅更改拼写和语法检查的工作方式。

· 除了共享相同的自定义词典外，所有程序还可以使用同一对话框管理这些词典。有关详细信息，请参阅使用自定义词典将单词添加到拼写检查器的部分。

(2) 2007 Microsoft Office System 拼写检查包括后期修订法语词典。在 Microsoft Office 2003 中，它是一个加载项，需要单独安装。有关详细信息，请参阅更改拼写和语法检查的工作方式。

思考与操作：如何进行拼写检查？

操作练习：在"工具"菜单中选择拼写检查或拼写检查选项。_____

_____。

(3) 首次使用某种语言时，会自动为该语言创建排除词典。利用排除词典，可以让拼写检查标记需要避免的词语，从而让我们方便地避开令人讨厌的词语或不符合风格指南的词语。有关详细信息，请参阅使用排除词典指定单词的首选拼写方式。

9.2　Visio 2010 简介

9.2.1　概述

Microsoft® Visio® 2010 通过动态的数据驱动可视化工具和模板、增强的流程管理功能以及高级 Web 共享，使图表绘制达到新的水平。将来自多个源(包括 Excel 和 Microsoft SQL Server)的实时数据汇集在一个使用生动图形(例如图标和数据栏)的强大图表中。管理包含子流程和规则的流程以及逻辑验证以确保组织内部的准确性和一致性。创建 SharePoint 工作流并将它们导出到 Microsoft SharePoint Server 2010 以实时执行和监视。在网站上与任何人(甚至没有安装 Visio 的那些人)共享可刷新的数据链接图表。

9.2.2　系统要求

计算机和处理器：500 MHz 或更快的处理器。

内存：256 MB RAM；建议使用 512 MB RAM 以实现某些高级功能。

硬盘：2 GB 可用磁盘空间。

显示：1024×768 或更高分辨率的显示器。

操作系统：Windows XP Service Pack (SP) 3(32 位)、Windows Vista SP1、包含 MSXML 6.0 的 Windows Server 2003 R2、Windows Server 2008 SP2(32 位或 64 位)、Windows 7 或更高版本(32 位或 64 位)操作系统。

其他：

(1) 某些高级协作功能要求连接到运行 Windows SharePoint Services 的 Windows Server 2003 SP1 或更高版本。

(2) 多点触控功能要求具有 Windows 7 和支持触控的设备。

(3) 某些墨迹书写功能要求运行 Microsoft XP Tablet PC Edition 或更高版本。

(4) Internet Explorer 6 或更高版本，仅限 32 位浏览器。Internet 功能需要访问 Internet(可能会产生费用)。

(5) 实际要求和产品功能可能会因系统配置和操作系统而异。

(6) 可选择自定义安装，保留早期版本。

9.2.3　Visio 2010 新增功能

如果使用过 Visio 2007，那么将会在 Microsoft Visio 2010 中发现一些新增功能，并且会注意到，一些熟悉的功能已经更新。为了帮助我们快速入门，本文介绍主要的改进和更改。

1. 创建图表更加容易

1) Office Fluent 界面(流畅界面)包含功能区

Visio 2010 现在采用 Microsoft Office Fluent 界面，包含功能区。工作时，功能区会显示最常使用的命令，而不是将它们隐藏在菜单或工具栏下。此外，我们很容易找到之前不曾知晓的命令，如图 9.9 所示。

图 9.9　功能区显示常用命令

命令位于选项卡上，并按使用方式分组。"开始"选项卡上有许多最常用的命令，而其他选项卡上的命令则用于特定目的。例如，若要设计图表并设置图表格式，请单击"设计"选项卡，找到主题、页面设置、背景、边框以及标题等更多选项，如图 9.10 所示。

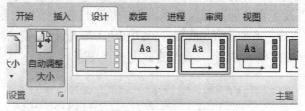

图 9.10　命令分组显示

2) 创建新图表

启动 Visio 后，会看到用新的 Microsoft Office Fluent UI 部件表示的"新建"窗口。"新建"窗口中包含用来创建图表的模板，如图 9.11 所示。

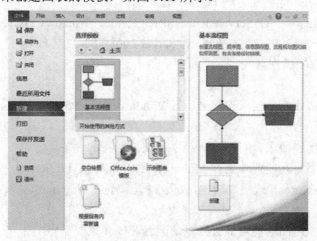

图 9.11　"新建"窗口中包含创建图表的模板

　　许多以前位于"文件"菜单上的命令现在位于此区域中。当从任何一个模板开始创建
新图表时，此工作区都会关闭，接着打开绘图窗口。若要
返回到此区域，以便保存文件、打印、发布、设置 Visio 选
项或执行其他非绘图操作，请单击"Microsoft Backstage"
按钮 文件 。

　　3) 形状窗口更新，包含快速形状

　　"形状"窗口显示文档中当前打开的所有模具。所有
已打开模具的标题栏均位于该窗口的顶部。单击标题栏可
查看相应模具中的形状，如图 9.12 所示。

　　每个模具顶部(在浅色分割线上方)都有新增的"快速
形状"区域，在其中放置最常使用的形状。如果要添加或
删除形状，只需将所需形状拖入或拖出"快速形状"区域
即可。实际上，可以通过将形状拖放到所需的位置来重新
排列模具中任意位置处形状的顺序。

　　如果打开了多个模具，并且每个模具都只需其中的几
个形状，则可以单击"快速形状"选项卡，在一个工作区
中查看所有已打开模具中的"快速形状"，如图 9.13 所示。

图 9.12　形状窗口更新

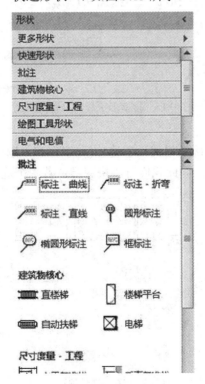

图 9.13　"快速形状"选项卡

　　"更多形状"菜单现在位于"形状"窗口中，因此不必离开"形状"窗口就能打开新
模具，查看更多形状，如图 9.14 所示。

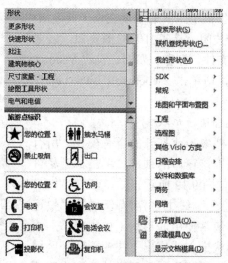

图 9.14　查找更多形状界面变化

　　默认情况下，"搜索"框是隐藏的，以便为形状和模具留出更多空间。若要打开"搜索"框，请单击"更多形状"，然后单击"搜索形状"。"搜索形状"使用 Windows 搜索引擎在我们的计算机中查找形状，因此必须开启 Windows 搜索以便使用它。若要在 Internet 上搜索形状，请单击"联机查找形状"，如图 9.15 所示。

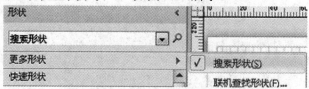

图 9.15　搜索形状和联机查找形状

4) 实时预览

　　通过实时预览，能够在确认格式设置选项(如字体和主题)之前看到它们将要呈现的外观，即暂时应用指向的样式，因此我们可以快速尝试若干个选项，如图 9.16 所示。

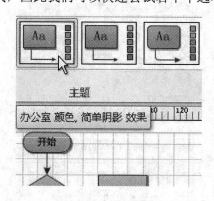

图 9.16　实时预览

　　■演示教学：实时预览的实现。

　　文件菜单→新建→基本流程图→拖入两个形状→设计→让鼠标在不同的"主题"上移动，观察形状的外观变化。

5) 自动调整大小

"自动调整大小"将 Visio 绘图图面中打印机纸张大小的可见页面替换为易于创建大型图表的可扩展页面。

思考与操作：如何开启或关闭"自动调整大小"？

操作练习：文件菜单→新建→工程→电路和逻辑电路→创建→插入形状 4 位计数器和 8 位计数器→设计→单击"自动调整大小"后，将 8 位计数器移至页面边缘，观察页面变化→再次单击"自动调整大小"后，将 8 位计数器移至页面边缘，观察页面变化。_____

_____。

"自动调整大小"开启后，将形状放在当前页面之外，扩展该页面以容纳更大的图表。打印机纸张分界线会显示为点虚线，如图 9.17 所示。

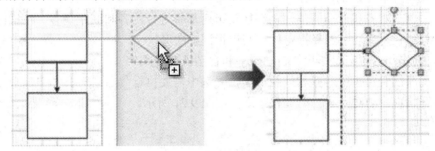

图 9.17　自动调整大小

6) 插入和删除形状并且自动调整

如果已创建了图表，但需要添加或删除形状，Visio 会进行连接和重新定位。

演示教学：插入和删除形状并且自动调整。

在流程图中将形状放置在两个形状的连接线上，观察页面图形的变化。删除插入的形状后，再次观察页面的变化，如图 9.18 所示。

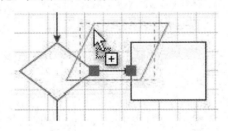

图 9.18　插入和删除形状并且自动调整(1)

周围的形状会自动移动，以便为新形状留出空间，新的连接线也会添加到序列中，如图 9.19 所示。

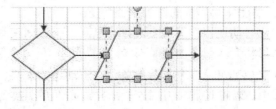

图 9.19　插入和删除形状并且自动调整(2)

删除连接在某个序列中的形状(如上图中间的形状)时，两条连接线会自动被剩余形状之间的单一连接线取代。然而在这种情况下，形状不会移动来删除之间的间距，因为这不一定总是正确的操作。若要调整间距，可以选择形状，再单击"自动对齐和自动调整间距"，如图 9.20 所示。

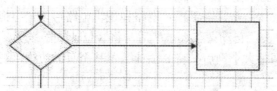

图 9.20　插入和删除形状并且自动调整(3)

7) 自动对齐和自动调整间距

使用"自动对齐和自动调整间距"按钮可对形状进行对齐和间距调整。可同时调整图表中的所有形状，或通过选择指定要对其进行调整的形状。

思考与操作：如何实现形状的自动对齐和自动调整间距？

操作练习：若要执行对齐和间距调整，先选中需要执行"自动对齐和自动调整间距"的形状→开始→自动对齐和自动调整间距，如图 9.21 所示。

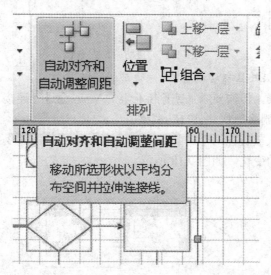

图 9.21　自动对齐和自动调整间距

若要分别执行对齐、间距或方向调整，先选中需要分别执行对齐、间距或方向调整的形状→开始→位置"，然后单击所需的命令。

8) 自动连接增强功能

演示教学：自动连接功能使得形状的连接更加简便。

将指针放置在蓝色"自动连接"箭头上时，会显示一个浮动工具栏，其中最多可包含当前所选模具的"快速形状"区域中的四个形状。

如果形状已在页面上，则可从一个形状的蓝色"自动连接"箭头上拖出一条连接线，再将它放到另一个形状上。若通过这种方式连接形状，则不必切换到"连接线"工具。

指向浮动工具栏上的某个形状，在页面上查看实时预览，然后单击鼠标来添加该形状，新增的形状已经连接，如图 9.22 所示。

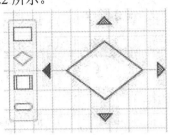

图 9.22　自动连接增强功能

9) 阐明图表结构

(1) 容器。容器是一个形状，该形状在视觉上包含页面上的其他形状。容器使得查看逻辑上互相关联的各组形状变得更为简便，如图 9.23 所示。

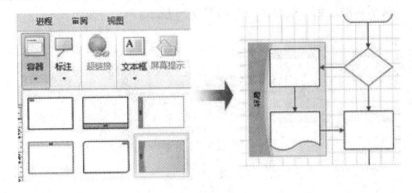

图 9.23　容器示意图

思考与操作：如何添加容器？

操作练习：选择需要装入容器的若干形状→插入菜单→容器，选择需要的窗口格式→尝试移动容器，观察窗口中形状的位置变化。_____。

若要保护形状，则可以锁定容器的内容，这样便无法删除或添加形状，如图 9.24 所示。

向容器中添加成员→单击锁定容器→尝试移动容器，观察窗口中形状的位置变化。___
_____。

再向已锁定的容器中添加形状(或删除形状)→尝试移动容器，观察容器中形状的变化。___
_____。

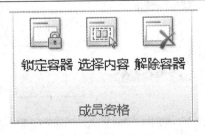

图 9.24　锁定容器

添加形状时容器可以自动扩展，而在删除形状后容器可以减小以适应其内容，如图 9.25 所示。

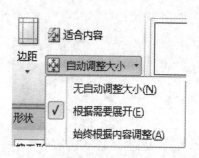

图 9.25　自动扩展和减小的容器

(2) 某些容器可管理形状集。某些容器可帮助我们管理已排序的未连接形状集，方法为在列表中添加、删除和重新排序项目。此类形状的例子包含线框图表中的树控件以及流程图和跨职能流程图中的泳道形状。可通过单击将指针放在容器角部时显示的蓝色插入箭头，将默认成员形状添加到此类容器中，如图 9.26 所示。

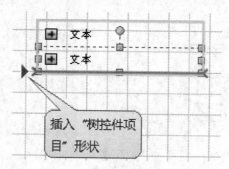

图 9.26　容器管理已排序的未连接形状集

演示教学：向容器中添加线框图表中的树控件。

文件菜单→新建→线框图表→创建→在形状窗口中单击控件→拖入树控件形状→将鼠标指针放在容器左下角，当容器角部出现蓝色箭头时，单击鼠标。＿＿＿＿＿＿＿＿。

(3) 标注。使用标注可解释或描述图表中的形状。标注通常与特定的形状关联，并且在进行手动或自动调整时会与形状一起移动，如图 9.27 所示。

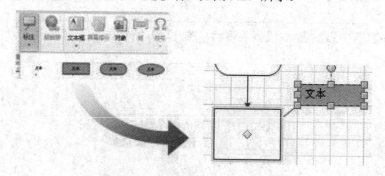

图 9.27　使用标注解释或描述图表中的形状

思考与操作：如何添加标注？

操作练习：插入菜单→标注，选择合适的标注格式。＿＿＿＿＿＿＿＿＿＿＿＿

10) 数据图形图例

图例用于解释使用数据图形的图表中图标和颜色的含义，这样即使在每个数据图形旁没有文本标签，也很容易理解，如图 9.28 所示。

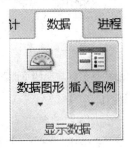

图 9.28　数据图形图例

演示教学：数据图形图例的添加。

打开一个含有数据图形的文件(如实验图 36 客户报修处理流程)。

单击"插入图例"按钮，Visio 会根据页面上的数据图形自动生成图例，如图 9.29 所示。

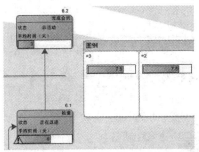

图 9.29　自动生成图例

11) 增强的网格、对齐方式和对齐

思考与操作：如何利用增强的网格、对齐方式和对齐？

操作练习：在流程图中拖入两个形状→当均匀地对齐形状和调整间距时会显示新参考线，并且基于对齐方式和间距的对齐点会帮助我们将形状放置在正确的位置，如图 9.30 所示。_____。

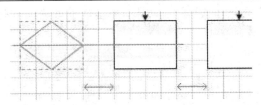

图 9.30　增强的网格、对齐方式和对齐

12) 粘贴所复制的形状时更易掌控

Visio 2010 提供了两个相关选项，来帮助我们将形状粘贴到所需位置：

- 将形状粘贴到与原始页面相同的位置，如图 9.31 所示。
- 右键单击可粘贴到指针位置。

图 9.31　将形状粘贴到与原始页面相同的位置

思考与操作：Visio 2010 的粘贴练习。

　　操作练习：在某绘图中选择一个形状→右键单击→复制→"开始"菜单中选择"粘贴"。

　　右键单击可粘贴到指针位置。在某绘图中选择一个形状→右键单击→复制→右键单击绘图页空白处→粘贴。观察粘贴形状的位置变化。＿＿＿＿＿＿＿＿＿＿＿＿＿＿＿＿＿。

　　从一个页面复制一个或多个形状，然后使用"粘贴"按钮或组合键 Ctrl + V 将其粘贴到另一页面时，形状会粘贴到新页面上相同的相对位置。

　　若要在粘贴时进行更好的掌控，请用右键单击页面上要将形状粘贴到的位置，然后单击"粘贴"。形状将粘贴到该页面中，并且其中心位于我们单击的位置，如图 9.32 所示。

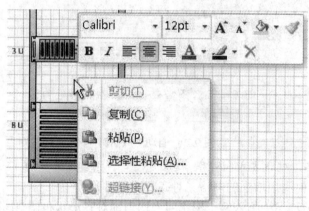

图 9.32　右键单击可粘贴到指针位置

13) 改进的页面选项卡功能

Visio 2010 提供了新的"插入页"选项卡，单击一下该选项卡即可添加一个新页面，如图 9.33 所示。

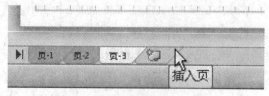

图 9.33　新的"插入页"选项卡

　　此外，也可以转到"页面设置"选项，直接从"页面"选项卡的快捷菜单插入页面，如图 9.34 所示。

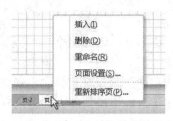

图 9.34　从页面选项卡的快捷菜单插入页面

思考与操作：练习新页面的插入。

在某绘图中单击"插入页"选项卡。

右键单击页 1→插入，观察页面插入情况。_____。

14) 使用状态栏导航工具更改视图

演示教学：状态栏导航工具更改视图。

状态栏中包含可帮助我们更改图表和文档外观的导航工具。这些工具包括"全屏显示"按钮、以百分比调整"缩放比例"的滑块、"调整页面以适合当前窗口"按钮、"扫视和缩放"窗口的按钮，以及"切换窗口"按钮，如图 9.35 所示。

点击状态栏"全屏显示"按钮，观察全屏显示→按 Esc 键退出。

拖动"缩放比例"滑块，观察绘图比例的变化。

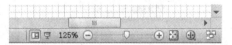

图 9.35　使用状态栏导航工具更改视图

2. Visio 服务

Visio 服务将图表与 SharePoint Web 部件集成到了一起，以便为一个人或同时为多个人创造高保真度的交互体验，即使他们的计算机上没有安装 Visio。查看者可以沿图表缩放和平移，还可以跟踪形状中的超链接。

可以在 Visio 2010 中将图表直接发布到 SharePoint。首先在 Visio 中创建图表，接着使用 Visio 将该图表发布到服务器，然后在浏览器中查看它。

图表还可以链接到数据，并且视图可以自动刷新或者由用户来刷新，以保持最新状态，如图 9.36 所示。

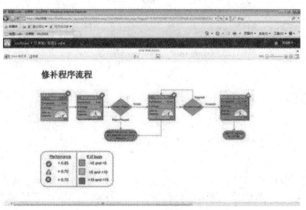

图 9.36　视图刷新保持最新状态

1) 流程管理

除了上述所有绘图方面的改进之外，Visio 还包含可帮助我们建模、验证以及重用复杂流程图表的新工具。

流程图是任何类型的分步流程的可视化效果。它们通常创建为具有代表流程中各步骤的形状的流程图，形状用箭头连接，箭头所指的方向表示下一步骤。

(1) 验证流程图。现在，我们可以自动分析流程图，确保其结构正确并且符合为文档定义的业务逻辑。

需要解决的验证错误显示在"问题窗口"中。Visio 包含特定于每种流程图的规则集，如图 9.37、图 9.38、图 9.39 所示。

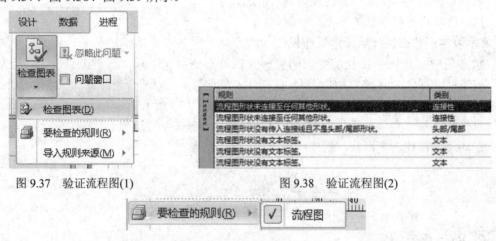

图 9.37　验证流程图(1)　　　　　　　　　　图 9.38　验证流程图(2)

图 9.39　验证流程图(3)

📺**演示教学**：验证流程图。

打开一个流程图→进程菜单→检查图表下拉三角→导入规则来源→要检查的规则→流程图前打勾→检查图表。

(2) 子流程。子流程图有助于将复杂流程分解为可管理的部分。我们可以选择一个形状序列，如图 9.40 所示。

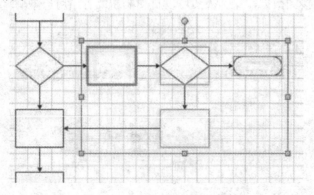

图 9.40　形状序列

单击"根据所选内容创建"，如图 9.41 所示。Visio 会将所选形状移到新页面，并将它们替换为与新页面自动链接的"子流程"形状，如图 9.42 所示。

　　　　　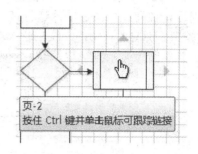

图 9.41　根据所选内容创建子流程图　　　　图 9.42　与新页面自动链接的"子流程"形状

　　如果尚未绘制子流程，则可以单击"新建"，以向页面添加一个子流程形状以及一个与该形状链接的新页面。如果已在其他页面或者不同文档中绘制了子流程，则可以将子流程形状放置在当前页面上，接着单击"链接到现有"按钮，然后浏览子流程页面。

思考与操作：如何创建子流程？

　　操作练习：在某流程图中选择一部分形状序列→进程菜单→根据所选内容创建，观察页面的变化，并跳转到页 2 观察子流程。_____。

　　(3) SharePoint 工作流。Visio 包含一个相关模板以及多种形状，用来设计可导入到 SharePoint Designer 的工作流。我们也可以在 SharePoint Designer 中创建工作流文件，在 Visio 将它们打开，Visio 会为该工作流生成一个我们可以查看和修改的图表。也可以在这两者之间来回传递文件，而且不会丢失任何数据或功能，如图 9.43 所示。

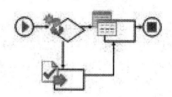

图 9.43　SharePoint 工作流示例

　　(4) SharePoint 流程存储库。该流程存储库是 SharePoint 附带的一个网站模板。它提供一个工作区用来共享和协作流程图。该存储库内置了文件访问控制和版本控制；各用户可同时查看流程图，也可对图表进行编辑而不会损坏原始图表，如图 9.44 所示。

王先年的流程库网站

流程

类型	名称	修改日期	修改者
		运营意外事件	2009-5-4　14:13
		文档工作流	2009-5-4　14:12
		合并	2009-4-22　14:14
		营销生命周期	2009-4-22　14:17

　添加新项目

图 9.44　SharePoint 流程存储库示例

2) 新增和更新的图表类型和兼容性

(1) 跨职能流程图中改进的泳道管理。跨职能流程图使用新的"容器与列表"功能来改进泳道管理，并且支持阶段和跨形状等概念，如图 9.45 所示。

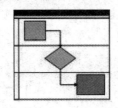

图 9.45　改进的泳道管理

(2) 业务流程建模标注(BPMN)图表。创建遵循业务流程建模标注 1.2 标准的流程图，并且使用新的验证工具帮助我们在完成图表前找到可更正的问题，如图 9.46 所示。

(3) 6 Sigma 图表。创建 6 Sigma 流程图和质量图表，如图 9.47 所示。

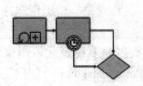
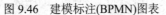
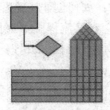

图 9.46　建模标注(BPMN)图表　　　　　图 9.47　6 Sigma 图表示例

(4) 线框图表。线框图表中包含用于软件应用程序原型制作和设计的中等保真度 UI 形状，如图 9.48 所示。

(5) SharePoint 工作流图表。在 Visio 中使用 SharePoint 模板和形状绘制流程图，然后将其导出到 SharePoint Designer 以在网站上实施，如图 9.49 所示。

(6) 更新的 AutoCAD 兼容性。可以导入、保存和使用来自 AutoCAD 2008 的 CAD 文件，如图 9.50 所示。

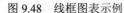
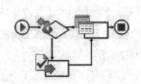

图 9.48　线框图表示例　　　图 9.49　SharePoint 工作流图表示例　　　图 9.50　AutoCAD 兼容性示例

9.3　Visio 2013 简介

9.3.1　概述

Microsoft Visio 2013 的新功能可以帮助你以更直观的方式创建图表，包括全新和更新的形状和模具及改进的效果和主题，其新提供的共同编写功能，可使团队协作变得更加容易。Visio Professional 2013 支持将形状链接到实时数据，可使图变得更具有动态效果，可在 SharePoint 中通过 Visio Services 与他人进行共享 Visio 图形，即使对方没有安装 Visio 也可进行共享。

最新的 Visio Professional 2013 从界面上和功能上有了质的飞跃，比如界面，使用了 Metro 风格，更简洁美观。Visio Professional 2013 内置了更多新的形状、模板和效果，可以创作出更多优秀的专业图表。

9.3.2　系统要求

计算机和处理器：1 GHz 或更快的 32 位(x86)或 64 位(64)处理器。

内存：1 千兆字节(GB)RAM(32 位(x86)处理时)或 2 GB RAM(64 位处理器时)。

操作系统：Windows 7，Windows 8，Windows Server 2008 R2 等。

图形：图形硬件加速需要 DirectX 10 显卡，1024×576 最小分辨率。

其他：

(1) 微软 Office Visio Pro 365 需要微软 Office 365 的账户和租户。

(2) 触摸功能需要一个触摸功能的 PC 运行 Windows 7 或 Windows 8。某些功能需要 Internet 连接。

9.3.3　Visio 2013 新增功能

Visio 2013 中的多种新增功能和改进功能使绘图更容易、更快速，所绘图形的外观更优美，并可以进行协作。

Visio 已更新图表模板，因此模板外观更佳并且更易于使用，如图 9.51 所示。新的样式、主题和其他便利工具将缩短绘图时间。另外，还提供了多种协同处理 Visio 图表的方式，以及允许实时共同创作图表的新增批注功能。

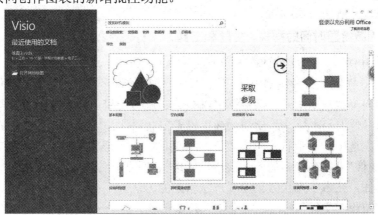

图 9.51　Visio 2013 启动首页

1. 更新的图表模板

1) 新的形状和内容

Visio 2013 与原有版本相比，多个图表模板已得到更新和改进，包括日程表、基本网络图、详细网络图和基本形状。许多模板具有新的形状和功能设计,并且您将会看到新的和更新的容器与标注。

2) 组织结构图

Visio 2013 中组织结构图模板的新形状和样式专门针对组织结构图而设计,如图 9.52 所示。此外,Visio 2013 可以更加轻松地将图片添加到所有的雇员形状中。

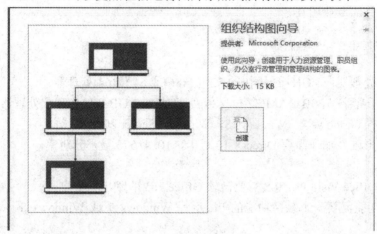

图 9.52　创建组织结构图首页

3) SharePoint 工作流

新的 SharePoint 工作流模板支持阶段、步骤、循环和自定义操作。

4) BPMN 2.0

业务流程建模标注(BPMN)模板支持 BPMN 2.0 版(在分析一致性类之后)。

5) UML 和数据库模板

UML 模板比数据库模板更加灵活和易于使用,且与大多数其他模板使用相同的拖放功能,无须事先设置解决方案配置。

2. 用于缩减绘图时间的样式、主题和工具

1) 使用 Office 艺术字形状效果设置形状格式

现在,Visio 提供已在其他 Office 应用程序中使用的许多格式选项,并可将其应用到您的图表,例如向形状应用渐变、阴影、三维效果、旋转等等。

演示教学:使用 Office 艺术字形状效果设置形状格式。

在绘图页上选中一个形状,单击"开始"菜单,在"形状样式"中选择效果,分别点击"阴影""映像""发光"中的各选项,设置形状的不同格式。

思考与操作:艺术字形状效果设置形状格式的方法。

新建一个流程图文件,向绘图页中拖入几个形状,选中一个形状,单击"开始"菜单,在"形状样式"中选择效果,分别点击"柔化边缘""棱台""三维旋转",观察设置形状的不同格式。_____。

2) 向形状添加快速样式

快速样式可以控制单个形状的显示效果,使之突出显示。选择一个形状,然后在"开始"选项卡上,使用"形状样式"组中的"快速样式"库。每种样式都具有颜色、阴影、反射及其他效果。

思考与操作：向形状添加快速样式。

选择一个形状，然后在"开始"选项卡上，使用"形状样式"组中的"快速样式"库。每种样式都具有颜色、阴影、反射及其他效果。观察快速样式的添加效果。_____。

3) 为主题添加变体

除了为图表添加颜色、字体和效果等新主题外，Visio 的每个主题还具有变体。选择变体以将其应用于整个页面。

演示教学：为主题添加变体。

新建一个绘图文件，向绘图页中拖入几个形状，点击"设计"选项卡，选择某一主题选项(如图 9.53 所示)后，在它后面的变体中移动鼠标，观察页面形状的变化情况。

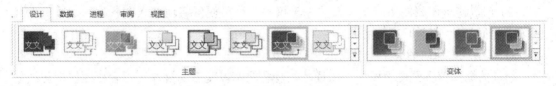

图 9.53　设计选项卡下的"主题"和"变体"功能区

4) 复制整个页面

现在可以更加容易地创建页面副本。

思考与操作：如何复制整个页面？

右键单击要复制的页面底部的"页标签"选项卡并重复，观察页面副本创建情况。

_____。

5) 替换图表中已存在的形状

演示教学：替换形状。

在绘图页面"开始"选项卡新增的"更改形状"库上，选择需要的形状即可替换形状。替换后，原有布局不会更改，形状包含的所有信息仍然存在，如图 9.54 所示。

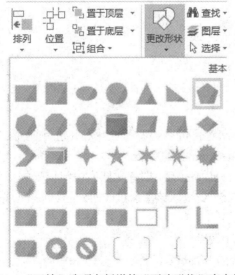

图 9.54　"开始"选项卡新增的"更改形状"库中的形状

3. 新增的协作和共同创作功能

1) 团队共同创作图表

多人可同时操作一个 Visio 图表(每人在自己的计算机上)。通过共同创作，团队可快速创建多页图表，并在工作时帮助彼此确定图表外观。各人所做的更改将立刻显示在其他所有人的图表副本中。

方法是将图表上传到 SharePoint 或 OneDrive。每个人都可以实时查看正在编辑的形状。每次保存文档时，用户的更改将保存回服务器中，其他人的已保存更改将显示在您的图表中。操作方法如下：

(1) 在 SharePoint 库中创建一个 Visio 图表，或在 Visio 中创建一个图表然后将其上传至 OneDrive。

(2) 向操作该图表的所有人员授予编辑权限，这样便可实现多人在各自的计算机上共同操作一个 Visio 图表的协作功能。

2) 在按线索组织的会话中对图表进行批注

新增的批注窗格更便于添加、阅读、回复和跟踪审阅者的批注，可轻松地在批注线程中编写和跟踪回复，也可以通过单击图表上的批注提示框来阅读或参与批注。

演示教学：对图表进行批注。

新建一个绘图文件，向绘图页中拖入几个形状，点击"审阅"选项卡→新建批注，如图 9.55 所示。

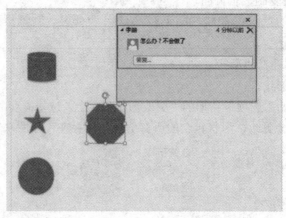

图 9.55　"审阅"选项卡中的批注

3) 在 Web 上审阅图表

即使未安装 Visio，审阅者也可以查看图表并对其进行批注，可使用 Web 浏览器审阅已保存到 Office 365 或 SharePoint 上的图表。

将 Visio 图表保存到 SharePoint 后，拥有文档库访问权限的任何人均可在浏览器中查看该图，即使计算机上并未安装 Visio。该图通过 Visio Services 呈现，Visio Services 功能可在某些版本的 SharePoint 上使用。

在浏览器中查看 Visio 图表：

(1) 导航至存储该图表的 SharePoint 库。

(2) 单击图表的名称，在浏览器中打开该文件。

(3) 单击该图表并向四周拖动以查看特定部分，使用状态栏上的缩放工具更改图表大小。

(4) 若要使整个图表在浏览器窗口中可见，请单击"缩放到合适大小的视图"按钮。

4) 添加批注

如果您拥有该文档的读写权限，可在文档中添加批注：

(1) 单击工具栏上的"批注"按钮，将在文档旁打开"批注"窗格。

(2) 选择某个形状以在其中添加批注，或单击该页以添加一般批注。

4．更多改进功能

1) 在支持触摸屏的便携式设备上使用 Visio

在启用触摸功能的平板电脑上阅读、批注甚至创建图表，无须键盘和鼠标。

2) 将单个文件格式用于桌面和 Web

Visio 以新文件格式(.vsdx)保存图表，该格式是桌面默认格式，并且适合在 SharePoint 上的浏览器中查看，无须针对不同的用途保存为不同的格式。Visio 还可采用 .vssx、.vstx、.vsdm、.vssm 和 .vstm 格式进行读写操作。

思考与操作：如何向形状中添加数据图形？

请使用 Visio 2013 绘制如图 9.56 所示的流程图。

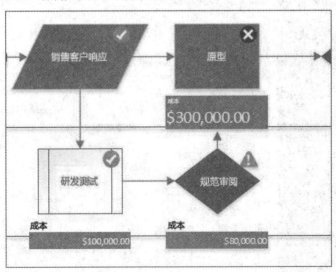

图 9.56   流程图

单击应用数据图形的形状，再依次单击"数据→显示数据→数据图形"，然后在"可用数据图形"下单击所需的数据图形类型。流程如下：

(1) 单击"数据"选项卡→显示数据→数据图形，然后单击"新建数据图形"。

(2) 在"新建数据图形"对话框中，设置数据图形的默认位置(如，水平、垂直都设为居中)，单击"新项目"。

(3) 在"新建项目"对话框中的"显示"下的"数据字段"列表中，选择要显示的数据字段(如选"其他字段"→字段类别选"文档信息"→字段名称选"标题"→确定)。

(4) 在"显示为"列表中，选择"表示表单""文本""数据条""图标集"或"按值显示颜色"(如选择"文本"→在详细信息的标签中录入相应文本,如"规范审阅"→标签字号设置合适,如设为24→确定→是)。

(5) 填写此类型图形的详细信息。

9.4　Visio 2016 简介

9.4.1　概述

Visio 2016 全称为 Microsoft Visio 2016,是由微软公司推出的一款运行于 Windows 操作系统的流程图、矢量图、图表制作软件。它能够帮助用户将复杂的信息程序化、步骤化,让整个工作流程变得简洁、明了。同时 Visio 2016 还有多种免费的模板供用户选择,可为企业编制最好的方案、自定义流程。Visio 2016 模拟了各种办公场景、生活实用场景、网络场景、过程场景等,并为用户制作了多款具有代表性的绘图模板,如图 9.57 所示。

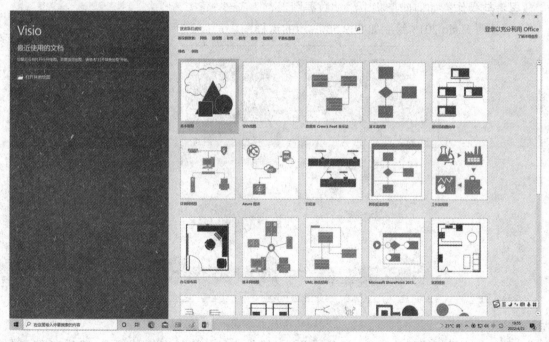

图 9.57　Visio 2016 启动首页

9.4.2　系统要求

软件大小:604.50 MB。

安装环境:Windows 10 操作系统。

硬件要求:2.0 GHz CPU,4 GB(或更高)内存。

9.4.3　Visio 2016 新增功能

(1) 新的主题：增加了多种图表、主题和风格选项，令用户能够轻松创建专业美观的界面。每个主题都有统一的色调、字体和设计，并将在随后的版本中增加更加个性化的设置。主题支持快速操作，用户只需轻松点击图形按钮就能对文件效果进行批量修改，如图 9.58 所示。

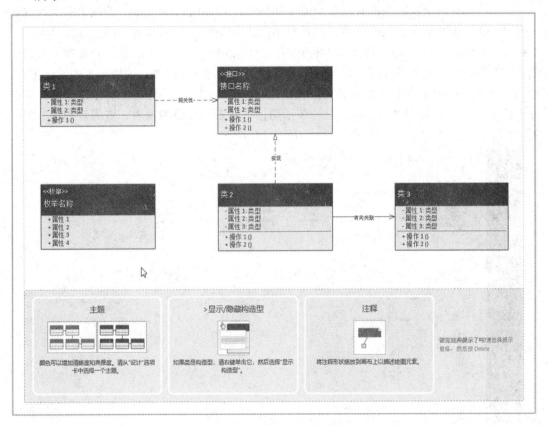

图 9.58　Visio 2016 类图模型

(2) 新的形状：Visio 2016 中增加了超过 200 个重新设计的形状，而且这些形状能够加入到主题中，让区域内的外形保持相同的主题。

(3) 新的合作方式：一个工程通常需要协作完成。Visio 2016 加入了会话模型，能够让不同用户分享同一个文件，并进行交流和修正，以激发出更多的创意。

(4) 新的界面：Visio 2016 的界面中，工作区域变得更加简洁，工具条上整齐排列相关的设置，能够让用户更方便快捷地投入到工作中。

(5) 新的文件格式：Visio 2016 增加了一个新的基于 XML 的文件格式 .vsdx 来替代原先的 .vsd、.vdx 和 .vdw，这就意味着用户可以通过 Office 365 服务或 SharePoint 等软件直接在网页上浏览文件。

9.5　Visio 2019 简介

9.5.1　概述

2018 年 10 月微软官方正式发布 Office 2019 for Windows and Mac。此次更新是对过去三年在 Office 365 所有功能的整合，包括对 Word、Excel、PowerPoint、Outlook、Project、Visio、Access 和 Publisher 的更新。Microsoft Visio 2019 是 Microsoft 公司开发的图表设计软件，可以让用户在软件上设计流程图、甘特图、逻辑图、思维图；内置丰富的设计工具，结合大部分 Office 的功能，可以让用户轻松地和团队之间完成协作，并且创建连接数据的专业图表。软件具有丰富的模板、甘特条形图、日程表、现成的报表、资源规划等，如图 9.59 所示。

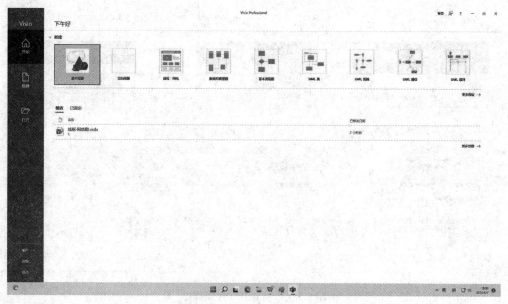

图 9.59　Visio 2019 启动首页

9.5.2　系统要求

软件大小：3.52 GB。
安装环境：仅适用于 Windows 10 (32/64 位)操作系统。
硬件要求：2.0 GHz CPU，4 GB(或更高)内存。

9.5.3　Visio 2019 新增功能

从 Visio 2016 升级至 Visio 2019，增加了一些新功能；组织结构图、灵感触发图(见图 9.60)和 SDL 模板具有新的入门图表，使得图表使用起来更加便捷，如图 9.60 所示。不仅如此，还可以通过这款软件导入或打开 AutoCAD 2017 或更低版本的文件，同时在处理 CAD

文件时，不会再出现延迟，为用户减轻了工作负担，提高了效率。

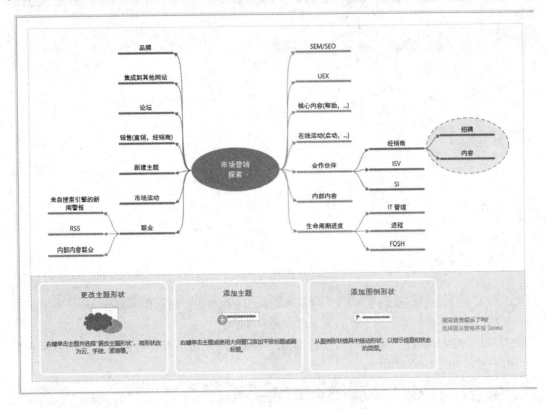

图 9.60　Visio 2019 灵感触发图形状

(1) 新的数据库模型图表模板。该模板可以准确地将数据库建模为 Visio 图表，无须加载项，如图 9.61 所示。

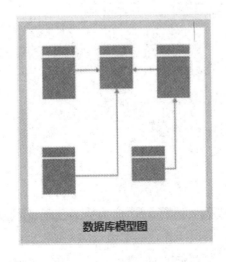

图 9.61　数据库模型图

(2) 新的 Visio 线框。线框是用户界面中的一种可视化模型，类似于功能和内容的蓝图，如图 9.62 所示。利用该功能可创建设计草图来呈现创意，作为构建精确线框的基础。

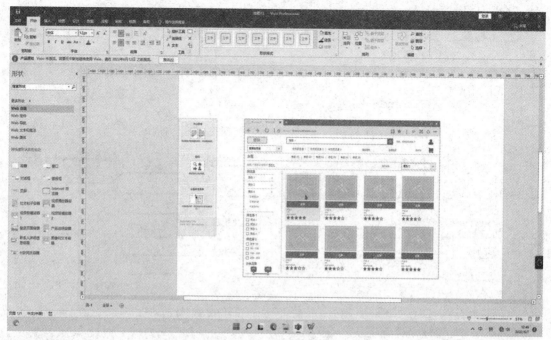

图 9.62　线框-网站网

(3) 新建 UML 类图。用户可以创建 UML 类图，用于显示组件、端口、界面以及它们之间的关系，如图 9.63 所示。

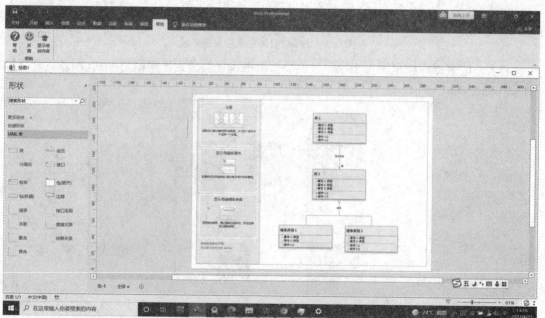

图 9.63　UML 类图模型

(4) 新建 UML 序列图。用户可以创建 UML 序列图，用于显示生命线之间的交互行为，这些生命线可自由连接按顺序排列的消息，如图 9.64 所示。

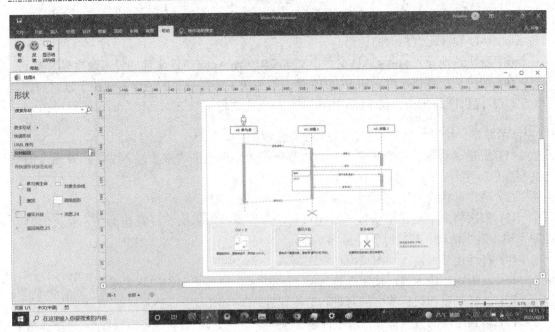

图 9.64　UML 序列图模型

　　(5) 新建 UML 用例图。用户可以创建 UML 用例图，用于显示软件项目部署的体系结构，如图 9.65 所示。

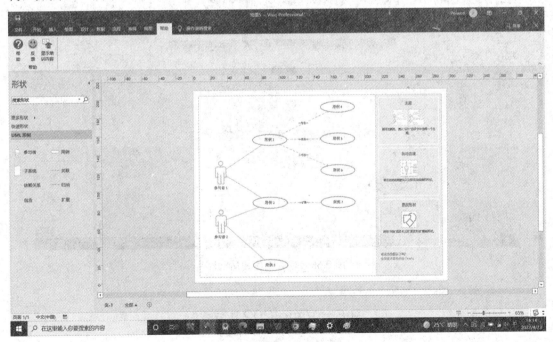

图 9.65　UML 用例图模型

　　(6) 支持 AutoCAD 旧版本。Visio 2019 不仅支持 AutoCAD 2007 的 .dwg 和 .dxf 文件，还可以导入或打开来自 AutoCAD 2017 或更低版本的文件。

　　(7) 改进了 AutoCAD 缩放功能。在 Visio 2019 中，用户将在导入 AutoCAD 文件时，

需设置活动的选项卡为"布局"选项卡，而不是"模型"选项卡；将 Visio 绘图比例设置为与 AutoCAD 视区比例相同的比例。

(8) 更快速地导入 AutoCAD 文件。Visio 2019 使 AutoCAD 文件的导入速度显著提高。

(9) 加快形状叠加速度。Visio 2019 极大地加快了形状叠加的速度，解决了延时问题。

(10) 提供产品反馈。在 Visio 2019 中，单击"文件"∪→"反馈"即可进行反馈。

演示教学：绘制智慧党建的活动图(业务流程图)。

(1) 新建活动图，将形状窗口的初始节点拖入绘图页面，双击输入文字：开始。调整文字颜色、字号。

(2) 动作形状插入绘图页面，双击写入文字：进入首页。

(3) 依次将六个动作形状拖入绘图页面，分别双击写入文字：党建动态、党员学习、随手拍、组织活动、建言献策、匿名举报。

(4) 将终止节点拖入绘图页面，双击写入文字：结束。

(5) 点击连接线工具，按照党建 APP 活动关系，连接页面中的相关形状。

(6) 选择"设计"标签中的背景和边框标题，为绘图添加背景及标题。

(7) 转到绘图的背景页面，修改标题文字为"智慧党建 APP 业务流程图"。选择合适的主题和变体，完成"智慧党建 APP 业务流程图"的绘制，如图 9.66 所示。

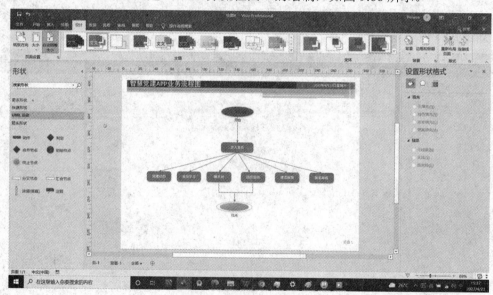

图 9.66　智慧党建的活动图

9.6　Visio 2021 简介

9.6.1　概述

Office Visio 2021 是一款负责绘制流程图和示意图的软件，该软件的功能强大且全面，可以让用户十分轻松又直观地创建流程图、网络图、组织结构图以及其他使用现代形状和模板的内容，也可以帮助用户创建具有专业外观的图表，以便理解、记录和分析信息、数据、系统和过程，如图 9.67 所示。这些功能都可以完美地令用户更加便捷方便地制作出自己想要的图表，节约了很多工作时间。

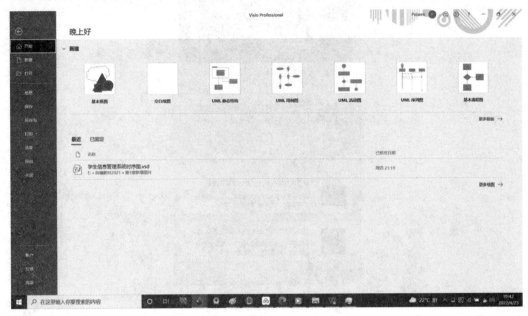

图 9.67　Visio 2021 版启动首页

9.6.2　Visio 2021 系统要求

软件大小：4.28 GB。

安装环境：Windows 10/11 操作系统。

硬件要求：2.0 GHz CPU，4 GB(或更高)内存。

9.6.3　新增功能

Visio 2021 中添加了许多功能以及进行了全面优化，能够更好地服务用户使用，在软件中还支持各种辅助功能，包括讲述人、辅助功能检查器以及高对比度支持，这些功能都有助于图表供所有用户使用。这是一种创新的解决方案，通过一系列集成功能将 Microsoft 365 的强大功能引入，包括信息权限管理 (IRM)，这些都可以在用户协作时支持图表文件的持续生成，从而发现合适的解决方案，帮助用户直观呈现与数据相连的业务流程。Visio 2021 可以实现有效的决策制定、数据可视化和流程执行，从而有助于提高整个企业的生产率。

思考与操作：请根据图 9.68，使用 Visio 2021 绘制智慧党建首页的用例图(示例见图 9.69)。

图 9.68　智慧党建 APP 首页

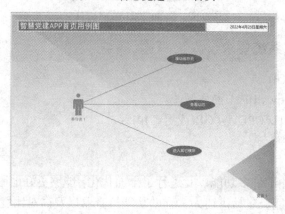

图 9.69　智慧党建 APP 首页用例图

9.7　实　例　篇

通过前面章节内容的学习，我们对 Visio 的各项功能有了比较全面的了解，下面将提供一些实例供大家观摩学习，同时也是对大家学习 Visio 后综合知识掌握情况的一种检验。

9.7.1　流程图实例

运用 Microsoft Visio Professional 2010 提供的流程图解决方案，可以用图解方式阐述特定的业务流程。请绘制出如图 9.70 所示的流程图，并配以适当的颜色。

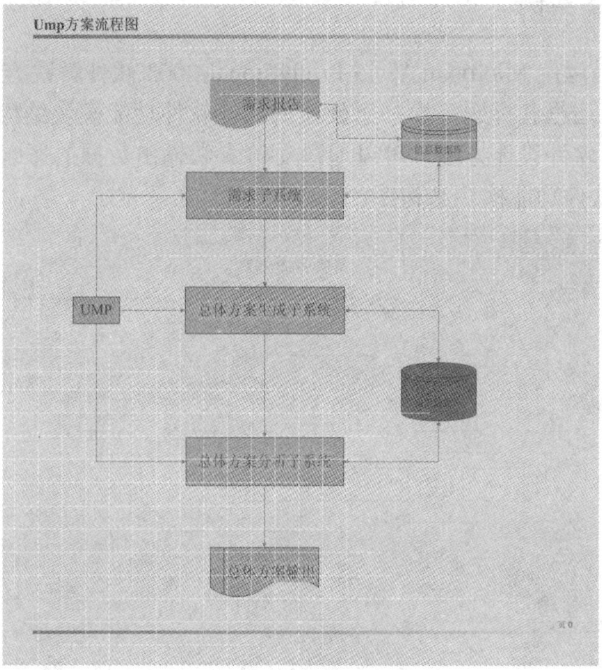

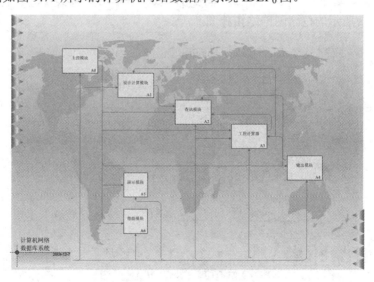

图 9.70　流程图

9.7.2　IDEF$_0$ 图实例

IDEF$_0$ 图实例(Intergration Definition for Process Modelling)程序模型的整合定义。

IDEF$_0$ 是 Microsoft Visio Professional 2010 的流程图解决方案之一，使用该模板可以创建各种具有层次结构的图表，用于模型配置管理、需求和利益分析、需求定义和持续改进模型。请绘制如图 9.71 所示的计算机网络数据库系统 IDEF$_0$ 图。

图 9.71　计算机网络数据库系统 IDEF$_0$ 图

9.7.3 程序结构图实例

分层树结构图是运用 Microsoft Visio Professional 2003 软件解决方案中 Jackson 软件的形状模具以及背景、边框和标题等模具所创建的凸模软件功能模块结构图。如图 9.72 所示，该图表符合 Jackson 软件设计方法，可以通过对输入和输出数据的影响来加强系统的操作。请观摩绘制的凸模软件功能模块结构图。

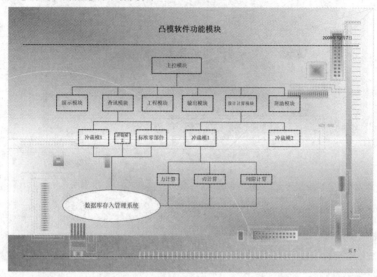

图 9.72 凸模软件功能模块结构图

9.7.4 网络拓扑图实例

使用基本网络模板，可以设计类似的网络图来规划和展示简单的网络。请使用基本网络模板中的背景、边框和标题、三维基本网络形状、基本网络形状 2、基本网络形状等模具创建如图 9.73 所示的校园网网络拓扑图。

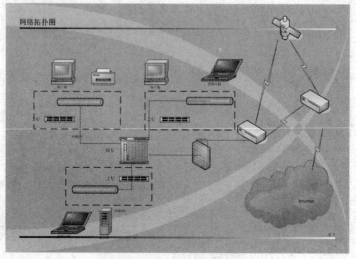

图 9.73 校园网网络拓扑图

9.7.5　网络架构图实例

Visio 网络解决方案还包括详细网络图模板，请应用详细网络图模板中的模具，绘制如图 9.74 所示的产品库存系统网络架构图。这种图可充分表示产品库存系统中的网络设备是如何进行相互连接的。

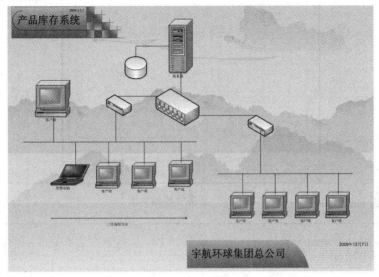

图 9.74　产品库存系统网络架构图

9.7.6　Windows 用户界面图实例

应用 Visio 软件解决方案中的 Windows XP 用户界面，模板可生成类似于 Windows 用户界面对话框等的图形。该模板中包含用于 Windows XP 和 Microsoft Office 系统的屏幕快照和图表的界面元素、控件、按钮和剪贴面等。

演示教学：生成查找对话框。

文件菜单→新建→选择绘图类型→软件→Windows XP 用户界面→拖入空白窗体→调整窗体大小→双击标题栏，键入"查找"→点击工具栏和菜单→找到工具栏按钮，拖入绘图中→选择"打印预览"按钮类型→确定→调整形状大小(如有保护，可先取消保护)→将"打印预览"放置到相应位置。

图 9.75　"查找"对话框

如上操作，依次将模具中的相应形状拖入绘图页，调整后，摆放到相应位置，如图 9.75 所示。

思考与操作：如何生成如图 9.76 所示的任务管理器界面？

操作练习：文件菜单→新建→选择绘图类型→软件→Windows XP 用户界面→拖入空白窗体→调整窗体大小→双击标题栏，键入"Dr.CHY 2010 任务管理器"→拖入 Windows 按钮，进行设置。_____。

图 9.76　任务管理器界面

回顾　本章学习了哪些主要内容，请你总结一下：

📖 **复 习 测 评**

1. 安装 Visio 2007 时，对计算机系统有哪些要求？
2. Visio 2007 新增了哪些功能？
3. 安装 Visio 2010 时，对计算机系统有哪些要求？
4. Visio 2010 新增了哪些功能？
5. 如何生成任务管理器界面？
6. Visio 2013 新增了哪些功能？
7. Visio 2021 新增了哪些功能？

第 10 章　AutoCAD 2012 基本操作

内容摘要：

　　本章将简要介绍工程制图的国家标准，AutoCAD 2012 绘图的基础知识及基本操作。

学习目标：

　　了解工程制图的国家标准，AutoCAD 2012 绘图的基本知识；掌握 AutoCAD 2012 绘图的基本操作。

10.1　工程制图的国家标准简介

　　图样是工程设计、制造与设备维护过程中重要的技术文件和资料，也是设计、制造与设备维护过程的交流工具。为保证技术交流的准确性，工程界制定了相关的标准，对图样表达中的线型、字体、符号、尺寸标注等作了统一的规定。

　　在我国制定这些标准的组织机构为国家质量监督检验检疫总局、国家标准化管理委员会。与本教材相关的标准有《技术制图》《机械制图》等，其内容与国际标准(ISO)基本一致。

　　我国的国家标准简称"国标"，代号为"GB"（GB/T 为推荐性国家标准）。标准分为四级：国家、行业、地方、企业，其中国标和行标有强制型 GB 和推荐型 GB/T 两种。此外自 1998 年起还启用了 GB/Z(国家标准化指导性技术文件)。字母后的两组数字分别表示标准的顺序号和颁布年份，如"GB/T 14689—2008"为推荐性国家标准《技术制图 图纸幅面和格式》，于 2008 年颁布。

10.1.1　图纸幅面和格式

　　绘制工程技术图样时，应优先采用表 10.1 规定的基本幅面，也允许选用国家标准中规定的加长幅面。

表 10.1　图纸幅面及图框尺寸(GB /T 14689—2008)

幅面代号	A0	A1	A2	A3	A4
B × L	841 × 1189	594 × 841	420 × 594	297 × 420	210 × 297
e	20			10	
c	10			5	
a	25				

加长幅面的尺寸由基本幅面的短边乘整数倍后得出，如图 10.1 所示。

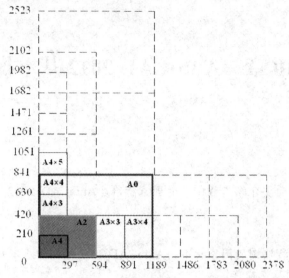

图 10.1　加长幅面的尺寸

在图纸上必须用粗实线画出图框。图框格式分为留有装订边和不留装订边两种，如图 10.2 和图 10.3 所示。

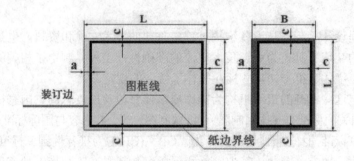

图 10.2　留有装订边的图框格式

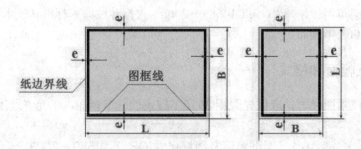

图 10.3　不留装订边的图框格式

10.1.2　标题栏

图框的右下角是绘制标题栏。标题栏一般由名称、代号区、签字区、更改区、其他区组成，也可按实际需要增加或减少。学生制图时建议采用图 10.4 所示的标题栏格式。

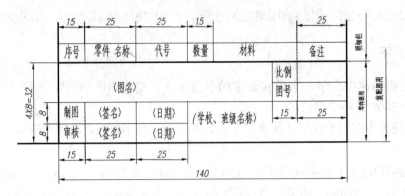

图 10.4　绘图作业标题栏

10.1.3　比例

比例是指图样中图形与实物相应要素的线性尺寸之比。图形画得和实物一样大小时，比值为 1，称为原值比例；画得比实物大时，比值大于 1，称为放大比例；比实物小时，比值小于 1，称为缩小比例，如图 10.5 所示。

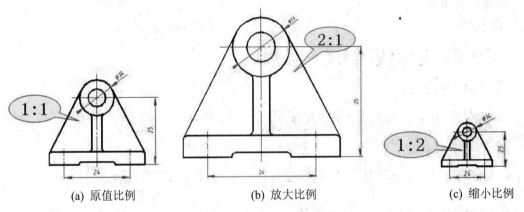

图 10.5　绘图比例示意图

绘图时优先使用的比例如表 10.2 所示。

表 10.2　绘图时优先使用的比例(GB/T 14690—1993)

原值比例	$1:1$					
缩小比例	$1:2$	$1:5$	$1:10$	$1:2\times10^n$	$1:5\times10^n$	$1:1\times10^n$
放大比例	$5:1$	$2:1$	$5\times10^n:1$	$2\times10^n:1$	$1\times10^n:1$	

注：n 为正整数。

绘图时允许选用的比例如表 10.3 所示。

表 10.3　绘图时允许选用的比例(GB/T14690—1993)

缩小比例	$1:1.5$　$1:2.5$　$1:3$　$1:4$　　$1:6$　$1:1.5\times10^n$ $1:2.5\times10^n$　　$1:3\times10^n$　　$1:4\times10^n$　　$1:6\times10^n$
放大比例	$4:1$　$2.5:1$　$4\times10^n:1$　$2.5\times10^n:1$

注：n 为正整数。

不论采用何种比例，图样中所标注的尺寸数字必须是物体的实际大小，与图形的比例无关。

10.1.4　字体

字体是指图样中文字、字母和数字的书写形式。图样中的书写字体应遵照国家标准 GB/14691—2008 的相关要求：

(1) 在图样中书写的汉字、数字和字母，都必须做到字体端正，笔画清楚，排列整齐，间隔均匀。

(2) 字体高度(用 h 表示)的公称尺寸系列：1.8 mm，2.5 mm，3.5 mm，5 mm，7 mm，10 mm，14 mm，20 mm。如果要书写更大的字体，其字高应按 $\sqrt{2}$ 的比率递增。字体的号数代表字体的高度。

(3) 汉字应写成长仿宋字，并应采用国家正式公布的简化字。汉字的高度不应小于 3.5，其字宽一般为 $h/\sqrt{2}$。

(4) 字母和数字分为 A 型和 B 型。A 型字体的笔画宽度(d)为字高(h)的 1/14；B 型字体的笔画宽度(d)为字高(h)的 1/10。

(5) 字母和数字可写成斜体或直体。斜体字字头向右倾斜，与水平基准线呈 75° 角。
字体示例如下：
① 汉字：

字体端正 笔划清楚 排列整齐 间隔均匀

② 斜体大写字母：

ABCDEFGHIJKLMNOPQRSTUVWXYZΦ

③ 直体大写字母：

ABCDEFGHIJKLMNOPQRSTUVWXYZΦ

④ 斜体小写母：

abcdefghijklmnopqrstuvwxyzαβγ

⑤ 斜体阿拉伯数字：

0123456789

⑥ 直体阿拉伯数字：

0123456789

⑦ 斜体罗马数字：

I II III IV V VI VII VIII IX X

⑧ 直体罗马数字：

I II III IV V VI VII VIII IX X

(6) 综合应用规定：用作指数、分数、极限偏差、注脚等的数字及字母，一般应采用小一号的字体。

$$10^3 \qquad S^{-1} \qquad D_1 \qquad T_d \qquad \varnothing 20^{+0.010}_{-0.023}$$

$$7°^{+1"}_{-2°} \qquad \frac{3}{5} \qquad 10\,Js5(\pm 0.003) \qquad 5\%$$

$$R_5 \qquad \sqrt{}\ Ra\ 6.3 \qquad \nabla\ 3.50 \qquad \varnothing 25\ \frac{H6}{m5}$$

10.1.5　图线

1．图线线型

图样中的图形是由各种图线构成的，图线宽度(d)应从下列数系中选择：0.13 mm，0.18 mm，0.25 mm，0.35 mm，0.5 mm，0.7 mm，1 mm，1.4 mm，2 mm。

粗线、中粗线和细线线宽的比例为 4∶2∶1。在同一图样中，同类图线的宽度应一致。在机械图样中采用粗细两种线宽，它们之间的比例为 2∶1，粗线宽度一般按图形的大小和复杂程度在 0.25 mm～2 mm 之间选择，细线宽度为粗线宽度的一半。

在学校的作业练习中，粗实线线宽一般采用 0.5 mm 或 0.7 mm。

各种图线的名称、形式、宽度及在图样中的应用，如表 10.4 所示。

表 10.4　常用线型及应用(GB/T 4457.4—2002)

图线名称	图线形式	图线宽度	一 般 应 用
粗实线	——————	d	可见棱边线、可见轮廓线、相贯线、螺纹牙顶线、螺纹长度终止线、齿顶圆(线)、剖切符号用线
细实线	——————	d/2	尺寸线、尺寸界限、剖面线、引出线、重合剖面的轮廓线等
波浪线	～～～	d/2	断裂处的边界线、视图和剖视的分界线、中断线
双折线	⌐⌐⌐		
细虚线	— — — —	d/2	不可见轮廓线、不可见棱边线
细点画线	— · — · —	d/2	轴线、对称中心线、剖切线等
细双点画线	— ·· — ·· —	d/2	相邻辅助零件的轮廓线、极限位置轮廓线等

2．图线画法

(1) 同一图样中同类图线的宽度应基本一致。

(2) 细虚线、细点画线及细双点画线的线段长度和间隔应各自大致相等。

(3) 图线之间相交、相切都应以线段形式相交或相切。

(4) 细虚线为粗实线的延长线时，不得以短画相接，应留有空隙。

(5) 点画线和双点画线的首尾两端应是线段而不是短画。

(6) 若各种图线重合，应按粗实线、点画线、虚线的先后顺序选用线型。

10.1.6 尺寸注法

在图样中，图形只能表达物体的形状，而物体的大小必须通过标注尺寸才能确定。

1．尺寸标注的基本规则

(1) 物体的真实大小应以图样上所标注的尺寸数值为依据，与图形大小及图形准确度无关。

(2) 图样中(包括技术要求和其他说明)的尺寸，以毫米为单位时，不需标注计量单位的代号或名称；如采用其他单位，则必须注明相应的计量单位的代码或名称。

(3) 图样所标尺寸，一般为机件最后完工时的尺寸，否则应另加说明。

(4) 物体的每一尺寸，在图样中只标注一次，并应标在该结构最清晰的视图上。

2．尺寸的组成

1) 尺寸界线

用来标注尺寸的范围，用细实线绘制，由图形的轮廓线、轴线或对称中心线引出。最好引画在图外，并超出尺寸线末端 2 mm。也可以利用轮廓线、轴线或对称中心线作尺寸界线。

2) 尺寸线

用来表示尺寸度量的方向，用细实线绘制在两尺寸界线之间。尺寸线有两种形式，箭头和斜线，一般绘图用箭头表示尺寸的起止，箭头的尖端与尺寸界线接触，但不能超出。

3) 尺寸数字

用来表示物体的实际尺寸。尺寸数字使用标准字体按图例所示方向注写，在同一张图样中，尺寸数字的大小应一致。

3．尺寸的标注

1) 线性尺寸的标注

尺寸线必须与所标注的线段平行，如标注多个平行尺寸，应使大尺寸放在小尺寸的外面，避免尺寸线彼此相交。尺寸线数字不可被任何图线通过，如图 10.6 所示。

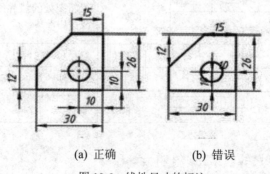

(a) 正确   (b) 错误

图 10.6　线性尺寸的标注

2) 角度尺寸的标注

角度的尺寸界线沿径向引出，尺寸线应画成圆弧，其圆心是该角的顶点，半径取适当大小，角度数字一律水平书写。通常写在尺寸线的中断处，必要时允许写在尺寸线的外面，或引出标注，如图 10.7 所示。

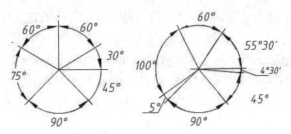

图 10.7 角度尺寸的标注

3) 圆、圆弧、球面尺寸的标注

(1) 圆的直径和圆弧半径尺寸线的终端，应画成箭头。标注直径时，应在尺寸前加"φ"，半径前加"R"，如图 10.8 所示。

(2) 标注球面直径或半径时，应在尺寸数字前加"Sφ"或"SR"，如图 10.9 所示。

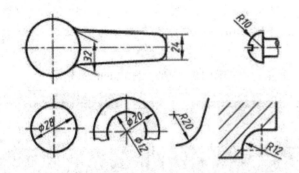

图 10.8 标注圆的直径或半径   图 10.9 标注球面的直径

(3) 标注圆弧半径时，半径过大或在图纸范围内无法按常规的圆心位置标注时，可按图 10.10(a)所示标注；如果不需要标出圆心位置时，可按图 10.10(b)所示标注。

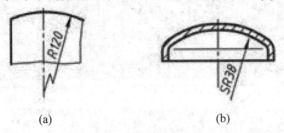

(a)   (b)

图 10.10 标注圆弧半径

10.2 AutoCAD 2012 基础知识

AutoCAD 官方为建筑师和设计师提供了以 AutoCAD 2012 软件为基础、整合了欧特克(Autodesk)领先的设计和可视化软件的具有强大功能的设计工具，并提供试用版下载。Autodesk 2012 中文版包分为基本版、进阶版和终极版三个版本，客户可更轻松地进行概念构思和设计工作，并在整个设计过程中无缝地共享数据、探索替代方案，还能通过优质的图像、影片和交互式展示文件，以可视化的方式呈现设计方案。

　　AutoCAD 2012 系列产品提供多种全新的高效设计工具,能帮助使用者显著提升草图绘制、详细设计和设计修订的速度。参数化绘图工具能够自定义对象之间的恒定关系(Persistent Relationship);延伸关联数组功能(Extended Associative Array Functionality)可以支持用户利用同一路径建立一系列对象;强化的 PDF 发布和导入功能则可帮助用户清楚明确地与客户进行沟通。AutoCAD 2012 系列产品还新增了更多强有力的 3D 建模工具,以提升曲面和概念设计功能。

　　AutoCAD 2012 最大的特点在于能让用户更加轻松地进行概念和构思设计,在设计全流程中可为用户无缝共享数据和探讨问题提供方便,此版本支持以图片、影像、交互等方式展示文件,支持以可视化形式展示用户所设计的 CAD 作品。

10.2.1　AutoCAD 2012 的绘图界面

　　AutoCAD 2012 的绘图界面包括两种风格:Fluent 风格和经典风格。Fluent 风格界面主要使用功能区、快速启动工具栏和应用程序菜单访问常用命令;经典风格界面主要通过主菜单和工具栏访问常用命令。

　　启动 AutoCAD 2012 后,计算机将显示出如图 10.11 所示的 Fluent 风格界面。

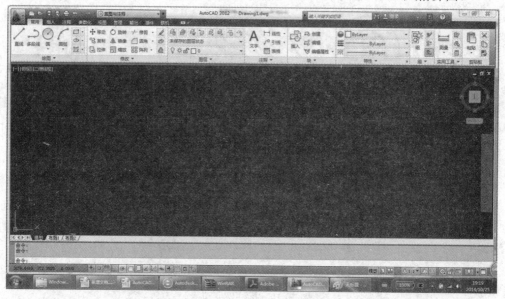

图 10.11　AutoCAD 2012 的绘图界面

　　🖳**演示教学**:将 AutoCAD 2012 的 Fluent 风格界面切换成经典风格界面。

　　启动 AutoCAD 2012,在快速访问工具栏中的"工作空间设置"窗口中选择" AutoCAD 经典",将 Fluent 风格界面切换成经典风格界面,如图 10.12 所示。

　　🤔**思考与操作**:如何将 AutoCAD 2012 经典风格界面还原为 Fluent 风格界面?

　　在快速访问工具栏中的"工作空间设置"窗口中选择"草图与

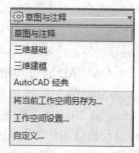

图 10.12　工作空间设置

注释"。

1．标题栏

AutoCAD 2012 用户界面中"工作空间设置"窗口的右侧为标题栏，用于显示程序图标及当前图形文件的名称。如图 10.13 所示。

图 10.13　AutoCAD 2012 标题栏

2．应用程序菜单

使用鼠标左键单击界面左上角图标 ，弹出应用程序菜单对话框。单击对话框中相应命令按钮，可以创建、打开和发布文件，在对话框上方的搜索框可以键入命令进行实时搜索等。

3．快速访问工具栏

快速访问工具栏位于应用程序窗口顶部偏左侧，可以点击实现对命令集的直接访问，如图 10.14 所示。

图 10.14　AutoCAD 2012 快速访问工具栏

思考与操作：是否可以向快速访问工具栏中添加绘图需要的新按钮？又如何删除添加到快速访问工具栏的工具？

在"常用"选项卡的"修改"功能区中右击"移动"工具→添加到"快速访问工具栏"，观察"快速访问工具栏"的变化。_____

_____。

4．功能区

功能区是显示基于任务的工具和控件的选项板。功能区由许多面板组成，这些面板被组织到按任务进行标记的选项卡中。AutoCAD 2012 默认界面的功能区选项卡包括常用、插入、注释、参数化、视图、管理、输出、插件、联机等。其中"常用"选项卡由绘图、修改、注释、图层、块、特性、组、实用工具、剪贴板等功能区面板组成，如图 10.15 所示。

图 10.15　"常用"选项卡的部分功能区

5．经典菜单栏

演示教学：在功能区上方显示经典菜单栏。

单击"快速访问工具栏"最后一项的黑色三角符号，在弹出的"自定义快速访问工具栏"中单击"显示菜单栏"，就可以在功能区上方显示经典菜单栏，如图 10.16 所示。

图 10.16　显示经典菜单栏

6. 绘图区

绘图区是用户绘图和进行编辑的工作区域。它位于屏幕中间的空白区，占据了屏幕的大部分面积，用户绘制的图形将显示在这个区域内。

7. 命令提示行

命令文本栏位于绘图区的下方，由命令栏和历史窗口两部分组成，前者显示输入命令的内容及提示信息，后者存有 AutoCAD 2012 启动后所有执行过命令及提示信息。绘图时，用户应时刻关注命令行的提示信息，以便快捷地绘图，如图 10.17 所示。

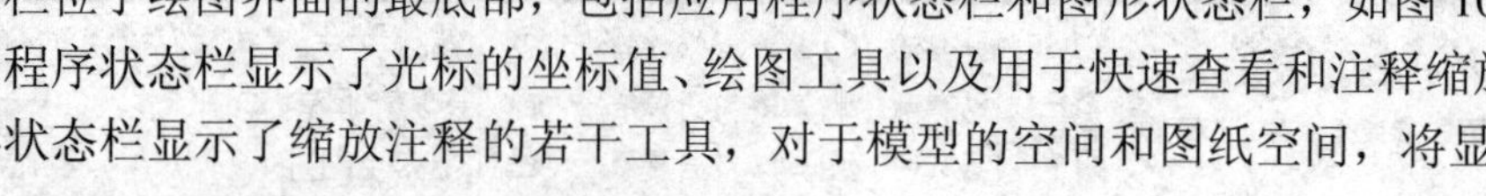

```
命令: _rectang
指定第一个角点或 [倒角(C)/标高(E)/圆角(F)/厚度(T)/宽度(W)]:
指定另一个角点或 [面积(A)/尺寸(D)/旋转(R)]:
```

图 10.17　AutoCAD 2012 命令提示行

8. 状态栏

状态栏位于绘图界面的最底部，包括应用程序状态栏和图形状态栏，如图 10.11 所示。应用程序状态栏显示了光标的坐标值、绘图工具以及用于快速查看和注释缩放的工具。图形状态栏显示了缩放注释的若干工具，对于模型的空间和图纸空间，将显示不同的工具。

9. 工具选项板

工具选项板是"工具选项板"窗口中的选项卡形式区域，它提供了一种用来组织、共享和放置块、图案填充及其他工具的有效方法。

思考与操作：如何打开"工具选项板"？

单击"视图"选项卡→选项板→工具选项板，观察打开的"工具选项板"，如图 10.18 所示。_____。

图 10.18　打开工具选项板

10．快捷菜单

快捷菜单用来显示快速获取当前动作的有关命令。在屏幕的不同区域内单击鼠标右键时，可以显示不同的快捷菜单。

10.2.2　坐标系及其坐标输入

AutoCAD 2012 中常用的坐标系有用户坐标系(UCS)和世界坐标系(WCS)。世界坐标系(WCS)是固定的笛卡尔坐标系统(笛卡尔坐标系(CCS)用来确定点的位置，显示在屏幕底部状态栏中的三维坐标值，就是笛卡尔坐标系中的数值)，世界坐标系(WCS)也是 AutoCAD 2012 默认的基本坐标系，它由三个垂直相交的坐标轴 X、Y、Z 组成，坐标系的原点位于屏幕左下角。用户坐标系(UCS)是处于活动状态的坐标系，用于建立图形和建模的 XY 平面(工作平面)和 Z 轴方向，可以设置 UCS 原点及其 X、Y 和 Z 轴，以满足用户的需求。默认情况下用户坐标系与世界坐标系是重合的。用户坐标系(UCS)图标在确定正轴方向和旋转方向时遵循传统的右手定则，如图 10.19 所示。

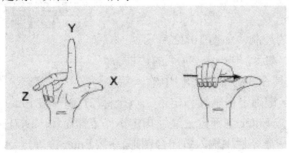

图 10.19　UCS 正轴方向确定原则

演示教学：利用 UCS 的改变，绘制垂直于 b 线的垂线 c，如图 10.20 所示。

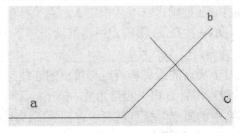

图 10.20　改变 UCS 方向方便绘制

先将坐标系原点移至 a、b 线的交点，点击 X 轴末端的夹点并旋转至与 b 重合，释放鼠标。这时，栅格线和光标已与 b 线对齐，沿栅格线绘制 c 线与 b 线垂直。

思考与操作：如何恢复 UCS 与 WCS 重合？

右击变更后 UCS 原点，选择"世界"，恢复 UCS 与 WCS 重合。_____

_____。

在绘图过程中，用户通常采用坐标输入来确定点的位置。常用的坐标输入法有绝对坐标、相对坐标和极坐标。

绝对坐标以坐标原点(0, 0, 0)作为基点来确定点的位置，以(X、Y、Z)形式表示该点相对于原点的位移量。例如，可在工具提示(鼠标后的提示)中输入以下格式信息：

命令：line

起点：#-2, 1

下一点：#3, 4

完成直线的绘制，如图 10.21 所示。

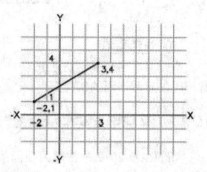

图 10.21　绝对坐标的输入与显示

相对坐标是基于上一输入点的相对位置。相对坐标的表示方法为(@X, Y, Z)。例如，可在工具提示中输入以下格式信息：

命令：line

起点：#-2, 1

下一点：@5, 0

下一点：@0, 3

下一点：@-5, -3

完成直角三角形的绘制，如图 10.22 所示。

演示教学：用绝对坐标绘制一张 A4 纸的边框。

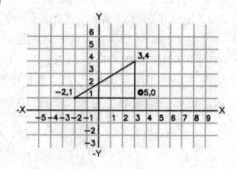

图 10.22　相对坐标的输入与显示

点击直线绘图工具→在命令文本栏中输入第一点坐标(0, 0)→按 Enter 键确定→继续指定下一点坐标(21, 0)→按 Enter 键确定→继续指定下一点坐标(21, 29.7)→按 Enter 键确定→继续指定下一点坐标(0, 29.7)→按 Enter 键确定→再继续指定下一点坐标→命令栏中输入 c(闭合图形)→按 Enter 键确定，A4 纸的边框绘制完成。

思考与操作：如何用相对坐标绘制一张 A4 纸的边框？

点击直线绘图工具→在命令文本栏中输入第一点坐标(0, 0)→按 Enter 键确定→继续指定下一点坐标(@21, 0)→按 Enter 键确定→继续指定下一点坐标(@0, 29)→按 Enter 键确定→继续指定下一点坐标(@-21, 0)→按 Enter 键确定→再继续指定下一点坐标→命令栏中输入 c(闭合图形)→按 Enter 键车确定，_____。

极坐标是通过某点相对于极点的距离和该点与极点的连线与 X 轴正方向所成夹角来确定点。AutoCAD 2012 默认以逆时针方向来测量角度。极坐标又可分为绝对极坐标和相对极坐标。绝对极坐标以坐标系中的原点为极点，表示方法为(距离<夹角)；相对极坐标以上一个操作点为极点，表示方法为(@距离<夹角)。

演示教学：用相对极坐标绘制边长为 20 cm 的等边三角形。

点击直线绘图工具→在命令文本栏中输入第一点坐标(10, 10)→按 Enter 键确定→继续指定下一点坐标(@20<0)→按 Enter 键确定→继续指定下一点坐标(@20<120)→按 Enter 键确定→再继续指定下一点坐标→命令栏中输入 c(闭合图形)→按 Enter 键确定，完成等边三角形的绘制，如图 10.23 所示。

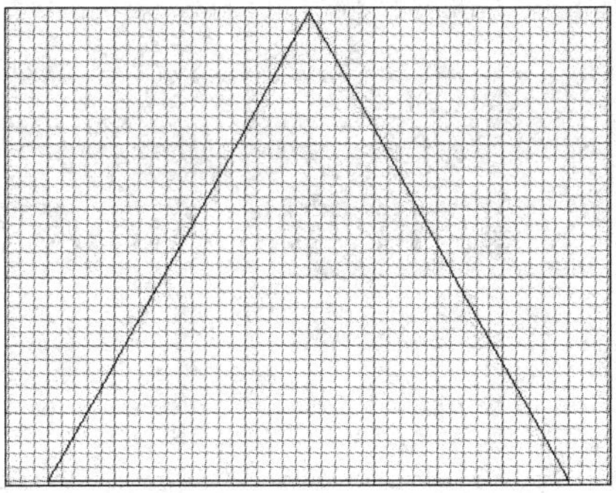

10.2.3　设置绘图界限

AutoCAD 2012 系统对作图范围没有限制，绘图区域可以看成是一幅无穷大的图纸。设置作图有效区域，可以保证绘图的正确性。另外，绘图界限也用于辅助栅格的显示和图形缩放。当打开栅格时，系统只在图形界限内显示栅格。

 思考与操作：如何设置绘图界限？

图 10.23　相对极坐标绘制等腰三角形

在"自定义快速访问工具栏"中选择"显示"菜单栏→格式→图形界限，在命令栏中指定左下角点(0.0000,0.0000)→按 Enter 键确定→指定右上角点(420.0000,297.0000)→按 Enter 键确定。_____

_____。

回顾　本章学习了哪些主要内容，请你总结一下：

📖 **复 习 测 评**

1. 在图样中书写的汉字使用什么字体？
2. 为避免尺寸线彼此相交，在标注多个平行尺寸时，应注意什么？
3. 如何将 AutoCAD 2012 经典风格界面还原为 Fluent 风格界面？
4. 用户坐标系(UCS)确定正轴方向的规则是什么？
5. 如何用相对坐标绘制一张 A4 纸的边框？
6. 如何用相对极坐标绘制等边三角形？
7. 绘制图 10.4 所示绘图作业标题栏。

第 11 章　AutoCAD 2012 二维平面图形的绘制

内容摘要：

　　本章将介绍 AutoCAD 2012 二维平面图形绘制常用的绘图命令、编辑命令、辅助工具及绘图尺寸样式与标注等。

学习目标：

　　了解并掌握 AutoCAD 2012 二维平面图形绘制常用的绘图命令、编辑命令及绘图尺寸样式与标注的使用；熟悉辅助工具、图层、图块等的使用操作。

11.1　绘图命令

11.1.1　绘制线性对象

1. 绘制直线(Line)

直线，是绘图的最基本对象，可以是一条线段或一系列相连的线段。要指定精确定义每条直线端点的位置，用户可以：

(1) 使用绝对坐标或相对坐标输入端点的坐标值。

(2) 指定相对于现有对象的对象捕捉。例如，可以将圆心指定为直线的端点。

(3) 打开"栅格捕捉"并捕捉到一个位置。

其他方法也可以精确创建直线。最快捷的方法是从现有的直线进行偏移，然后修剪或延伸到所需的长度。

每条直线段的起点和终点位置可以通过鼠标拾取或用键盘输入。

绘制直线的步骤如下：

(1) 依次单击"常用"选项卡→"绘图"面板→"直线 ╱"图标，如图 11.1 所示。

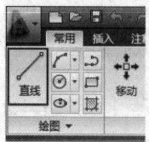

图 11.1　选择直线

(2) 指定起点，可以使用定点设备，也可以在命令提示下输入坐标值。

将鼠标向下拖动到空图形中，将显示一个十字光标以及三个文本框。"指定第一点"文本框称为动态提示，通过动态提示，用户可以专注于工作，无须查看下方的命令行，如图11.2 所示。(注意：如果未显示动态提示，请按 F12 键将其打开。)

其他两个文本框显示光标的位置(X 和 Y 坐标)。使用鼠标四处移动光标，并注意坐标的变化。

(3) 指定端点，以完成第一条直线段。在空图形中，单击鼠标以拾取第一条直线的起点。动态提示将更改为"指定下一点"或沿任意方向拖动光标，然后单击以拾取直线的终点。其他文本框将显示有关此直线的其他信息，如图 11.3 所示。

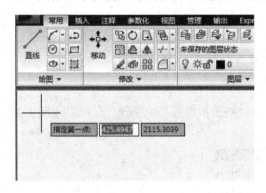
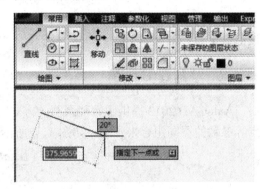

图 11.2　动态提示　　　　　　　　　　图 11.3　指定端点

要在执行 LINE 命令期间放弃前一条直线段，请输入 u 或单击工具栏上的"放弃"。

(4) 按 Enter 键结束，完成直线的绘制，或者输入 c 使一系列直线段闭合。

要以上次绘制的直线的端点为起点绘制新的直线，请再次启动 LINE 命令，然后在出现"指定起点"提示后按 Enter 键。

绘制直线的命令：

LINE(创建直线段)。

RAY(创建始于一点并无限延伸的直线)。

XLINE(创建无限长的直线)。

思考与操作：如何删除已绘制好的直线？

将光标移动到该直线上以亮显该直线，该直线将显示为一条更黑的点线。单击鼠标选择该直线。如果显示三个方形选择控制柄，且该直线变为点线，则说明已选中该直线，按Delete 键删除该直线。＿＿＿＿＿＿＿＿＿＿＿＿＿＿＿＿＿。

2．绘制一系列相连直线

演示教学：绘制一系列相连直线。

在功能区上，依次单击"常用"选项卡→"绘图"面板→"直线"图标，将鼠标向下拖动到空图形中→单击以指定直线的第一点→沿任意方向拖动光标，然后单击以拾取直线的下一个点。现已完成一系列相连直线中的第一条直线的绘制。

拖动鼠标并单击以指定下一个点。完成一系列相连直线中的第二条直线的绘制，如图11.4 所示。

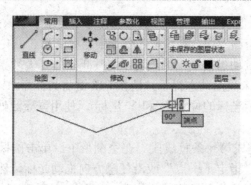

图 11.4　绘制一系列相连直线

　　继续拖动鼠标并单击以指定多个点，从而添加更多直线。如果要结束绘制一系列直线，按键盘上的 Enter 键即可。

11.1.2　绘制圆(Circle)

　　AutoCAD 2012 提供了六种画圆的方式，它们分别是根据圆心、半径、直径以及圆上的点等参数的不同组合来画圆，如图 11.5 所示。

图 11.5　六种画圆的方式

思考与操作：如何绘制半径为 32.5 的圆？

　　在功能区上依次单击"常用"选项卡→"绘图"面板→"圆"下拉菜单→"圆心，半径"→将十字光标向下拖动到绘图区域，单击鼠标左键以指定圆的圆心→动态输入提示将提示您"指定圆的半径"，使用键盘输入 3.25→按 Enter 键，创建半径为 32.5 的圆。_____

_____。

11.1.3　绘制圆弧(Arc)

　　AutoCAD 2012 提供了 10 多种绘制圆弧的方式，单击"绘图"功能区 ⌒ 圆弧 按钮右侧的黑三角，可以打开绘图圆弧的下级菜单，如图 11.6 所示。

图 11.6　圆弧选项下级菜单

演示教学：用指定起点、圆心、端点方式绘制圆弧。

依次单击"常用"选项卡→"绘图"面板→"圆弧"下拉菜单→"三点"图标，

命令行将显示以下提示信息：

指定圆弧的起点或[圆心(C)](指定起点)：

指定圆弧的第二个点或[圆心(C)/端点(E)](指定第 2 点)：

指定圆弧的端点(指定第 3 点)：

通过三个指定点可以顺时针或逆时针画出圆弧。

其他圆弧绘制方法与此类似，不再详细介绍。

11.1.4　绘制多段线(Pline)

多段线是作为单个对象创建的相互连接的线段序列，可以创建直线段、圆弧段或两者的组合线段。

1. 绘制直线和圆弧组合多段线

思考与操作：如何绘制直线和圆弧组合多段线？

(1) 依次单击"常用"选项卡→"绘图"面板→"多段线"图标。

(2) 指定多段线线段的起点。

(3) 指定多段线线段的端点。

(4) 在命令提示下输入 a(圆弧)，切换到"圆弧"模式。

(5) 输入 L(直线)，返回到"直线"模式。

(6) 根据需要指定其他多段线线段。

(7) 按 Enter 键结束，或者输入 c 使多段线闭合。_____

_____。

2. 创建多段线

演示教学：创建如图 11.7 所示的多段线。

(1) 依次单击"常用"选项卡→"绘图"面板→"多段线"图标 。

(2) 指定直线段的起点。

(3) 输入 w(宽度)。

(4) 输入直线段的起点宽度，如输入 2 后按 Enter 键。

使用以下方法之一指定直线段的端点宽度：

· 要创建等宽的直线段，请按 Enter 键。

· 要创建锥状直线段，请输入一个不同的宽度，如输入 6 后按 Enter 键。

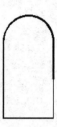

图 11.7　创建多段线

(5) 指定多段线线段的端点，开始画圆弧，输入 a 后按 Enter 键。

(6) 根据需要继续指定线段端点的宽度。

(7) 按 Enter 键结束，或者输入 c 使多段线闭合。

11.1.5　绘制多边形(Polygon)

多边形是一个有 3～1024 条边的等边闭合多段线。创建多边形是绘制等边三角形、正方形、五边形和六边形的简单方法。AutoCAD 2012 提供了绘制正多边形的命令，用户可以用不同的方法绘制正多边形。

思考与操作：如何用边长确定正六边形？

在功能区上，依次单击"常用"选项卡→"绘图"面板→点击图标 右边的黑三角→点击图标 多边形(或输入 Polygon)→将光标向下拖动到绘图区域，在动态提示下，使用键盘输入 6 以指定多边形→动态提示将更改为"指定正多边形的中心点"。

动态提示将更改为"输入选项"，您可以在两个选项中进行选择，单击"内接于圆"选项。

动态提示将更改为"指定圆的半径"，点击鼠标左键确定半径，然后按 Enter 键。

_____。

11.1.6　应用填充图案(Hatch)

可采用不同的填充来区分图样，AutoCAD 2012 提供了 Hatch 命令来实现这一功能。现在我们来学习如何将填充图案应用于闭合边界。

在功能区上，依次单击"常用"选项卡→"绘图"面板→"图案填充" (或输入 Hatch)，系统将显示"图案填充创建"选项卡内容，如图 11.8 所示。

图 11.8　"图案填充创建"功能区面板

"图案填充创建"选项卡包括边界、图案、特性、原点、选项、关闭等六个功能区。"边界"功能区用来选择拾取边界的方式,"拾取点"方式是通过单击封闭图形区域内的任意点来选择填充区域的。

演示教学:用拾取边界的方式填充闭合的六边形。

在"边界"功能区单击"拾取点"按钮→光标移至六边形区域内,单击左键→选择图案类型。如图 11.9 所示。

图 11.9　图案填充

11.1.7　文字

添加到图形中的文字可以表达各种信息,可以是复杂的技术要求、标题栏信息、标签甚至是图形的一部分。AutoCAD 2012 提供两种文本标注方式:单行文字和多行文字。

对于不需要多种字体或多行的简短项,可以创建单行文字。单行文字对于标签非常方便。

对于较长、较为复杂的内容,可以创建多行或段落文字。多行文字是由任意数目的文字行或段落组成的,布满指定的宽度。还可以沿垂直方向无限延伸。

无论行数是多少,单个编辑任务中创建的每个段落集将构成单个对象,用户可对其进行移动、旋转、删除、复制、镜像或缩放操作。

1．创建单行文字(Text)

演示教学:创建单行文字。

依次单击"常用"选项卡→"注释"面板→**A**→"单行文字"。

指定第一个字符的插入点。如果按 Enter 键,程序将紧接着最后创建的文字对象(如果存在)定位新的文字。

指定文字高度:此提示只有文字高度在当前文字样式中设定为 0 时才显示。如设置为 10,按 Enter 键。

指定文字旋转角度:可以输入角度值或使用定点设备。

输入文字:在每一行结尾按 Enter 键,按照需要输入更多的文字。

2．创建多行文字(Mtext)

思考与操作:如何创建多行文字?

(1) 依次单击"常用"选项卡→"注释"面板→**A**→"多行文字"。

(2) 指定边框的对角点以定义多行文字对象的宽度。

如果功能区处于活动状态,则将显示"多行文字"功能区上下文选项卡;如果功能区未处于活动状态,则将显示在位文字编辑器。

(3) 要对每个段落的首行缩进,拖动标尺上的第一行缩进滑块;要对每个段落的其他行缩进,拖动段落滑块。

(4) 要设定制表符,在标尺上单击所需的制表位位置。

(5) 如果要使用其他文字样式而非默认文字样式，请在功能区上依次单击"注释"选项卡、"文字"面板，从下拉列表中选择所需的文字样式。

(6) 输入文字：无论是胶片时代还是现在的数码时代，家用相机一直都是各个相机厂商不断更新发展的一类产品。

时代的更替与技术的提高让家用相机这一类相机产品有了更为专业的性能表现，长焦相机便是家用相机产品领域中极具专业性的一类产品。

(7) 要替代当前文字样式，请按以下方式选择文字：

· 要选择一个或多个字母，请在字符上单击并拖动定点设备。

· 要选择词语，请双击该词语。

· 要选择段落，请三击该段落。

(8) 在功能区上，按以下方式更改格式：

· 要更改选定文字的字体，请从列表格中选择一种字体。

· 要更改选定文字的高度，请在"文字高度"框中输入新值。

· 要使用粗体或斜体设定 TrueType 字体的文字格式，或者为任意字体创建下划线文字或上划线文字，请单击功能区上的相应按钮。SHX 字体不支持粗体或斜体。

· 要向选定的文字应用颜色，请从"颜色"列表格中选择一种颜色。单击"选择颜色"选项，可显示"选择颜色"对话框。

(9) 要保存更改并退出编辑器，请使用以下方法之一：

· 在 Mtext 功能区上下文选项卡的"关闭"面板中，单击"关闭文字编辑器"。

· 单击编辑器外部的图形。

· 按 Ctrl+Enter 组合键。

3．定义文字样式(Style)

标注文本之前，先要给文本字体定义一种样式，字体的样式包括所用的字体文件、字体大小、宽度系数等参数。

演示教学：定义文字样式。

单击"常用"选项卡中的"注释"功能区面板下的黑三角，在弹出的菜单中单击 A 按钮，系统将弹出"文字样式"对话框，如图 11.10 所示。

图 11.10　"文字样式"对话框

该对话框包括样式区域、字体区域、效果区域、预览区域等，我们可以根据需要设置文字样式。

11.2　编 辑 命 令

11.2.1　对象的选择

在查看和编辑对象特性、执行一般的和针对特定对象的编辑操作时，必须要先选择目标或对象。AutoCAD 2012 为用户选择对象进行编辑提供了多种方法。

在执行编辑操作时，系统都会提示"选择对象"，同时十字光标会变成拾取框。用户可以选择一个对象，也可以逐个选择多个对象。

1．选择单个对象

演示教学：选择单个对象。

在任何命令的"选择对象"提示下，移动矩形拾取框光标以亮显要选择的对象→单击对象，选定的对象将亮显→按 Enter 键，结束对象选择。

2．选择多个对象

思考与操作：如何选择多个对象？

1) 指定矩形选择区域

(1) 窗口选择法。单击鼠标左键，从左向右拖动光标，以选择完全位于矩形区域中的对象，目标由实线变为虚线，表明已被选中。

(2) 窗交选择法。单击鼠标左键，从左向右拖动光标，以选择矩形窗口包围的或相交的对象，目标由实线变为虚线，表明已被选中。注意两种方法的区别。_____

_____。

2) 指定不规则形状选择区域

通过指定点来定义不规则形状区域。使用窗口多边形选择来选择完全封闭在选择区域中的对象；使用交叉多边形选择可以选择完全包含于或经过选择区域的对象。

在"选择对象"提示下输入 wp(窗口多边形)→指定几个点定义一个完全包含选择对象的区域→按 Enter 键，闭合多边形选择区域并完成选择。_____

_____。

3) 查看所有选择选项

在"选择对象"提示下输入"?"可获取提示信息：

需要点或窗口(W)/上一个(L)/窗交(C)/框选(BOX)/全部(ALL)/栏选(F)/圈围(WP)/圈交(CP)/编组(G)/添加(A)/删除(R)/多个(M)/上一个(P)/放弃(U)/自动(AU)/单选(SI)/子对象(SU)/对象(O)。

选择对象(指定点或输入选项)：_____。

11.2.2　图形的复制

图形复制主要包括复制、镜像、偏移及阵列等命令。

1．复制(Copy)

使用复制命令，可以在保持原有对象不变的基础上，将选择好的对象复制到图中的其他任何位置。

演示教学：复制图形。

单击"常用"选项卡中的"修改"面板上的 复制 按钮，命令行出现提示符序列：

命令：_copy

选择对象：(可用光标选择要复制的目标，如一个圆，按 Enter 键确认选择。)

指定基点或[位移(D)/模式(O)] <位移>：(可输入基点或位移。)

指定第二个点或[阵列(A)]<使用第一个点作为位移>：(输入第二点或位移，按 Enter 键确认。)

当用户要从另一个应用程序的图形文件中使用对象时，可以先将这些对象剪切或复制到剪贴板，然后将它们从剪贴板粘贴到其他的应用程序中。

思考与操作：如何利用剪贴板复制图形？

用十字光标选择要复制的对象(如一个矩形)，按 Enter 键键确认。

依次单击"常用"标签→剪贴板面板→ 复制剪裁。

(也可以按 Ctrl+C 组合键)

命令行出现提示符序列：

命令：_copyclip 找到 1 个(可继续选择对象)

再依次单击"常用"标签→剪贴板面板→ 粘贴按钮(也可按 Ctrl+V 组合键)。

命令行出现提示符序列：

命令：_pasteclip 指定插入点(可输入插入点，或单击鼠标左键确认输入位置)。

2．镜像(Mirror)

镜像命令对创建对称的对象非常有用。用户可以快速地绘制半个对象，将其绕轴(镜像线)翻转，可以创建镜像。该命令是将选定的对象沿一条指定的直线对称复制。

演示教学：如何创建一个镜像形状(如心形)？

用圆弧工具绘制两个圆弧(心形的一半)，单击"常用"选项卡中的"修改"画板上的 镜像 或在命令行输入 Mirror，按 Enter 键键确认，命令行出现提示符序列：

命令：MIRROR

选择对象：找到 1 个

选择对象：找到 1 个，总计 2 个(选择完成后按 Enter 键确认)

指定镜像线的第一点：(指定第一点)

指定镜像线的第二点：(指定第二点)

要删除源对象吗？[是(Y)/否(N)] <N>:(完成后按 Enter 键确认，或按 Y/N 键后再按 Enter 键，如图 11.11 所示)。

图 11.11　镜像形状

3．偏移(Offset)

偏移对象可以创建其形状与原始对象平行的新对象，然后通过修剪或延伸其端点，形成满意的形状。偏移是一种有效的绘图技巧，如图 11.12 所示。

(a) 偏移   (b) 修剪并延长偏移线   (c) 结果

图 11.12   偏移对象

演示教学：以指定的距离偏移对象。

依次单击常用标签→修改面板→ 偏移→指定偏移距离(可分别输入两点的值或使用定点设备确定偏移距离)→选择要偏移的对象(如一条直线)→指定某个点以指示在原始对象的内部还是外部偏移对象→选择另一个要偏移的对象(或者按 Enter 键结束命令)。

思考与操作：如何使偏移对象通过一点？

依次单击常用标签→修改面板→ 偏移→输入 t (通过点)→选择要偏移的对象(如三角形)→指定偏移对象要通过的点→选择另一个要偏移的对象(或者按 Enter 键结束命令)，如图 11.13 所示。

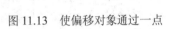

图 11.13   使偏移对象通过一点

4．阵列(Array)

阵列命令用来对选中目标进行一次或多次复制，并构成一种规则的排列模式。阵列的类型有三种：矩形、路径和极轴阵列。

1) 矩形阵列

演示教学：创建矩形阵列。

依次单击常用标签→修改面板→阵列 阵列 下拉式→选择矩形阵列→选择要排列的对象(如六边形)→按 Enter 键→指定栅格的对角点以设置行数和列数(在定义阵列时会显示预览栅格)→指定栅格的对角点以设置行间距和列间距→按 Enter 键，如图 11.14 所示。

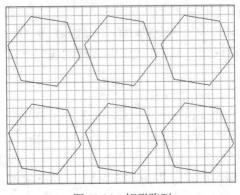

图 11.14   矩形阵列

2) 路径阵列

路径可以是直线、多段线、三维多段线、样条曲线、螺旋、圆弧、圆或椭圆。

思考与操作：如何创建路径阵列？

依次单击常用标签→修改面板→阵列 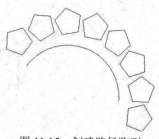 阵列 下拉式→
选择路径阵列→选择要排列的对象→按 Enter 键→选择路径
曲线→输入沿路径的项数或[方向(O)/表达式(E)]<方向>: (如
输入 8)→指定沿路径的项目之间的距离或[定数等分(D)/总
距离(T)/表达式(E)]<沿路径平均定数等分(D)>: (可用鼠标确
定项目之间的距离)→按 Enter 键接受或[关联(AS)/基点(B)/
项目(I)/行(R)/层(L)/对齐项目(A)/Z 方向(Z)/退出(X)]，如图
11.15 所示。

图 11.15　创建路径阵列

3) 环形阵列

在环形阵列中，项目将围绕指定的中心点或旋转轴以循环运动均匀分布。

演示教学：创建环形阵列。

依次单击常用标签→修改面板→阵列 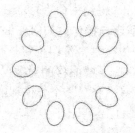 阵列 下拉式→
选择环形阵列→选择要排列的对象(如椭圆)→按 Enter 键→
指定阵列的中心点或 [基点(B)/旋转轴(A)]: (可用鼠标确定
一个中心点)→输入项目数或[项目间角度(A)/表达式(E)]
<4>: (可输入 10)→指定填充角度(+=逆时针、-=顺时针)或[表
达式(EX)] <360>:(可用鼠标确定并预览)→按 Enter 键接受或
[关联(AS)/基点(B)/项目(I)/项目间角度(A)/填充角度(F)/行
(ROW)/层(L)/旋转项目(ROT)/退出(X)]，如图 11.16 所示。

图 11.16　创建环形阵列

11.2.3　图形的位移

图形的位移主要包括移动、旋转、拉伸和改变实体长度等命令。

1. 移动(Move)

移动命令可以从原对象以指定的角度和方向移动对象。使用坐标、栅格捕捉、对象捕
捉和其他工具可以精确移动对象。

演示教学：使用两点移动对象。

依次单击常用标签→修改面板→ 移动 移动→选择要移动的对象→按 Enter 键确认→
指定移动基点(可使用鼠标)→指定第二个点。选定的对象将移动到由第一点和第二点间的
方向和距离确定的新位置。

思考与操作：如何使用位移移动对象？

依次单击常用标签→修改面板→ 移动 移动→选择要移动的对象→按 Enter 键确认→
在命令提示下输入 d→按 Enter 键→以笛卡尔坐标值、极坐标值、柱坐标值或球坐标值的形
式输入位移(无需包含@符号，因为相对坐标是假设的)→按 Enter 键。

坐标值将用作相对位移，而不是基点位置。选定的对象将移到由输入的相对坐标值确
定的新位置。

思考与操作： 如何通过拉伸实现移动？

依次单击"常用"选项卡→"修改"面板→"拉伸" 拉伸→通过使用窗交选择来选择对象(窗交选择必须至少包含一个顶点或端点，通过单击，从右到左移动定点设备，再次单击来指定窗交选择)。

执行以下操作之一：

(1) 指定移动基点，然后指定第二点。

(2) 以笛卡尔坐标值、极坐标值、柱坐标值或球坐标值的形式输入位移，无须包含@符号，因为相对坐标是假设的。在输入位移的第二个点提示下，按 Enter 键。＿＿＿＿＿＿＿。

2．旋转(Rotate)

旋转命令可以实现绕指定基点旋转图形中的对象。需要确定旋转的角度，可输入角度值，使用光标进行拖动，或者指定参照角度，以便与绝对角度对齐。如图 11.17 所示。

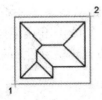 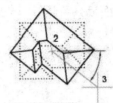

(a) 选定的对象　　(b) 基点和旋转角度　　(c) 结果

图 11.17　图形的旋转

演示教学： 旋转对象的步骤。

依次单击"常用"选项卡→"修改"面板→"旋转" 旋转→选择要旋转的对象→指定旋转基点(可以选择绕对象的某个点旋转)。

执行以下操作之一：

(1) 输入旋转角度。

(2) 绕基点拖动对象并指定旋转对象的终止位置点。

(3) 输入 c，创建选定对象的副本。

(4) 输入 r，将选定的对象从指定参照角度旋转到绝对角度。

3．拉伸(Stretch)

使用拉伸命令，可以对对象被选择的部分进行拉伸，而不改变没有选定的部分。使用该命令时，选择窗口内的部分会随窗口的移动而移动，但不会有形状的改变，只有与选择窗口相交的部分会自动伸缩，图形选择窗口外的部分不会有任何改变，如图 11.18 所示。

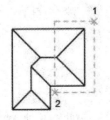 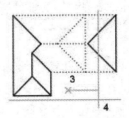 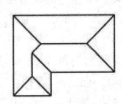

(a) 使用交叉选择选定的对象　　(b) 指定用于拉伸的点　　(c) 结果

图 11.18　拉伸对象

🐟**思考与操作**：如何实现图形的拉伸？

依次单击"常用"选项卡→"修改"面板→"拉伸" 🔲 拉伸 (或在命令提示下，输入 stretch)，使用窗选方式(拖拽)来选择对象(窗选必须至少包含一个顶点或端点)。

执行以下操作之一：

(1) 以相对笛卡尔坐标、极坐标、柱坐标或球坐标的形式输入位移，无须包含@符号，因为相对坐标是假设的。在输入第二个位移点提示下，按 Enter 键。

(2) 指定拉伸基点，然后指定第二点，以确定距离和方向。＿＿＿＿＿＿＿＿＿＿＿＿＿＿＿＿＿＿＿＿＿＿＿＿＿＿＿＿＿＿＿＿＿＿＿。

4．改变实体长度(Lengthen)

用这个命令可以延长或缩短非闭合曲线的长度，也可以改变圆弧的包含角。

🖥**演示教学**：改变实体长度的步骤。

依次单击"常用"标签→修改面板→拉长 ✏ (或输入 dy(动态拖动模式))→选择要拉长的对象→按 Enter 键确认→拖动鼠标框选需拉长部分，形状周围出现手柄→选择一个手柄→不改变其位置或方向，对选择对象进行拉长、添加顶点或转换为圆弧(如矩形转换为拱形门)→按 Enter 键确认。

11.2.4　图形的修改

图形的修改主要包括删除、延伸、剪切、打断、圆角、倒角和比例等命令。

1．删除(Erase)

删除命令可以通过多种方法从图形中删除对象并清除显示。

🐟**思考与操作**：如何删除对象？

(1) 依次单击"常用"标签→修改面板→删除 ✏ 。

(2) 在"选择对象"下，使用一种选择方法选择要删除的对象或输入选项：

· 输入 L(上一个)，删除绘制的上一个对象。

· 输入 p (上一个)，删除上一个选择集。

· 输入 all，从图形中删除所有对象。

· 输入?，查看所有选择方法列表。

(3) 被选中的对象显示为虚线，按 Enter 键结束命令。＿＿＿＿＿＿＿＿＿＿＿＿＿＿＿＿＿＿＿＿＿＿＿＿＿＿＿＿＿＿＿＿＿＿＿。

2．剪切(CutClip)

剪切命令可以将选定对象落在指定边界一侧的部分剪裁掉。剪切将从图形中删除选定的对象并将它们存储到剪贴板上，这些对象也可以粘贴到其他程序中。

🖥**演示教学**：剪切命令的使用。

选择要剪切的对象(对象变为有手柄的虚线)，依次单击"常用"标签→剪贴板面板→修剪 ✂ 修剪 →点击需要修剪的对象进行剪切。

也可以按 Ctrl+X 组合键进行相应的剪切，将这些对象粘贴到(Ctrl+V)其他 Windows 应用程序中。

🐟**思考与操作**：如何剪切对象落在指定边界一侧的多余部分？

将"井"字形对象修剪成矩形。

点击修剪工具 ✚ **修剪** (Trim)→在命令提示下选择剪切的边界→按 Enter 键确认→再选择对象中需要剪切的多余部分→按 Enter 键确认。依此类推，即可修剪出所需的形状，如图 11.19 及图 11.20 所示。

図 11.19　"井"字形对象　　　　　　　図 11.20　修剪后的对象

3．延伸(Extend)

延伸与修剪的操作方法相同。延伸命令可以通过缩短或拉升，使对象与其他对象的边相接。我们可以先创建对象，然后调整该对象，使其恰好符合要求，如图 11.21 所示。延伸样条曲线会保留原始部分的形状，但延伸部分是线性的并相切于原始样条曲线的结束位置。

(a) 选定的边界　　　　(b) 选定要延伸的对象　　　　(c) 结果

图 11.21　延伸对象

🖥 **演示教学**：通过延伸对象完成图形绘制。

依次单击"常用"标签→修改面板→"修剪和延伸"下拉式菜单→延伸 ✚ **延伸** ▾ →选择作为边界边的对象(如一条直线)→按 Enter 键确认→选择要延伸的对象(如一段圆弧，可以是多个对象)→按 Enter 键确认。

4．打断(Break)

打断命令用来将一个对象打断为两个对象，对象之间可以具有间隙，也可以没有间隙，如图 11.22 所示。

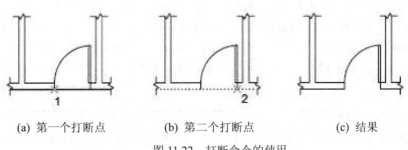

(a) 第一个打断点　　　　(b) 第二个打断点　　　　(c) 结果

图 11.22　打断命令的使用

思考与操作：如何使用打断命令完成正五边形的打断？

如图 11.23 所示，依次单击"常用"选项卡→"修改"面板→ "打断" 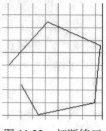(或在命令提示下，输入 break)→选择要打断的对象(默认情况下，在其上选择对象的点为第一个打断点。要选择其他断点时，请输入 f(第一个)，然后指定第一个断点→指定第二个打断点→按 Enter 键确认(要打断对象而不创建间隙，请输入@0, 0 以指定上一点)。_____。

图 11.23　打断练习

5. 圆角(Fillet)

圆角命令是利用指定半径的圆弧将两个对象光滑地连接起来的操作，如图 11.24 所示。

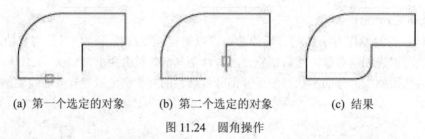

(a) 第一个选定的对象　　(b) 第二个选定的对象　　(c) 结果

图 11.24　圆角操作

演示教学：绘制两条直线的圆角。

依次单击"常用"选项卡→"修改"面板→"圆角" (或在命令提示下，输入 fillet)→选择第一条直线→选择第二条直线。

6. 倒角(Chamfer)

倒角命令可以通过延伸或裁剪对象使两个不平行的对象恰好相交(倒角距离为 0 时)，或将它们用一条斜线相连，如图 11.25 所示。

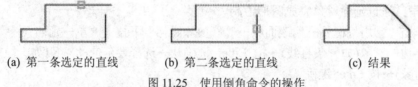

(a) 第一条选定的直线　　(b) 第二条选定的直线　　(c) 结果

图 11.25　使用倒角命令的操作

倒角距离是每个对象与倒角线相接或与其他对象相交而进行修剪或延伸的长度。如果两个倒角距离都为 0，则倒角操作将修剪或延伸这两个对象直至它们相交，但不创建倒角线。选择对象时，可以按住 Shift 键，以使用值 0 (零)替代当前倒角距离。

思考与操作：如何通过指定距离进行倒角？

依次单击"常用"标签→修改面板→倒角和圆角下拉式按钮→倒角 倒角→输入字母 d→按 Enter 键确认→输入第一个倒角的距离(如 500.00)→按 Enter 键确认→输入第二个倒角的距离(如 600.00)→按 Enter 键确认→选择第一条直线→选择第二条直线→按 Enter 键确认。

7. 比例缩放(Scale)

比例缩放命令可以将选择对象按给定的基点和比例因子进行放大(比例因子大于 1)或缩小(比例因子小于1)。

演示教学：按比例因子缩放对象。

　　依次单击"常用"标签→修改面板→缩放 ![图标] 缩放 →选择要缩放的对象(如六边形)→按
Enter 键确认→指定基点(可以是对象上的一点)→输入比例因子(或拖动并单击指定新比例)
→按 Enter 键确认(或点击鼠标左键)。

11.3　辅 助 工 具

11.3.1　正交、栅格与捕捉

　　使用 AutoCAD 2013 创建或移动对象时，"正交"模式可将光标限制在水平或垂直轴上
(类似于绘图人员使用的丁字尺)。移动光标时，不管水平轴或垂直轴，哪个离光标最近，
拖引线将沿着该轴移动。

　　在三维视图中，"正交"模式额外限制光标只能上下移动，在这种情况下，工具提示会
为该角度显示+Z 或–Z。

　　在绘图和编辑过程中，可以随时打开或关闭"正交"。输入坐标或指定对象捕捉时将忽
略"正交"。要临时打开或关闭"正交"，请按住临时替代键 Shift。使用临时替代键时，无
法使用直接距离输入方法。

　　思考与操作：如何打开或关闭"正交"模式？

　　在状态栏上，单击"正交"按钮![图标]，可以打开或关闭"正交"模式。要临时打开或
关闭"正交"，请在操作时按住 Shift 键。使用临时替代键时，无法使用直接距离输入方法
(注意打开"正交"将自动关闭极轴追踪)。_____。

　　栅格是点或线的矩阵，遍布指定为栅格界限的整个区域。使用栅格类似于在图形下放
置一张坐标纸，利用栅格可以对齐对象并直观显示对象之间的距离。打印时栅格不显示。

　　演示教学：栅格和设定栅格间距的操作。

　　依次单击"工具(T)"菜单→绘图设置(F)→在"草图设置"对话框的"捕捉和栅格"选
项卡上，选择"启用栅格"以显示栅格(或在状态栏中单击栅格显示按钮![图标])→在"捕捉类
型"下，确认已选择的"栅格捕捉"和"矩形捕捉"→在"栅格 X 轴间距"中，以单位形
式输入水平栅格间距→为垂直栅格间距设置相同的值→按 Ente 键。否则，在"栅格 Y 轴
间距"中输入新值→单击"确定"。

　　捕捉模式用于限制十字光标，使其按照用户定义的间距移动。当捕捉模式打开时，光
标似乎附着或捕捉到不可见的栅格。捕捉模式有助于使用箭头键或定点设备来精确地
定位。

　　栅格模式和捕捉模式各自独立，但经常同时打开。

　　思考与操作：如何打开捕捉模式并设定捕捉间距？

　　依次单击"工具(T)"菜单→绘图设置(F)→在"草图设置"对话框的"捕捉和栅格"选
项卡上，选择"启用捕捉"(或单击状态栏的捕捉模式按钮![图标])→在"捕捉类型"下，确认
已选择的"栅格捕捉"和"矩形捕捉"→在"捕捉 X 轴间距"框中，以单位形式输入水平
捕捉间距值→指定相同的垂直捕捉间距→按 Enter 键。否则，在"捕捉 Y 轴间距"框中输

入新距离→单击"确定"。_____。

11.3.2　对象捕捉

在绘图过程中，可以用光标捕捉对象上的几何点，如端点、中点、交点、圆心等。系统提供了两种对象捕捉方式，即自动对象捕捉方式和临时对象捕捉方式。

1．自动对象捕捉方式

🖥 **演示教学**：打开自动对象捕捉方式的操作。

单击状态栏的"对象捕捉"按钮 ▢，可以打开或关闭自动对象捕捉功能。该功能一旦打开，在每次执行时，对象捕捉方式都会自动打开，系统能自动捕捉到对象。(也可在草图设置对话框中的"对象捕捉"选项卡下进行设置。)

2．临时对象捕捉方式

🖱 **思考与操作**：如何打开临时对象捕捉方式？

右击状态栏的"对象捕捉"按钮，显示临时对象捕捉工具栏，如图 11.26 所示。它是一次性的对象捕捉，点取一个按钮后，相应的对象捕捉功能只对后续一次选择有效。

图 11.26　临时对象捕捉工具栏

11.3.3　自动追踪方式

自动追踪有助于按指定角度或与其他对象的指定关系绘制对象。当"自动追踪"打开时，临时对齐路径有助于以精确的位置和角度创建对象。它包括两种追踪方式：对象捕捉追踪和极轴追踪。可通过单击状态栏上的"极轴追踪"按钮或"对象捕捉追踪"按钮打开或关闭这两种方式。

1．对象捕捉追踪

对象捕捉追踪要与对象捕捉一起使用。必须设置对象捕捉，才能从对象的捕捉点进行追踪。默认情况下，对象捕捉追踪将设置为正交，对齐路径将显示在对象点的 $0°$、$90°$、$180°$ 和 $270°$ 方向上。

🖥 **演示教学**：改变对象追踪的操作。

单击"工具"菜单→绘图设置(打开草图设置对话框)→在"极轴追踪"选项卡下选择"仅正交追踪"(只显示获取对象点的水平或垂直追踪路径)或"用所有极轴角设置追踪"(将极轴角应用到捕捉追踪，如果设置极轴角增量为 $30°$，则对象追踪将以 $30°$ 为增量显示对齐路径)→确定→启动一个绘图命令(如 LINE)→将光标移动到一个对象捕捉点处，不要单击，暂时停顿即可获取该点(已获取的点将显示一个"+"，可同时获取多个点。获取点后，当移动光标时，将显示通过该点的对齐路径)。

2．极轴追踪和 PolarSnap

使用极轴追踪，光标将按指定角度进行移动。

使用 PolarSnap(极轴距离)，光标将沿极轴角度按指定增量进行移动。

创建或修改对象时，可以使用"极轴追踪"以显示由指定的极轴角度所定义的临时对齐路径。使用极轴追踪默认沿着 90°、60°、45°、30°、22.5°、18°、15°、10° 和 5° 的极轴角增量进行追踪，也可以指定其他角度。

　　正交模式将光标限制在水平或垂直轴上，因此不能同时打开正交模式和极轴追踪。正交模式打开时，极轴追踪会自动关闭。

　　演示教学：使用极轴追踪绘制对象的操作。

　　单击"工具"菜单→绘图设置(打开草图设置对话框)→在"极轴追踪"选项卡下选择"启用极轴追踪"→设置角增量→选择极轴角测量(绝对或相对上一段)→确认→启动绘图命令，如 ARC、CIRCLE 或 LINE(也可以将极轴追踪与编辑命令结合使用，如 COPY 和 MOVE)→将光标移到指定点，注意显示在指定的追踪角度处的极轴追踪虚线。显示极轴追踪线时指定的点将采用极轴追踪角度。

　　思考与操作：如何使用极轴距离(PolarSnap)绘制对象？

　　打开"捕捉"和"极轴追踪"→确保在"草图设置"对话框的"捕捉和栅格"选项卡上选择 PolarSnap→确认→启动一个绘图命令(例如 LINE)→移动光标时,会发现极轴追踪虚线显示表明距离和角度的工具提示→指定点(新直线的长度与极轴追踪距离一致)＿＿＿＿＿
＿＿。

11.4　标注样式与标注

　　标注是向图形中添加测量注释的过程，是工程制图的重要组成部分。用户可以为各种对象沿各个方向创建标注。

　　基本的标注类型包括：线性、径向(半径、直径和折弯)、角度、坐标、弧长等。线性标注可以是水平、垂直、对齐、旋转、基线或连续(链式)。图 11.27 列出了几种标注示例。

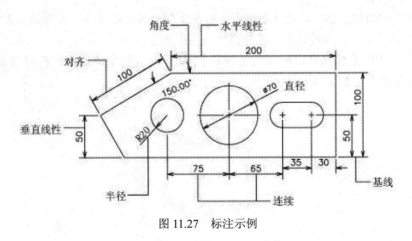

图 11.27　标注示例

11.4.1　标注样式

　　标注样式是标注设置的命名集合，可用来控制标注的外观，如箭头样式、文字位置和尺寸公差等。用户可以创建标注样式，以快速指定标注的格式，并确保标注符合行业或工程标准。在 AutoCAD 2012 中，可以用对话框来设置标注样式。

🖥️**演示教学**：设定标注样式的操作。

依次单击"常用"标签→注释功能区下的黑三角→单击标注样式按钮▧→在系统弹出的"标注样式管理器"中，选择要从中创建子样式的样式(如选择"ISO-25"样式)→单击"新建"→在"创建新标注样式"对话框中，从"用于"列表中选择要应用于子样式的标注(如选择所有类型)→单击"继续"→在"新建标注样式"对话框中，选择相应的选项卡并进行更改可以定义标注子样式(包括线、符号和箭头、文字、调整、主单位、换算单位、公差等)→单击"确定"→单击"关闭"，退出"标注样式管理器"。

11.4.2　标注

AutoCAD 2012 系统为用户提供了各种尺寸标注的方法，"标注"功能区如图 11.28 所示。

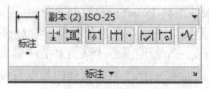

图 11.28　"标注"面板

🐭**思考与操作**：如何创建线性、对齐、坐标、半径、直径、角度等标注？

单击"标注"面板上的相应按钮→选择标注对象或输入标注对象的起、末两点→指定尺寸线的位置，完成标注，如图 11.27 所示。_____

_____。

11.5　图　　层

图层就好比透明的图纸，透过上层可以看到下层。图层是图形中使用的主要组织工具，可以使用图层将信息按功能编组，以及执行线型、颜色及其他标准，如图 11.29 所示。在 AutoCAD 2012 中，系统允许用户创建无限多个图层，并为每个图层指定相应的名称、颜色、线型、线宽等特性参数。

墙
电气
家具
所有图层

图 11.29　图层示意图

11.5.1　图层的创建

在绘图过程中，用户可随时利用"图层特性管理器"对话框，方便地创建新图层，并设置图层的各项特性。

演示教学：创建新图层。

依次单击"常用"选项卡→"图层"面板→"图层特性"按钮，打开"图层特性管理器"(如图 11.30 所示)，在"图层特性管理器"中，单击"新建图层"按钮，图层名(例如 LAYER1)将自动添加到图层列表，在亮显的图层名上输入新图层名。要更改特性，请单击"颜色""线型""线宽"或"打印样式"图标，将显示相应的对话框(可选)，单击"说明"列并输入文字，单击"确定"，新的图层就建好了。

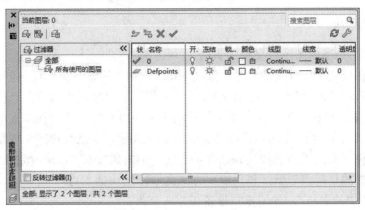

图 11.30　图层特性管理器

11.5.2　图层控制

1．设置当前图层

系统允许用户建立多个图层，但只能在当前图层上绘图。

演示教学：设置当前图层的四种方法。

(1) 在"图层特性管理器"对话框中选择某个图层，单击 ✓ 按钮。

(2) 双击要设置的当前层的"图层名称"。

(3) 在需要设置为当前层的图层信息上单击右键，在弹出的快捷菜单中选择"置为当前"选项。

(4) 单击"图层"工具栏中显示当前图层的区域，在列表中选择需要设置为当前层的"图层名称"。(注：被冻结的图层不能设置为当前层。)

2．删除图层

思考与操作：如何删除图层？

单击"图层特性管理器"对话框中的某个图层或多个图层，然后单击删除图层按钮 ✗，图层被删除。(注：当前图层或包含有对象的图层是不删除的。)

3．控制图层的可见性、冻结与解冻图层、图层的锁定与解锁

思考与操作：如何控制图层的可见性？如何冻结与解冻图层？如何使图层锁定与解锁？

在"图层特性管理器"中分别单击某图层的"打开／关闭" ♀、"冻结/解冻" ☼、"锁定/解锁" ⌂，观察图层的变化。＿＿＿＿＿＿＿＿＿＿＿＿＿＿＿＿＿＿＿＿＿＿＿＿＿＿＿＿＿＿＿＿＿＿＿。

11.6　图　　块

图块是由一组对象构成的集合，它可以是绘制在几个图层上的不同特性对象的组合。在操作过程中，图块被作为一个独立的整体对象来处理。用户可以根据需要按一定比例和角度将图块插入到指定位置，也可以将其作为普通实体对象进行编辑。

11.6.1　创建块

演示教学：为当前图形定义块的步骤。

绘制要在块定义中使用的对象，依次单击"常用"标签→块面板→创建块按钮 创建，在"块定义"对话框(如图 11.31 所示)中的"名称"框中输入块名，在"对象"下选择"转换为块"(如果需要在图形中保留用于创建块定义的原对象，请确保未选中"删除"选项。如果选择了该选项，将从图形中删除原对象。如果需要，可使用 OOPS 恢复它们)。单击"选择对象"(请使用定点设备选择要包括在块定义中的对象)，按 Enter 键完成对象选择。在"块定义"对话框的"基点"下，使用以下方法之一指定块插入点：

(1) 单击"拾取点"，使用定点设备指定一个点。

(2) 输入该点的 X，Y，Z 坐标值。

"说明"框中输入块定义的说明(此说明显示在设计中心(ADCENTER)中)，单击"确定"。

图 11.31　"块定义"对话框

思考与操作：如何由选定的对象创建新图形文件？

打开现有图形或创建新图形，在命令提示下，输入 wblock，在"写块"对话框(如图 11.32 所示)中选择"对象"(要在图形中保留用于创建新图形的原对象，请确保未选中"从图形中删除"选项。如果选择了该选项，将从图形中删除原对象。如果需要，可使用 OOPS 恢复它们)，单击"选择对象"，使用定点设备选择要包括在新图形中的对象，按 Enter 键完成对象选择。在"写块"对话框中的"基点"下，使用以下方法之一指定该点为新图形的原点(0, 0, 0)：

· 单击"拾取点"，使用定点设备指定一个点。

· 输入该点的 X，Y，Z 坐标值。

在"目标"下，输入新图形的文件名称和路径(或单击"…"按钮显示标准的文件选择对话框)，单击"确定"。

图 11.32　"写块"对话框

11.6.2　块的插入

创建块之后，可以用块插入命令将其插入到当前图形文件中。

思考与操作：如何将块插入到当前图形文件中？

依次单击"常用"标签→块面板→插入块按钮，在"插入"对话框(如图 11.33 所示)的"名称"框中，从块定义列表中选择名称。如果需要使用定点设备指定插入点、比例和旋转角度，请选择"在屏幕上指定"，否则，请在"插入点""比例"和"旋转"框中分别输入值；如果要将块中的对象作为单独的对象而不是单个块插入，请选择"分解"，单击"确定"。

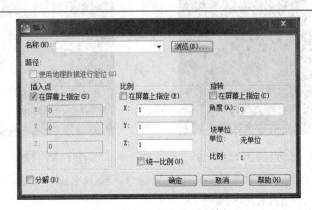

图 11.33　"插入"对话框

回顾　本章学习了哪些主要内容，请你总结一下：

11.7　简单三维图形绘制

11.7.1　简单三维实体建模

1. 简单实体造型

使用 AutoCAD 的基本实体命令，可以绘制简单实体造型，如长方体、圆柱体、球体、圆锥体、圆环体、锥体等。

演示教学：绘制长方体。

在俯视图界面的"绘图"菜单中选择"建模"→"长方体"→根据命令提示：指定第一个角点(400，400)→按 Enter 键确定；根据命令提示：指定第二个角点(700，500)→按 Enter 键确定；继续根据命令提示：指定高度(600)→按 Enter 键确定。

在"视图"菜单中选择"三维视图"→"西南等轴测"，即可看到绘制的三维长方体实体造型，如图 11.34 所示。

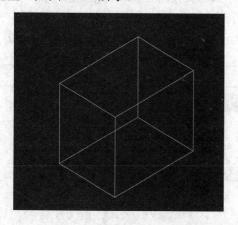

图 11.34　长方体实体造型

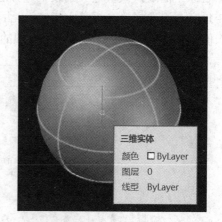

图 11.35　球体实体模型

思考与操作：请使用"球体""圆柱体"等命令，绘制出球体或圆柱体等实体造型，如图 11.35 所示。自己总结操作步骤如下：

2．三维视图

1）轴测图

轴测图是一种单面投影图，在一个投影面上能同时反映出物体三个坐标面的形状，并接近于人们的视觉习惯，形象、逼真，富有立体感。但轴测图一般不能反映出物体各表面的实形，它依然是平面图形。轴测图根据投射线方向和轴测投影面的位置不同可分为两大类：正轴测图，投射线方向垂直于轴测投影面；斜轴测图，投射线方向倾斜于轴测投影面。常用的轴测图有：

正等轴测图：轴间角均为 120°；轴向伸缩系数 $p = q = r = 0.82$，一般取 1。

斜二轴测图：轴间角为 90°、135°、135°；轴向伸缩系数 $p = r = 1$，$q = 0.5$。

2）三维模型

通过三维制作软件，如 AutoCAD 等，可在虚拟三维空间构建出具有三维数据的模型。用户可以用 AutoCAD 创建以下三种类型的三维模型。

(1) 线框模型：用线表达三维立体，不包含面及体的信息，它是一种轮廓模型，如图 11.36 所示。该模型不允许消隐或着色。因为线框模型不包含体的数据，用户便不能得到对象的质量、质心、体积、惯性矩等物理特性，所以不能进行布尔运算。

(2) 表面模型：用物体的表面表示物体，如图 11.37 所示。表面模型包含面及三维立体边界信息。由于表面不透明，因而表面模型可以被渲染及消隐。对于计算机辅助加工，用户还可以根据零件的表面模型形成完整的加工信息，但是不能进行布尔运算。

(3) 实体模型：包含线、表面、体的全部信息，如图 11.38 所示。对于这类模型，可以区分对象的内部及外部，对其进行打孔、切槽和添加材料等布尔运算，也可以对实体装配进行干涉检查，分析模型的质量特性，如质心、体积和惯性矩。对于计算机辅助加工，用户可以利用实体模型的数据生成数控加工代码，进行数控刀具轨迹仿真加工等。

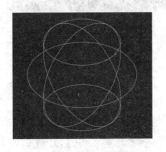  

　图 11.36　球体的线框模型　　　图 11.37　圆柱体的表面模型　　　图 11.38　圆锥体的实体模型

演示教学：请演示绘制球体的线框模型。

在"视图"菜单中选择"建模"→球体，指定中心点→指定半径为 1000，按 Enter 键确认，即可绘制出半径为 1000 的球体线框图。

思考与操作：请绘制出半径为 1000、高度为 1500 的圆锥体，着色，并总结绘图步骤。

11.7.2 较复杂三维实体建模

1. 平面图形使用旋转命令生成三维图形

建模：在计算机上建立完整产品数字几何模型的过程。

演示教学：利用上机实验十三绘制的实验图 37，对 T 字形工件生成三维立体工件图。

进入 AutoCAD 绘图界面，打开 T 字形平面图形，点击"工作空间设置"右侧的黑色三角，在自定义快速访问工具栏中点击显示菜单栏。点击"绘图"菜单，依次选择"建模""旋转"，根据命令行的提示，选择要旋转的对象：依次点击 T 字形平面工件轮廓线条的 1/2→按 Enter 键确认。根据命令行的提示，指定旋转轴的起点和终点。继续指定旋转的角度，系统默认旋转角度为 360°，按 Enter 键确认。系统迅速完成建模，三维工件已经生成。点击"视图"菜单→"三维视图"→"西南等轴测"，可以看到工件的三维表面模型图，如图 11.39 所示。

点击"视图"菜单→"视觉样式"→"灰度"，三维工件呈灰度显示，如图 11.40 所示。

点击"视图"菜单→"动态观察"→"连续动态观察"，在绘图区轻拖鼠标，工件可进行旋转，以方便用户从各个角度观察工件。

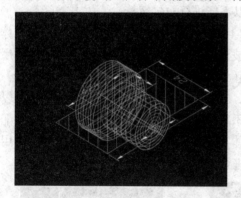　　　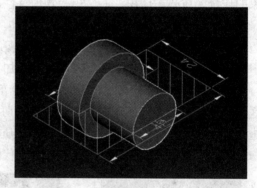

图 11.39　T 形工件三维表面模型图　　　　　　　图 11.40　T 形工件三维灰度显示

2. 平面图形使用拉伸命令生成三维图形

视口：将显示屏幕绘图区分成若干个平铺的窗口。

面域：使用闭合环的对象创建的二维闭合区域。

演示教学：点击"视图"菜单→"视口"→"四个视口"，屏幕绘图区被分成四个视口。单击每一个视口，分别对四个视口的"视图"和"视觉样式"进行设置。左上方视口，修改"视图"为西南等轴测，"视觉样式"为概念；左下方视口，修改"视图"为东南等轴测，"视觉样式"为灰度；右上方视口，修改"视图"为前视，"视觉样式"为二维线框；右下方视口，修改"视图"为俯视，"视觉样式"为二维线框，如图 11.41 所示。

选择"绘图"工具中的"圆心直径"工具，在"俯视"视口中确定圆心，输入直径 24，按 Enter 键确认。

点击"绘图"菜单→"面域"，在"俯视"视口中选择圆，按 Enter 键确认。在西南等轴测和东南等轴测，可以观察到面的形成。点击"绘图"菜单→"建模"→"拉伸"，选择要拉伸的对象大圆，按 Enter 键确认。指定拉伸的高度为 8，按 Enter 键确认。大圆的模型建立完成。

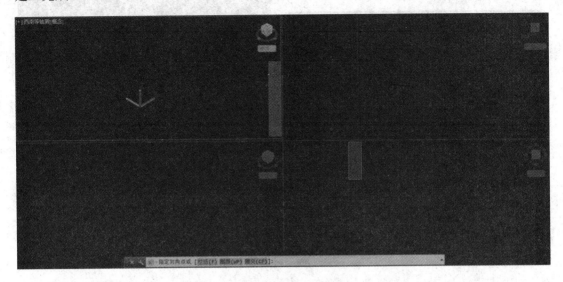

图 11.41　多视口绘图区域

　　点击"绘图"工具中的"圆心直径"工具，在状态栏的对象捕捉中选择圆心捕捉；在大圆表面寻找到小圆的圆心，输入直径 16，"回车"确认。同样对小圆进行面域，建模→拉伸高度为 16，按 Enter 键确认。一个三维工件模型创建完毕，如图 11.42 所示。

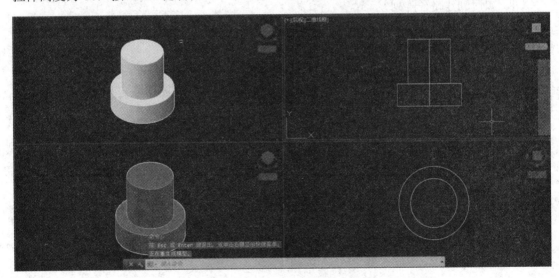

图 11.42　拉伸 T 形工件四视口图

　　思考与操作：根据给出工件的绘图尺寸，绘制三维立体工件模型，如图 11.43、图 11.44 所示。

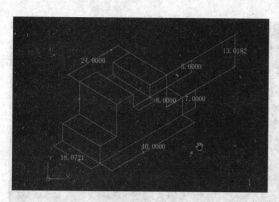

图 11.43　三维工件的尺寸标识图

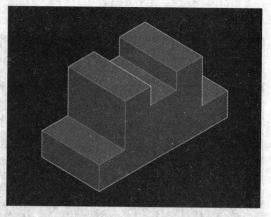

图 11.44　面域、拉伸的三维工件图

复习测评

1. 如何绘制一系列相连直线？
2. 如何绘制圆弧？
3. 如何定义文字样式？
4. 如何创建路径阵列？
5. 剪切和打断命令有何不同？
6. 如何打开临时对象捕捉方式？
7. 如何创建线性、对齐、坐标、半径、直径、角度等标注？
8. 如何控制图层的可见性？如何冻结与解冻图层？如何使图层锁定与解锁？
9. 如何将块插入到当前图形文件中？

第 12 章　**Adobe XD 基本操作**

内容摘要:

　　本章将详细介绍 Aodbe XD 的基本概念以及文件新建、原型图初步设计等基本操作。

学习目标:

　　了解 Aodbe XD 的基本概念;初步掌握使用 Aodbe XD 设计具有交互功能的手机 APP 原型图的方法。

12.1　Adobe XD 概述

　　Aodbe XD(Adobe Experience Design)是一款优秀的图形化界面 UX(用户体验)设计工具,是集原型、设计和交互于一体的设计软件,主要用于视觉、交互、线框图、原型设计以及预览和共享。同时它也是唯一一款结合设计与建立原型功能,并提供工业级性能的跨平台设计产品,可以更高效、准确地完成静态编译或者框架到交互原型的转变,也可以为不同平台(包括网站、手机、平板电脑等)提供原型工具。

　　本章以手机 APP 界面设计为例,介绍 Adobe XD 各项功能的使用。

12.2　Adobe XD 系统要求

　　安装环境:Windows 11/10/8/7(64 位)操作系统。

　　硬件要求:2 GHz(或更高)CPU,4 GB(或更高)内存。

　　软件大小:293.13 MB。

12.3　Adobe XD 的使用

12.3.1　创建原型项目

　　打开 Adobe XD 时,会显示欢迎界面和可以选择的项目类型,如图 12.1 所示。

图 12.1　Adobe XD 欢迎界面

欢迎界面中展示了 Adobe XD 的教程和几种画板类型，根据项目类型选择相应的画板，如 iPhone x/xs-1、iPad-1、Web 1920-1、自定义画板等。如果选择自定义画板，进入初始界面后点击画板按钮，就可以在右侧滚动窗口中选择相应的画布类型；也可以在右侧窗口自定义画布，如图 12.2 所示。在 Adobe XD 中通常使用一倍图进行设计，这样做的好处就是对应开发逻辑分辨率，开发的同时可以直接使用，不需要再进行 px 和 pt/dp 的单位换算。

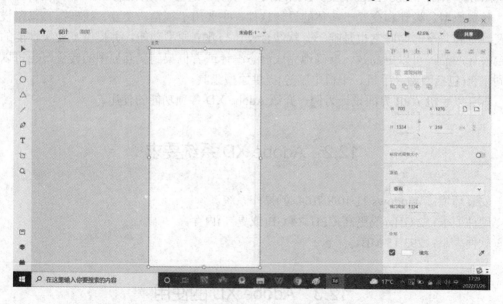

图 12.2　Adobe XD 自定义画板选择

创建完画板，双击画板名称，然后改成"主页"。

12.3.2　软件初始界面

Adobe XD 的初始界面如图 12.3 所示。

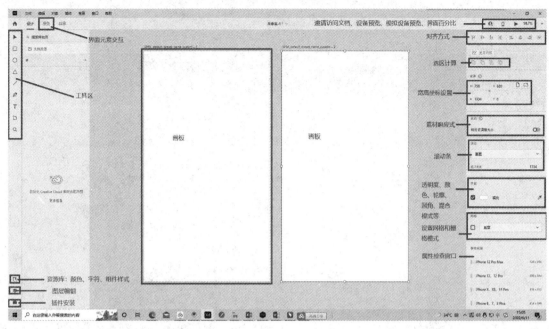

图 12.3　Adobe XD 初始界面

1. 基本工具使用

(1) 选择工具：用于选择移动页面元素。可通过按快捷键 v 或双击形状来添加/移动/删除锚点，以及调整贝塞尔曲线。

(2) 矩形工具：用于创建页面矩形元素。可通过按快捷键 r 或在属性检查窗口来设置大小/旋转/颜色/透明度/圆角/边界/阴影/模糊等属性。

(3) 椭圆工具：用于创建页面圆形元素。可通过按快捷键 e 或在属性检查窗口进行设置。按 Shift 键，可画出正圆；按 Shift+Alt 组合键，可从中心画出正圆。

(4) 直线段工具：用于创建线段元素。可通过按快捷键 1 来进行设置。目前该工具新增了描边属性和虚线功能。

(5) 钢笔工具：可按快捷键 p 来进行设置。

(6) 文字工具：可按快捷键 t 来进行设置。

(7) 画板工具：可按快捷键 a 来进行设置。该工具有各种设备的预设画板，可以在画板属性中设置栅格系统和网格系统，进行辅助设计。

2. 工作区

在工作区空白处点击鼠标右键，会弹出对画板的多个操作选项，包括剪切、复制、粘贴、参考线、布局方式等，如图 12.4 所示。

演示教学：使用工具区的矩形工具，在画板中绘制出圆角的矩形。

点击工具区的矩形工具，在画板上拖拽出矩形，矩形的四个角将出现四个圆点。再点击工具区的选择工具，拖拽四个圆点之一，便可以改变矩形四个角的弧度。如图 12.5 所示。

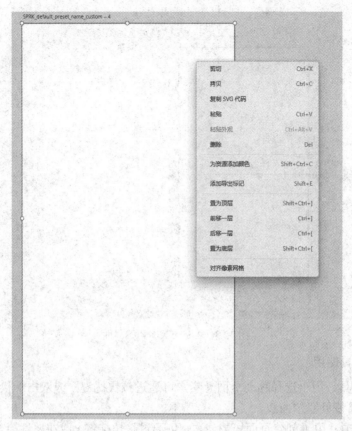

图 12.4　工作区操作选项

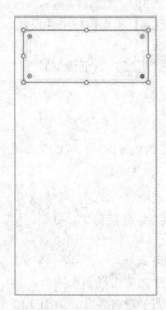

图 12.5　矩形的圆角绘制

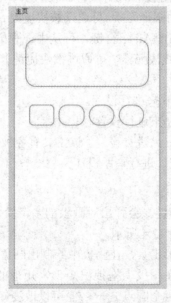

图 12.6　矩形圆角的编辑

图 12.7　矩形圆角编辑的参数

🐢**思考与操作**：请使用 Adobe XD 窗口右侧的属性检查窗口的圆角编辑按钮的编辑功能，实现矩形四个角的圆角编辑，如图 12.6、图 12.7 所示。

_____

_____。

🐢**思考与操作**：请逐一练习工具区中各个工具的使用方法，并做好使用记录。

_____

_____。

🐢**思考与操作**：请使用钢笔工具绘制出箭头路径和一个心形，如图 12.8、图 12.9 所示。

_____

_____。

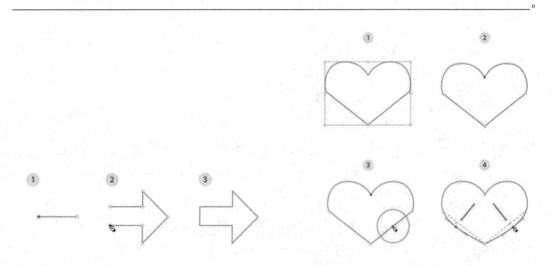

图 12.8   矩形圆角编辑的参数(1)   图 12.9   矩形圆角编辑的参数(2)

3．文本工具

1) 在某个点输入文本

在工具区单击文本工具"T"，再单击画布上文字开始的位置，输入文本，然后按 Esc 键提交文本更改，或者按"回车"键转到下一行。

2) 在区域中输入文本

在工具区单击文本工具"T"，在希望文本出现在画布上的位置处单击并拖动以定义文本区域，然后在该区域内单击即可键入文本。

💻**演示教学**：在画布上在某个点输入文本的操作，并在右侧属性检查窗口对文字的字体、颜色等属性进行更改。

点击工具区的的文本工具"T"，在画布上点击后进行文字输入，如图 12.10 所示。

🐢**思考与操作**：请在画布上完成区域文本的输入，并在右侧属性检查窗口对文字的字体、颜色等属性进行更改，如图 12.11 所示。

_____

_____。

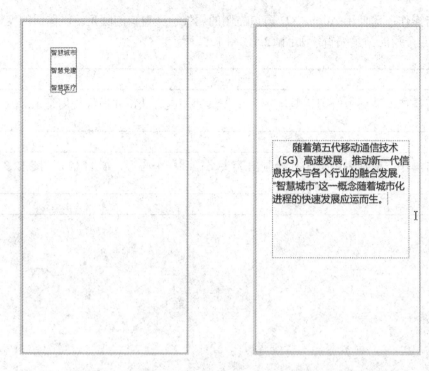

图 12.10　在某个点输入文本　　　　　　图 12.11　在区域中输入文本

12.4　Adobe XD 原型图设计实例

演示教学： 智慧城市引导页五张轮播图效果的实现。

(1) 五张引导页的绘制：打开 Adobe XD 软件，选择模板(iPhone x)，创建一个页面(375 × 812)，双击页面左上角页面标题，为页面命名为"引导页 01"。选中引导页 01 标题，按住 Alt 键，向右拖拽(复制)出五张同样的页面，并逐一命名为"引导页 02""引导页 03""引导页 04""引导页 05"。拉入一个图片资源放到引导页 01 上，控制图片大小，调整图片位置。用同样的方法为其他几个引导页添加图片。

(2) 底部导航的绘制：在工具区取画圆工具，在"引导页 01"中给出一个小圆。点击右侧属性检查窗口的"重复网格"按钮，选中小圆向右拖拽出四个同样的圆，调整小圆的距离适中。按住 Alt 键，将五个小圆拖拽(复制)到另外四个页面中。

(3) 为每个引导页面对应的小圆点填色，以表示其为当前的选择页面：点击五个小圆点，取消网格编组。选中引导页 01 的第一个小圆点，在右侧"属性检查"窗口中填充#726868色，按 Enter 键确认。用同样的方法，为其他四个引导页对应的小圆点填充颜色，如图 12.12 所示。

(4) 清除参考线：从页面左侧和顶部分别拉出参考线(× 284，× 1586)，选中页面内的五个小圆点进行对齐操作，完成对齐操作后，可右击参考线，选择清除参考线，如图 12.13 所示。

(5) 绘制"点击进入"按钮：在工具区取矩形工具，在引导页 05 页面适当位置绘制一个矩形。在右侧"属性检查"窗口中调节矩形的圆角为 20dp，为矩形填充颜色为#151D89(可以使用滴管吸取颜色)，调整矩形的透明度为 66%。取文本工具，在矩形中填写"进入主页"文本。设置文字大小为 30，字体为华文细黑，颜色为白色。选中矩形及文本，点击"水平居中对齐"和"垂直居中对齐"，使文本与矩形完成对齐，如图 12.14 所示。

图 12.12　引导页当前页效果图

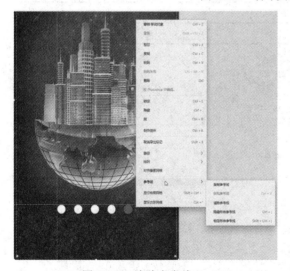

图 12.13　清除参考线

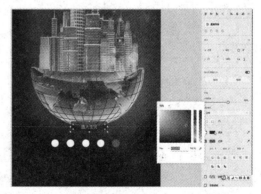

图 12.14　"进入主页"按钮的绘制

(6) 实现从引导页 01 到引导页 05 的轮播效果：点击绘图窗口左上角的"原型"选项卡，进入界面元素交互设计。点击引导页 01，连接到引导页 02 上。用同样的方法，实现其他几个引导页的连接，从而实现引导页 01 到引导页 05 的轮播效果。"触发"属性可选择"点击""拖移"等选项，如图 12.15 所示。最后可点击桌面预览按钮，观看智慧城市引导页的轮播效果。

图 12.15　实现轮播交互效果

思考与操作：如图 12.16 所示，如何实现点击页面某一元素后跳转到下一页的操作？

_____

_____

_____。

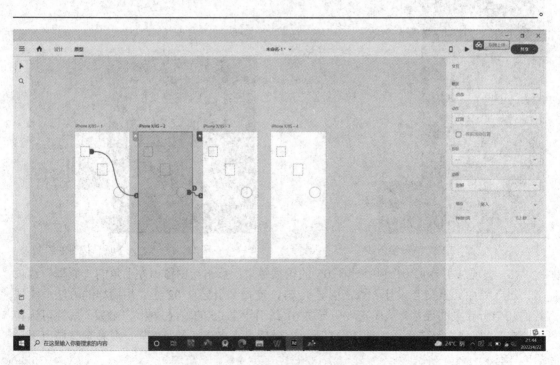

图 12.16　点击页面元素跳转到下一页面

思考与操作：请尝试完成智慧城市 APP 首页的原型设计图。要求如下：

(1) 首页顶部标签。

(2) 显示轮播图 5 张。

(3) 显示智慧城市各领域推荐服务入口，以图标和名称为单元宫格方式显示，手机端每行显示 5 个，共 2 行。每个领域应用入口布局显示为圆形图标，图标下为名称。

(4) 显示热门专题模块，手机端每行显示 2 个热门主题，每个主题入口布局为圆角(20dp)矩形图标，图标下为标题名称。

(5) 显示新闻专栏，上方标签页方式显示新闻类别，下方显示新闻列表，列表项包括图片、新闻标题、新闻内容缩写(多出的字用省略号显示)、评论总数、发布时间等信息。

(6) 显示底部导航栏，采用图标加文字方式显示，图标在上，文字在下，共 4 个图标，分别为首页、服务、智慧养老、个人中心，并以不同颜色标记当前页面所在导航栏，如图 12.17 所示。

_____

_____

_____

_____。

图 12.17　智慧城市首页

回顾 本章学习了哪些主要内容，请你总结一下：

复 习 测 评

1. 交互操作在哪个选项卡中进行？
2. 页面的快速复制如何操作？
3. 如何将矩形四个角变成圆角？

上机实验指导

上机实验课时安排建议

序号	实 验 名 称	相关知识点	建议学时
1	上机实验一　用 Visio 绘制简单的流程图	第 1 章	2
2	上机实验二　Visio 模板的创建和使用	第 2 章	2
3	上机实验三　三维扫描流程图的绘制	第 2 章	2
4	上机实验四　地图的绘制	第 3 章	2
5	上机实验五　绘图文件的属性设置与保存	第 4 章	2
6	上机实验六　形状的绘制、调整与保护	第 5 章	2
7	上机实验七　自定义填充形状	第 6 章	2
8	上机实验八　形状的连接与动态连接线的使用	第 7 章	2
9	上机实验九　图表中文本的添加与设置	第 8 章	2
10	上机实验十　创建自己的形状与模具	第 9 章	2
11	上机实验十一　CAD 绘图的插入与编辑	第 10 章	2
12	上机实验十二　用 Visio 绘制日历	第 11 章	2
13	上机实验十三　AutoCAD 2012 基本操作练习	第 12 章	2
14	上机实验十四　用 AutoCAD 绘制简单平面图形	第 13 章	2
15	上机实验十五　用 AutoCAD 绘制四叶风扇平面图形	第 13 章	2
16	上机实验十六　三维图形的生成	第 13 章	2

说明：

1. 相关知识点的章节是以西安交通大学出版社《Microsoft Visio 2003 简体中文版精通与提高》(曹岩主编)为参考。

2. 实验名称是按实验归类后的名称。

上机实验一　用 Visio 绘制简单的流程图

（一）实验目的

熟悉 Microsoft Office Visio 2003 的界面，通过绘制简单的流程图，对用 Visio 绘图有一个初步的认识。

（二）实验内容

1. 了解 Visio 2003

(1) 开启 Visio 2003。

(2) Visio 2003 菜单栏和工具栏的浏览。

(3) Visio 2003 帮助的使用。

2. 用 Visio 绘制简单的流程图

(1) 添加各种形状。

(2) 删除形状。

(3) 向形状中添加文本。

(4) 连接形状。

(三) 实验步骤

1. 了解 Visio 2003

1) 开启 Visio 2003

(1) 打开计算机。

(2) 依次单击"开始"菜单→程序→Microsoft Office→Microsoft Visio 2003，开启 Visio 2003，如实验图 1。

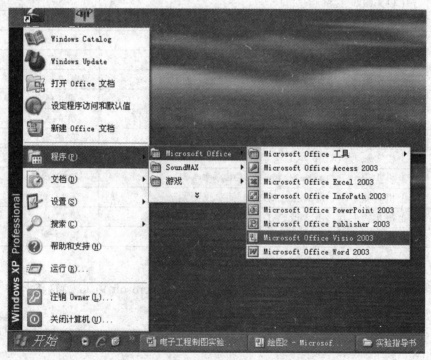

实验图 1

2) Visio 2003 菜单栏和工具栏的浏览

(1) 分别单击菜单栏各项菜单：文件、编辑、视图、插入、格式、工具、形状、窗口等，并单击菜单中的"≫"符号以展开隐藏项，熟悉各菜单所包含的内容，如实验图 2、实验图 3 所示。

实验图 2

(2) 观察工具栏(菜单栏下一行，如果没有出现工具栏，可单击"视图"菜单→工具栏→常用和格式，如实验图4)。

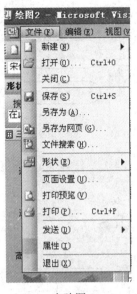

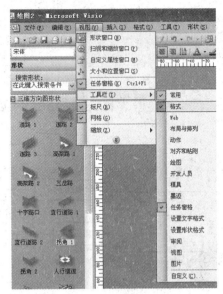

实验图 3　　　　　　　　　　　　实验图 4

(3) 鼠标指针分别放在各个工具上(不用点击)，观察第一个工具的名称，并尽快熟悉每个图标的意义。注意各图标旁若有"▼"(如："新建""撤消"和"指针工具")，单击▼并展开它的选择项，一一进行选择试用，观察各选择项间的区别。

3) Visio 2003 帮助的使用

(1) 单击"帮助"菜单下的"关于 Microsoft Office Visio"，查看 Visio 2003 的版本。

(2) 单击"帮助"菜单下的"? Microsoft Office Visio 帮助"，在打开的帮助窗口中单击"目录"，进行简单浏览，如实验图5箭头所示。

(3) 单击"帮助"下的"图示库"，了解 Visio 2003 可以绘制的图表类型，如实验图6所示。

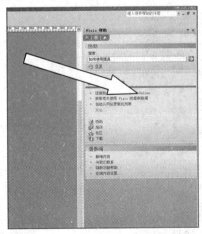
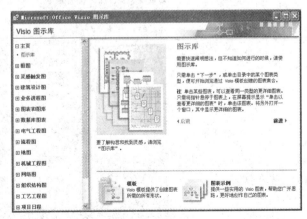

实验图 5　　　　　　　　　　　　实验图 6

2. 用 Visio 绘制如实验图 7 所示的垃圾填埋工艺流程图

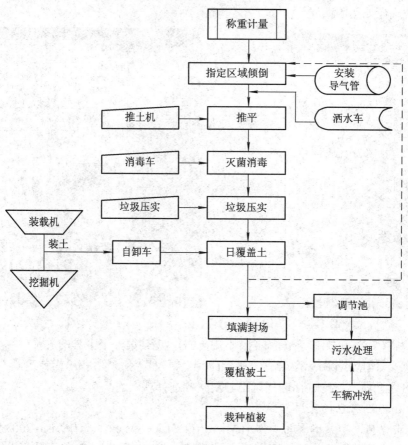

实验图 7

1) 添加各种形状

(1) 用鼠标依次单击"文件"菜单下的新建→流程图→基本流程图, 如实验图 8 所示, 进入流程图绘制界面。

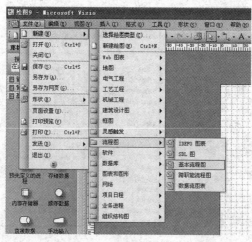

实验图 8

(2) 按实验图 7 的要求，在窗口左边打开的模板中选择相应的模具，并依次拖入绘图页中。

2) 删除形状

如果模具拖入错误，可单击该形状选中它后，按 Delete 键进行删除。

3) 向形状中添加文本

(1) 单击需要添加文本的形状后，便可进行文字录入(注意要先选择输入法)。

(2) 依次为图中形状添加相应的文本。

4) 连接形状

(1) 在工具栏中选择"连线工具"，点击它右边的▼，选择"连接线工具" 🔧。

(2) 将"连接线工具"放置在第一个形状底部的连接点×上方。连接点变为红色时表示可以在该点进行连接。

(3) 从形状上的连接点处开始，将"连接线工具"拖到下一个形状的连接点上。当两个形状的连接点均变为红色，说明连接成功。

(4) 保存文件(*.vsd 格式和*.jpg 格式)。

选做实验：绘制如实验图 9 所示的某校 ATV 干线系统的设计图。

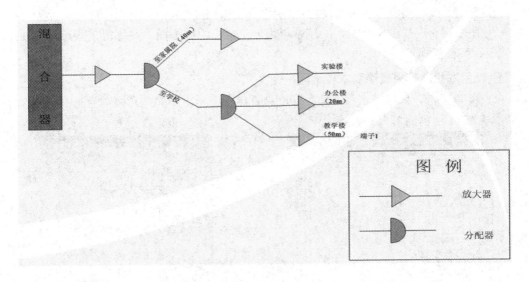

实验图 9

(提示：新建→流程图→基本流程图，分别向绘图页中拖入"进程""控制传递"等形状，并用绘图工具绘制半圆及相应的连接线。着色：右键单击各个形状→格式→填充，选择相应的颜色。"进程"：紫色；"控制传递"：黄色；"半圆"：玫红色。)

(四) 实验报告

(1) 实验目的。

(2) 实验步骤。

(3) 实验结论。

(4) 总结体会。

上机实验二　Visio 模板的创建和使用

当我们在 Visio 中选择模板时，我们会得到一个空白绘图页并且该页左侧会提供少量的形状，但这并不是我们选择一个模板后得到的全部内容。利用模板，我们还可以得到其他特殊工具来帮助我们处理图表。例如，当我们选择组织结构图模板时，我们可以获取以下工具：

(1) 一个特殊的"组织结构图"工具栏，利用它可以更轻松地完成图表布局。

(2) 一个"组织结构图"菜单，其中提供了许多帮助我们处理图表的命令。

组织结构图通常将页面设置为横向排列。

其他模板则可提供其他特殊工具和菜单。

如果想创建多个外观需保持一致的绘图文件时，可创建一个所有绘图都要基于的模板。

(一) 实验目的

学会用 Visio 创建模板的方法，并使用模板绘制简单的组织结构图。

(二) 实验内容

(1) 使用本机所带模板绘制本校地图(一张)。

(2) 创建模板。绘制本班班、团组织结构图(二张图)。

(3) 使用模板进行扩充绘制，绘制本年级学生会组织结构图，并练习重新布局(一张)。

(三) 实验步骤

1. 使用本机所带模板绘制本校地图(一张)

(1) 开启 Visio，鼠标单击"文件"菜单→新建→选择绘图类型，如实验图 10 所示，打开如实验图 11 所示的窗口界面。

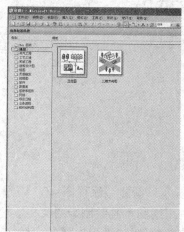

实验图 10　　　　　　　　　　　　　　　　实验图 11

(2) 在该窗口中"类别"选择地图，"模板"选择方向图。

选择模板之后，会出现一个空白绘图页。该页的左侧会出现你可以在图表中使用的形状集合。

(3) 利用这些形状绘制校园地图。

(4) 保存文件。

2. 创建模板

绘制本班班、团组织结构图(两张图)。

(1) 新建文件→组织结构图→组织结构图。

(2) 先制作模板：依次选择总经理、经理、助理等形状，拖入绘图页中，并进行相应的连接。

(3) 保存文件：文件菜单→保存，保存类型选择"模板(*.vst)"→键入模板文件名(注意记住文件保存的位置)→保存。

(4) 打开自制的模板，分别绘制本班班、团组织结构图各一张。

(5) 分别保存绘图文件(使用"另存为")。

3. 使用模板进行扩充绘制

绘制本年级学生会组织结构图，并练习重新布局。

(1) 打开自制的模板，绘制本年级学生会组织结构图。

(2) 练习使用"组织结构"菜单中的"重新布局"来美化结构图，如实验图 12 所示(注意：要先选中需要重新布局的形状)。

(3) 保存文件(*.vsd 格式和*.jpg 格式)。

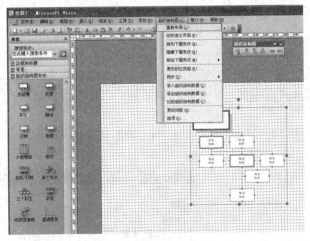

实验图 12

(四) 实验报告

(1) 实验目的。

(2) 实验步骤。

(3) 实验结论。

(4) 总结体会。

上机实验三 三维扫描流程图的绘制

(一) 实验目的

通过本次实验，进一步熟悉 Visio 2003 的工作窗口、工具栏、菜单栏等的使用，了解三维流程图的绘制技巧。

（二）实验内容

绘制如实验图 13 所示的三维扫描流程图。

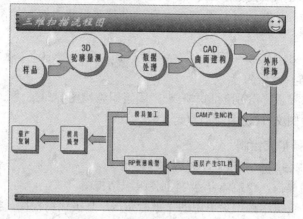

实验图 13

（三）实验步骤

(1) 开启 Visio 2003。

(2) 新建一个文档，选择"流程图"→数据流图表。

(3) 调整页面为横向：文件菜单→页面设置→在打印设置选项卡中选择"横向"。

(4) 将窗口左侧模具中相应的数据流图表形状拖入绘图页中，并摆放在适当的位置上。

(5) 制作立体效果：选中某一个形状，如某圆，右键单击，依次选择"格式"→填充，如实验图 14 所示。

(6) 在填充窗口中进行如下操作：在阴影的样式下拉菜单中选择"向右下偏移"，如实验图 15 所示。

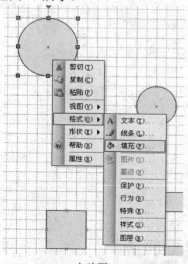

实验图 14

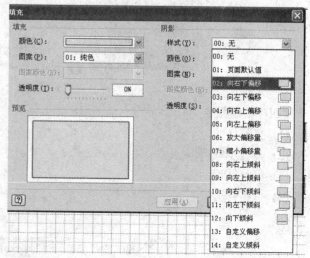

实验图 15

(7) 在阴影的颜色下拉菜单中选择适当的颜色，如深灰色。

(8) 依次对每个形状进行立体效果的设置。

(9) 进行形状间的连接。单击右侧形状窗口中的"箭头形状"，选择"45 度单向箭头"，拖入绘图页中，你会发现这个箭头不能像实验图 13 中的箭头那样弯曲。

(10) 右键单击图中箭头→形状→查找相似形状，如实验图 16 所示。当出现"搜索结果大于指定的最大值100。是否要查看结果？"时单击"是"按钮。

实验图 16

(11) 形状窗口将出现新的模具选项，可在其中选择"曲线箭头""一维开放端箭头""肘开箭头"等形状，拖入绘图页，进行适当变形、连接，按要求完成实验。

(12) 保存文件(*.vsd 格式和*.jpg 格式)。

选做实验：绘制电路板示意图，如实验图 17 所示。

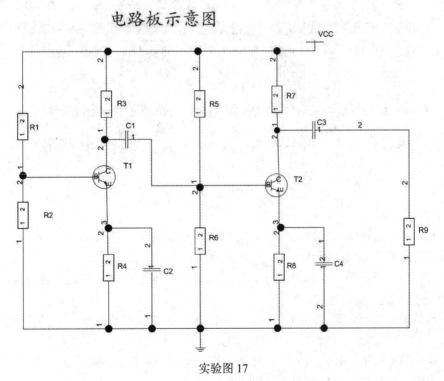

实验图 17

提示：文件菜单→新建→选择绘图类型→电气工程→基本电气，选择适当的形状拖入绘图页，有的形状需要用绘图工具绘制。

（四）实验报告

(1) 实验目的。

(2) 实验步骤。

(3) 实验结论。

(4) 总结体会。

上机实验四　地图的绘制

（一）实验目的

通过简单地图的绘制，了解并学会多种绘图类型及其相应的模板和模具的应用。

（二）实验内容

绘制如实验图 18 所示的地图一幅。

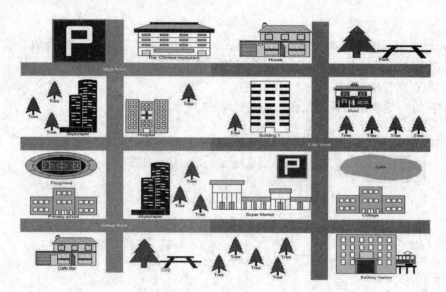

实验图 18

（三）实验步骤

(1) 开启 Visio 2003，新建→地图→方向图文档，调整页面为横向。

(2) 在道路形状模具中选择"四向"道路形状，拖入绘图页中。

(3) 右键单击该道路，选择"自定义"道路宽窄，拖住道路上出现的黄色菱形标记，进行道路宽窄调整，直至适中。

(4) 右键单击道路，依次选择"格式"→线条，在线条对话框中，将线条颜色设置为深褐色。

(5) 调整道路长短、复制道路，并按要求组成街道，并为街道命名。

(6) 将各类建筑物拖入绘图页中进行组合，命名。

(7) 保存文件(*.vsd 格式和*.jpg 格式)。

选做实验：利用网站图模板，生成学校网站层次结构图。

操作步骤：文件菜单→新建→选择绘图类型→Web 图表→网站层次结构图→输入学校网址→确定。

（四）实验报告

(1) 实验目的。

(2) 实验步骤。

(3) 实验结论。

(4) 总结体会。

上机实验五　绘图文件的属性设置与保存

（一）实验目的

通过图表的绘制，掌握绘图文件模具的使用和属性管理方法。

（二）实验内容

(1) 绘制流量统计图，练习模板、模具的使用。

(2) 进行文档属性的练习。

(3) 文件档的保存练习。

（三）实验步骤

1. 绘制如实验图 19 所示的春运旅客流量统计图

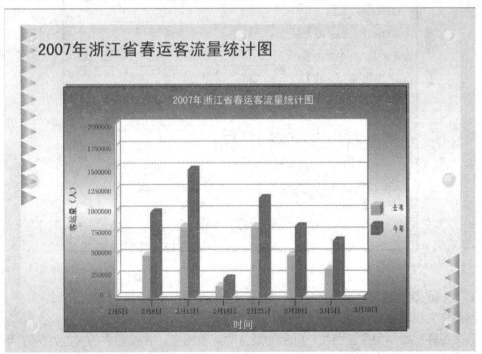

实验图 19

(1) 开启 Visio 2003，文件菜单→新建→图表和图形，将绘图页设置为横向。

(2) 在"标题和边框"中选择"三角形边框"(或选择一个适当的边框)，进行边框的颜色等(红-蓝)格式设置，录入 18pt 黑体字标题。

(3) 继续选择"标题和边框"中的"装饰型标题块"拖入绘图页中，进行格式的修改，包括标题块的大小尺寸、颜色、阴影和文本文字等。

(4) 在"绘制图表形状"中选择"三维轴形状"，拖入绘图页中进行尺寸调整。

(5) 右键单击该形状，在格式中设置线条和填充的属性。如属性不能更改，检查"格式"中保护是否撤消。

(6) 分别在 X、Y 方向用文本工具写入相应的文字、数字及说明。

(7) 在"绘制图表形状"中选择"竖排文本三维条形"形状，插入绘图页中进行颜色、大小的设置以符合实验图 19 的要求。依次进行不同日期三维条形形状的设置。

(8) 为图表补充图例和文字。

(9) 自行对图表进行美化、补充。

2. 设置文档属性

保存文档后可在文件"属性"中对该文档的属性进行设置，如实验图 20 所示。

实验图 20

3. 文档的保存练习

练习将文档另存为 .jpg、.gif、.png 三种不同的格式。

选做实验：绘制如实验图 21 所示的展览时间表图表，并设置它的属性，另存为 *.jpg 格式。

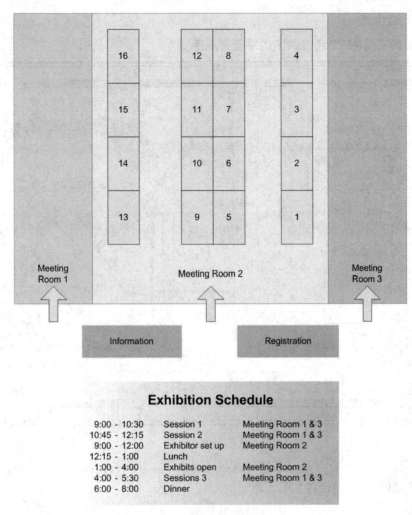

16	12	8	4
15	11	7	3
14	10	6	2
13	9	5	1

Meeting Room 1   Meeting Room 2   Meeting Room 3

Information   Registration

Exhibition Schedule

9:00 - 10:30	Session 1	Meeting Room 1 & 3
10:45 - 12:15	Session 2	Meeting Room 1 & 3
9:00 - 12:00	Exhibitor set up	Meeting Room 2
12:15 - 1:00	Lunch	
1:00 - 4:00	Exhibits open	Meeting Room 2
4:00 - 5:30	Sessions 3	Meeting Room 1 & 3
6:00 - 8:00	Dinner	

实验图 21

（四）实验报告

(1) 实验目的。

(2) 实验步骤。

(3) 实验结论。

(4) 总结体会。

上机实验六　形状的绘制、调整与保护

（一）实验目的

通过图表绘制，掌握形状的修改、放置、组合等基本操作。

（二）实验内容

(1) 绘制室内平面布局图所需的家具形状。

(2) 对各种形状进行调整、组合及保护。

（三）实验步骤

1. 绘制如实验图 22 所示的室内平面布局图

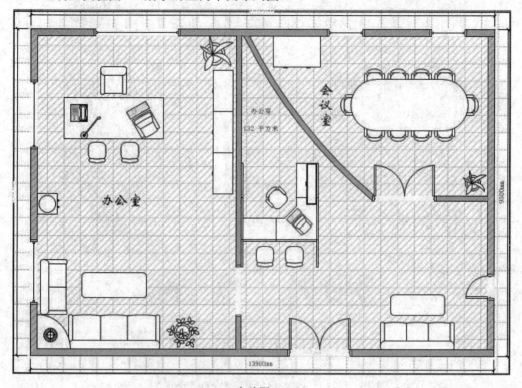

实验图 22

(1) 开启 Visio，文件菜单→新建→选择绘图类型→建筑设计图→办公室布局。

(2) 分区域绘制平面图内家具、电器的形状。

注意：要用绘图工具绘制出两种办公室盆栽。

(3) 绘制好一个区域的办公家具，练习调整与修改形状大小、复制与粘贴、移动形状，并进行形状的组合(同时选中需要组合的形状，右键单击→形状→组合)。

(4) 对组合形状进行大小尺寸的调整，练习形状的保护：格式菜单→保护，在对话框中勾选需要的保护复选框(宽度、高度、纵横比等)。取消保护时，可取消对话框的复选项。

(5) 保护设置后可另存为：Windows 图元文件*.wmf，并记住保存的位置，下次组合图形时可调用该图元文件。

(6) 如此反复绘制出各个区域的办公设施，并保护、保存。

2. **各种形状的调整、组合及保护**

(1) 文件菜单→新建→选择绘图类型→建筑设计图→办公室布局。

(2) 在"墙壁和门窗"中选择相应的形状，构成房屋框架，并进行相应的调整。

(3) 插入菜单→图片→来自文件，插入前面绘制保存的 Windows 图元文件*.wmf。

(4) 按实验图 22 的要求补充美化绘图页，对文档进行保护设置：视图菜单→绘图资源管理器窗口→右键单击绘图名称→选择保护文档→在打开的对话框中可选择样式、形状、背景等复选框→确定，实现对文档的保护。要取消保护，可取消对话框相应的复选项。

(5) 保存为只读文档。

选做实验： 绘制如实验图 23 所示的办公区平面图，并对图中形状进行调整、组合及保护。

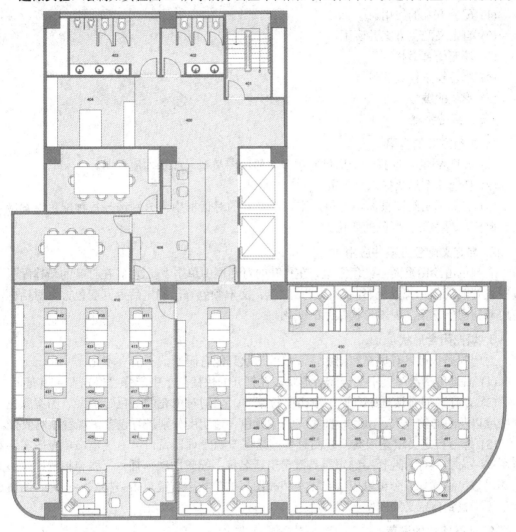

实验图 23

（四）实验报告

(1) 实验目的。

(2) 实验步骤。

(3) 实验结论。

(4) 总结体会。

上机实验七　自定义填充形状

（一）实验目的

通过绘制简单的图表，学习自定义填充形状，掌握形状格式的基本概念以及对它的修改方法。

（二）实验内容

(1) 配色方案的应用。

(2) 自定义配色方案并应用。

(3) 填充闭合形状。

(4) 练习线条格式的设置。

(5) 形状的编号。

（三）实验步骤

1. 配色方案的应用

(1) 开启 Visio，选择一个提供配色方案的绘图类型，如基本流程图。

(2) 任选几个形状拖入绘图页。

(3) 右键单击绘图页面→配色方案，在打开的对话框中，分别选择每种配色方案应用后，确定，观察形状颜色的变化。

2. 自定义配色方案并应用

右键单击绘图页面→配色方案，在打开的对话框中单击"新建"，在打开的新建配色方案中设置前景色、背景色、阴影、线条颜色、文本颜色等，确定后返回配色方案对话框，应用新建配色方案，观察形状颜色的变化。

3. 填充闭合形状

封闭的形状可以有填充和阴影，开放的形状只能有阴影，不能有填充。

(1) 右键单击绘图页中某一闭合形状，在打开的快捷菜单中选择"格式"→填充。

(2) 在打开的对话框中，通过单击下拉菜单，分别对填充的颜色、图案、图案颜色、透明度以及阴影的样式、颜色、图案、图案颜色、透明度分别进行设置，观看预览效果。

(3) 练习自定义填充图案：视图菜单→绘图资源管理器窗口→右键单击填充图案→新建图案→命名→行为选择→确定→右键单击新名称→编辑图案→插入一张自拍的照片→关闭编辑窗口→选择一个可以应用自定义填充图案的形状→右键单击→格式→填充→图案选项最下端找到自定义的图案名称→确定。

4. 线条格式的设置

(1) 用绘图工具在绘图页中绘制一段曲线。

(2) 右键单击该曲线，在打开的快捷菜单中选择"格式"→线条。

(3) 在打开的对话框中，单击下拉菜单，分别对线条图案、粗细、颜色、线端形状、透明度以及线端的起点、终点、起端大小、终端大小及圆角大小进行设置。观看预览效果。

5. 形状的编号

(1) 在绘图页中插入八个相同形状。

(2) 选中需要编号的多个形状，工具菜单→加载项→其他 Visio 方案→给形状编号，如实验图 24 所示。

(3) 在"高级"选项卡中，设置编号的位置。

(4) 在"常规"选项卡中的"操作"中单击自动编号，在"分配的编号"中设置起始值 1、间隔 1 及前缀文字，"应用于"中单击所选形状，确定。

(5) 如上操作，依次手动为多个相同形状编号，完成形状编号设置。

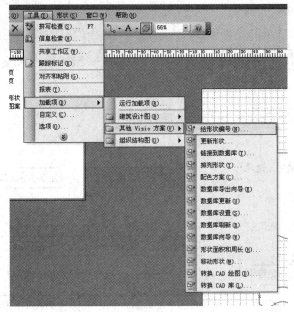

实验图 24

选做实验：为实验图 22 配色。

（四）实验报告

(1) 实验目的。

(2) 实验步骤。

(3) 实验结论。

(4) 总结体会。

上机实验八　形状的连接与动态连接线的使用

（一）实验目的

通过图表的绘制，掌握形状连接的方法及动态连接线的使用。

（二）实验内容

(1) 绘制如实验图 25 所示的井下采煤生产工艺流程图。

(2) 练习使用模具中的连线形状和连接形状，并向连接线中添加文本。

(3) 练习使用动态连接线。

（三）实验步骤

1. 绘制井下采煤生产工艺流程图

(1) 按实验图 25 要求绘制流程图。先绘出边框，再向其中添加形状。

(2) 定制自定义形状的行为练习：选择一个新建的组合，右键单击该组合→格式→行为，在打开的对话框中进行相交样式、调整大小、连接线拆分、杂项、组合等行为及选定内容的设置。在连接线拆分中勾选"形状可以拆分连接线"。在组合行为中勾选全部选项。

在杂项中勾选"放下时将形状添加到组合"。

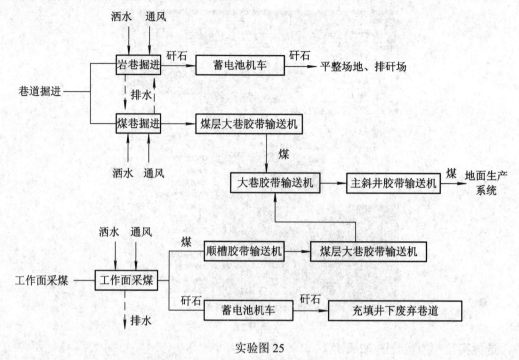

实验图 25

(3) 继续添加形状,观察其行为是否符合设置要求。

2. 连线形状和连接形状的练习及向连接线中添加文本

(1) 给形状添加连接线。

(2) 注意修改连接线上方文字说明为连接线文本:选择某一连接线,双击,键入要添加到连接线的文本。

3. 使用动态连接线练习

动态连接线可更改自己的路径,以避免从位于所连接的两个形状之间的二维可放置形状中穿过。

(1) 新建基本流程图,并拖入四种形状:判定、数据、纸带、进程,并依次竖排。

(2) 将第二个形状(数据)设置为"可放置形状":右键单击该形状→格式→行为,在打开的对话框中将"放置行为"设置为排列并穿绕→确定。

(3) 使用连接线工具,将判定形状与纸带形状相连接、数据形状与进程形状相连接。观察两种连接的区别。

选做实验:绘制如实验图 26 所示的药物加工水处理系统示意图。进一步练习形状的连接与动态连接线的使用(工艺工程—工艺流程图)。

(四) 实验报告

(1) 实验目的。

(2) 实验步骤。

(3) 实验结论。

(4) 总结体会。

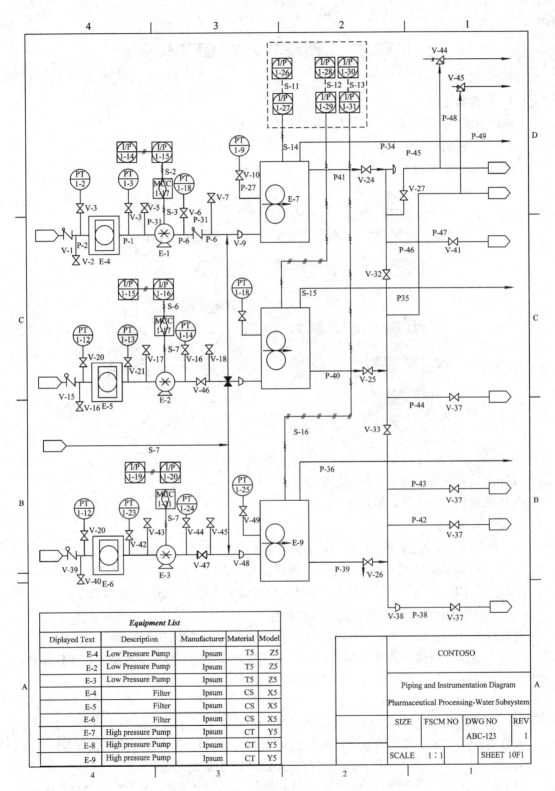

实验图26

上机实验九　图表中文本的添加与设置

（一）实验目的

通过图表中文本的添加与设置，掌握文本的编辑和格式设置。

（二）实验内容

(1) 绘制如实验图 27 所示的网站建设流程图。

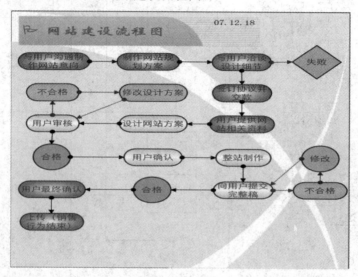

实验图 27

(2) 为流程图添加文本，并进行文本格式设置。

(3) 为流程图中的形状插入备注。

（三）实验步骤

1. 绘制如实验图 27 所示的网站建设流程图

(1) 开启 Visio，文件菜单→新建→流程图→基本流程图。

(2) 向绘图页中拖入需要的边框和形状，进行颜色等格式设置，并进行连接。

2. 为流程图添加文本并进行文本格式设置

(1) 为每个形状添加文本：双击需要添加文本的形状，写入文本。

(2) 设置文本格式：选中文本(文本变蓝)，右键单击，选择设置文本格式，在打开的对话框中对文本的字体、样式、大小、颜色等进行相应设置。

3. 为流程图中的形状插入备注

(1) 为流程图中的黄色形状添加备注："注意重新审核，2009 年×月×日前提交"。

(2) 选中需要添加备注的形状，插入菜单→注释，在弹出的窗口中写入以上备注内容。

选做实验：绘制某办公楼内网络拓扑图，如实验图 28 所示。

提示：文件菜单→新建→选择绘图类型→网络→详细网络图，在网络符号模具中选择适当的形状，拖入绘图页中，进行相应连接。

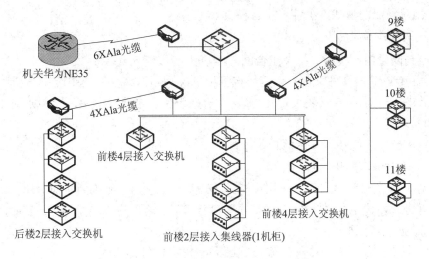

机关华为NE35

6XAla光缆

4XAla光缆

4XAla光缆

9楼

10楼

11楼

前楼4层接入交换机

后楼2层接入交换机

前楼2层接入集线器(1机柜)

前楼4层接入交换机

实验图 28

(四) 实验报告

(1) 实验目的。

(2) 实验步骤。

(3) 实验结论。

(4) 总结体会。

上机实验十　创建自己的形状与模具

(一) 实验目的

通过图表绘制，学习掌握创建自己的形状与模具。

(二) 实验内容

(1) 绘制如实验图 29 所示的网管中心机柜、机架组合图。

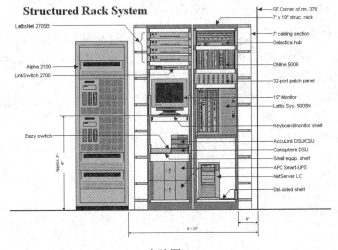

实验图 29

(2) 创建自己的形状、主控形状和模具。

（三）实验步骤

1. 绘制网管中心机柜、机架组合图

(1) 开启 Visio，文件菜单→新建→选择绘图类型→网络→机架图。

(2) 分别在"机架式安装设备""独立式机架设备"中选择形状，绘制如图 29 要求的机架及机柜。

2. 创建自己的形状、主控形状和模具

(1) 文件菜单→形状→新建模具。

(2) 在新建的模具窗口右键单击鼠标，出现如实验图 30 所示的快捷菜单。

(3) 单击"新建主控形状"，对形状属性进行设置，名称(机器人)、提示(虚拟)、勾选"自动从形状数据生成图标"→确定。

(4) 模具中将显示一个空的主控形状图标，如实验图 31 所示。

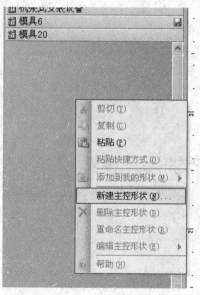

实验图 30

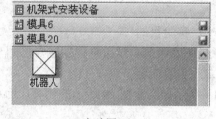

实验图 31

(5) 右键单击该主控形状→编辑主控形状→编辑主控形状，弹出新的绘图页。

(6) 利用绘图工具绘制想象中的机器人(或依次点击文件菜单→形状→网络等，打开不同模具，使用其中的形状绘制出自己设计的特定形状)。

(7) 关闭主控窗口。当系统提示更新主控形状时，单击"是"。自己创建的形状便出现在模具窗口中，将其拖入绘图页进行观察。

选做实验：绘制如实验图 32 所示的促销网站图。

（四）实验报告

(1) 实验目的。

(2) 实验步骤。

(3) 实验结论。

(4) 总结体会。

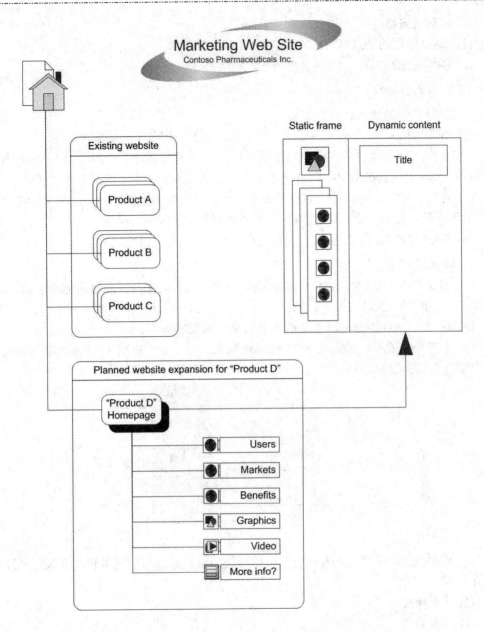

实验图 32

上机实验十一　CAD 绘图的插入与编辑

（一）实验目的
通过 CAD 绘图的插入练习，进一步熟悉 Visio 更多的功能。

（二）实验内容

(1) CAD 绘图的插入练习。

(2) 编辑 CAD 绘图。

（三）实验步骤

1. CAD 绘图的插入练习

(1) 开启 Visio，文件菜单→新建→选择绘图类型→流程图→基本流程图。

(2) 在"插入"主菜单中单击"CAD 绘图"，在弹出的对话框中找到要插入 Visio 的*.dwg 文件(要求*.dwg 是 2002 版本以下的*.dwg 文件，否则 Visio 2003 打不开该文件)，打开。

(3) 在打开的"绘图属性"对话框中检查"自定义绘图比例"的单位与"CAD 绘图单位"是否一致，如不一致，调整"CAD 绘图单位"与之匹配，确定。

(4) CAD 绘图出现在绘图页上。此时的 CAD 绘图不可调整。

2. 编辑 CAD 绘图

(1) 右键单击 CAD 绘图→CAD Drawing 对象→属性，在打开的对话框中取消"锁定大小和位置"和"锁定以防删除"，确定。

(2) 这时，CAD 绘图可以通过拖动手柄来放大或缩小。

(3) 右键单击 CAD 绘图→CAD Drawing 对象→转换，实验图 33 所示为准备转换 CAD 绘图的界面，将 CAD 绘图转换为 Visio 格式，可对形状进行修改。

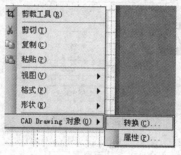

实验图 33

(4) 添加或删除某形状，并进行相应的连接。继续进行添加文本和设置颜色等练习。

(5) 保存文件。

（四）实验报告

(1) 实验目的。

(2) 实验步骤。

(3) 实验结论。

(4) 总结体会。

上机实验十二　用 Visio 绘制日历

（一）实验目的

通过日历的绘制，进一步熟悉 Visio 的使用。

（二）实验内容

(1) 绘制出日历草图。

(2) 为日历添加各项计划、安排。

（三）实验步骤

绘制如实验图 34 所示的日历，步骤如下：

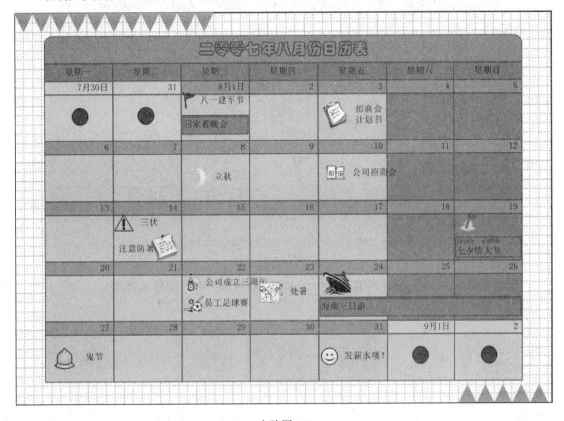

实验图 34

(1) 开启 Visio，绘制边框，文件菜单→新建→选择绘图类型→图表和图形→营销图表，在形状窗口中右键单击"边框和标题"→另存为→保存，将"边框和标题"保存到"我的收藏夹"，关闭营销图表窗口。

(2) 依次点击文件菜单→新建→选择绘图类型→项目日程→日历。

(3) 依次点击文件菜单→形状→我的形状→边框和标题，形状窗口即出现"边框和标题"。

(4) 选择适当的边框拖入绘图页中，并进行颜色调整。

(5) 在"日历形状"中选择"月"拖入绘图页，在弹出的对话框中进行相应的选择，确定。

(6) 根据自己的爱好为图表设置颜色格式。

(7) 根据现实情况，在图表上绘制各种计划、安排。

选做实验 1：使用 Visio 2010 为自己绘制如实验图 35 所示的本月活动安排。

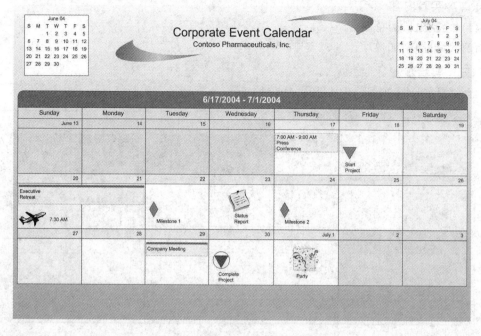

实验图 35

选做实验 2：使用 Visio 2007 绘制如实验图 36 所示的客户报修处理流程图表，并进行文本的添加和格式设置。

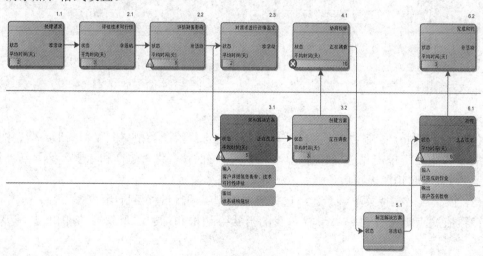

实验图 36

（四）实验报告

(1) 实验目的。

(2) 实验步骤。

(3) 实验结论。

(4) 总结体会。

上机实验十三　AutoCAD 2012 基本操作练习

（一）实验目的

通过 AutoCAD 2012 基本操作练习掌握用户坐标系的建立方法，熟悉用户坐标系原点和坐标轴的旋转方法，学会标注的技巧。

（二）实验内容

按尺寸绘制实验图 37 所示的工件剖面图。

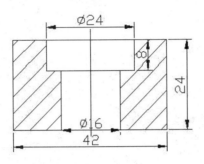

实验图 37

（三）实验步骤

(1) 在绘图功能区选择"直线"工具→使用绝对直角坐标画出阴影部分的尺寸(A(0，0)；B(42，0)；C(42，24)；D(24，0))→按 C 闭合图形。

(2) 打开对象捕捉▢按钮→右击打开"中点"捕捉→选择"直线"工具绘制 AB 线段的垂直中线，垂直中线与 AB 的交点为 E，与 CD 的交点为 F。

(3) 使用相对直角坐标画出工件部分→相对 E 点向右绘制长度为 8 的线段 EG(@8，0)→从 G 点向上绘制长度为 16 的线段 GH(@0，16)→从 H 点向左绘制长度为 16 的线段 HI(@-16，0)→从 I 点向下做垂线(使用对象捕捉)，完成 IJ 段的绘制→从 J 点向右完成 JE 线段的绘制(使用对象捕捉)。

(4) 从 H 点向右绘制长度为 4 的线段 HK(@4，0)→从 K 点向上绘制垂直于 CD 长度为 8 的线段 KL(@0，8)→从 L 向左绘制长度为 24 的线段 LM(@-24，0)→从 M 点向下绘制垂直于 AB、长度为 8 的线段(@0，-8)→从 N 点向右绘制闭合线段 NI(按 C→按 Enter 键确认)。

(5) 填充工件外的矩形区域。在"绘图"功能区内，选择"图案填充"▢→在打开的图案中选择合适的图案→在"拾取内部点"的命令提示下，点击填充区域，完成图案填充。

(6) 线性尺寸标注。选择"注释"选项卡→"标注"功能区的"标注"下拉菜单中的"线性"→在"指定第一个尺寸界线原点或"命令提示下点击 A 点→在"指定第二个尺寸界线原点"命令提示下点击 B 点→向下拖拽出尺寸线和尺寸数字→按 Enter 键确认。依此类推，分别标注出 BC、KL 的尺寸。

(7) 剖面图直径的标注。在"常用"选项卡的"注释"功能区下拉菜单中点击标注样

式 ![]→打开"标注样式管理器"→可新建标注样式，并设置文字字号等→在"注释"选项卡"标注"功能区的"标注"下拉菜单中选择"线性"标注→选择"注释"选项卡→"标注"功能区的"标注"下拉菜单中的"线性"注释
→在"指定第一个尺寸界线原点或"命令提示下点击 J 点→在"指定第二个尺寸界线原点"命令提示下点击 G 点→向下拖拽出尺寸线和尺寸数字(注意不能按 Enter 键)→在"多行文字(M)/文字(T)/角度(A)/水平(H)/垂直(V)/旋转(R)"命令提示下输入 T→按 Enter 键确认→输入%%C24→按 Enter 键确认→选择放置尺寸线的位置→点击鼠标左键，完成剖面图直径的标注。依此类推，即可完成 ML 剖面直径的标注。

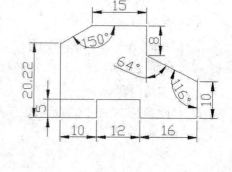

实验图 38

选做实验：绘制如实验图 38 所示练习图例。

（四）实验报告

(1) 实验目的。

(2) 实验步骤。

(3) 实验结论。

(4) 总结体会。

上机实验十四　用 AutoCAD 绘制简单平面图形

（一）实验目的

通过简单平面图的绘制，掌握 AutoCAD 的镜像、复制、打断、阵列等基本操作。

（二）实验内容

绘制如实验图 39 所示的简单平面图。

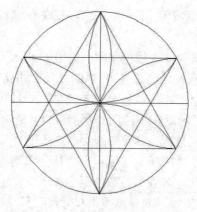

实验图 39

(三) 实验步骤

(1) 开启 AutoCAD 2012，设置图层。点击图层功能区的▦按键，打开"图层特性管理器"对话框→点击▱按钮三次，分别建立尺寸线、粗线、中心线三个图层，并为相应图层选择合适的线型、线宽、颜色。在建立中心线图层的过程中需要加载相应的线型(CENTER2)，并为粗线图层选择 0.5 的线宽。

(2) 右击中心线图层，将其置为当前图层。在当前图层用直线工具画圆的中心十字交叉线。

(3) 将粗线图层置为当前。点击当前图层下拉菜单，在"绘图"功能区选择"圆→圆心→直径"，绘制直径为 47 的圆；在"绘图"功能区选择"正多边形"，画圆的内接正三边形。

(4) 下拉菜单：在"修改"功能区→选择"镜像"▨→将正三角形作关于水平中心线的镜像→选择源对象(三角形)→按 Enter 键确定→指定镜像第一点(水平中心线与圆的交点 1) →指定镜像第二点(水平中心线与圆的交点 2)→按 Enter 键确定(是否删除镜像源？选择 N→按 Enter 键确定)。

(5) 下拉菜单：在"修改"功能区→选择"复制"▨→选择要复制的直径为 47 的圆→按 Enter 键确定→指定基点为圆与中心线垂线的交点→指定第二点，使圆与中心线的横线相切→按 Enter 键确认，如实验图 40 所示。

(6) 下拉菜单：在"修改"功能区→选择"阵列"▨→环形阵列→选择对象为新复制的圆→按 Enter 键确认→指定阵列中心点为切点→输入项目数为 6→按 Enter 键确认→指定填充角度(为原三角形的右上角)→按 Enter 键确认，阵列出 6 个直径为 47 的圆。

(7) 单击鼠标左键选中阵列→在阵列上单击鼠标右键→阵列→在位编辑源对象→选择其中一个圆→出现"阵列编辑状态"对话框→确定→在"修改"功能区选择"打断"工具▨→选择打断对象(刚才选中的圆，默认为指定打断第一点，即该圆与中心圆的交点，注意：逆时针选择第一点)→选择打断第二点(该圆与中心圆的另一个交点，逆时针选择第二点)→选择"修剪"工具▨→选择修剪边界(中心圆)→按 Enter 键确认→选择处于"阵列编辑状态"的多余的线条→按 Enter 键确认。

(8) 使用修剪工具对实验图 41 进行修剪，最后完成简单平面图形实验图 42 的绘制。

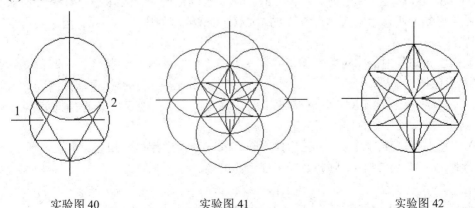

实验图 40　　　　　　　　实验图 41　　　　　　　　实验图 42

选做实验：绘制二维平面图形如实验图 43 所示。

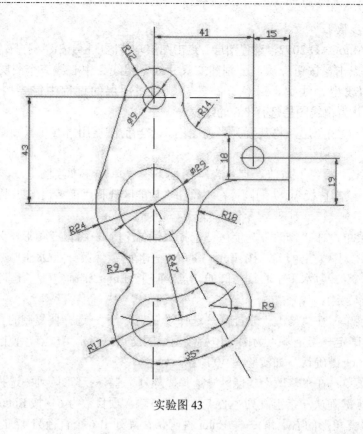

实验图 43

提示：

(1) 设置图层。

(2) 将中心线图层置为当前。画一条水平线与一条垂直线，用偏移命令将水平线向上偏移 43、19，将垂直线向右偏移 41，并用两点打断(Break)命令将偏移出的中心线多余的部分去掉。

(3) 右击状态行中的极轴追踪图标，将极轴的角增量选为 30°，用直线命令绘制与铅垂线夹角为 30° 的点画线。用圆弧(Arc)命令的圆心(C)方式在中心线图层绘制 R47 圆弧。

(4) 将粗实线图层置为当前。用圆(Circle)命令绘制直径 9、9、R12、直径 29、R24、R17、R17 已知的圆，用圆弧(Arc)命令的圆心(C)方式绘制两段 R9 圆弧。用直线命令绘制三段粗实线。

(5) 右击状态行中的"对象捕捉"图标→点击"设置"(S…)，打开"草图设置"对话框→在"对象捕捉"选项卡下，点击"全部清除"按钮后→只打开捕捉，并打开启用对象捕捉。再用直线命令在圆 R12 附近捕捉 C 点并设为起点，在圆 R24 附近捕捉 D 点并设为终点，绘出与两圆相切的直线。

(6) 将粗线图层置为当前，分三次执行圆(Circle)命令中相切、相切、半径选项：

· 绘制与 R17、R24 两个圆相切，半径为 9 的圆。

· 绘制与 R12 相切，并且与上水平粗实线相切，半径为 14 的圆。

· 绘制一个与 R17 相切，并且与下水平粗实线相切，半径为 18 的圆。

(7) 用修剪(Trim)命令修剪多余的图线。

（四）实验报告

(1) 实验目的。

(2) 实验步骤。

(3) 实验结论。

(4) 总结体会。

上机实验十五　用 AutoCAD 绘制四叶风扇平面图形

（一）实验目的

通过四叶风扇平面图的绘制，掌握 AutoCAD 的偏移、对象追踪、修剪等命令的使用。

（二）实验内容

绘制如实验图 44 所示的四叶风扇平面图形。

（三）实验步骤

(1) 设置图层，方法同实例一，图中所需图层为粗线、中心线、细实线、虚线图层。

(2) 将中心线图层置为当前层，画水平线 1 与垂直线 2 作为圆的中心线。

(3) 下拉菜单：在"修改"功能区→选择"偏移" 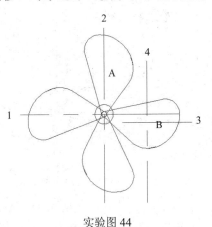 工具-将水平线 1 向下偏移 11 形成水平线 3→将垂直线 2 向右偏移 60 形成垂直线 4。

实验图 44

(4) 下拉菜单：在"修改"功能区→选择打断 工具→将偏移出的中心线多余的部分去掉。如实验图 45 所示。

(5) 将粗实线图层置为当前，在"绘图"功能区选择"圆→圆心→半径(直径)"工具，分别以 A、B 为圆心绘制 $\phi26$、R46 的两个圆。

(6) 将实线图层置为当前层，绘制以 A 为圆心、直径为 7 的圆。

(7) 找 R20 和 R33 的圆心位置。

由于 R20 的圆心在直线 1 上而该圆又与 R46 的圆相切(内切)，所以在细实线层上绘制一个以 B 为圆心，半径为 26 的辅助圆，R26 圆与直线 1 的右侧交点 C 即为 R20 的圆心。

R33 的圆心在直线 4 上，该圆又与 R46 的圆相切(内切)，所以在细实线层上绘制一个以 B 为圆心、半径为 13 的辅助圆，R13 圆与直线 4 的交点下侧 D 即为 R33 的圆心。

(8) 在粗线图层上分别以 C、D 为圆心绘制出 R20 和 R33 两个圆。

(9) 在粗线图层上用直线命令绘制 R20 和 R33 两圆与直径 7 圆的切线 5、6(在对象捕捉中设置"切点")。

(10) 下拉菜单：在"修改"功能区→选择"修剪" →修剪多余的图线。用一点打断命令将直线 5、6 在其与直径 26 圆的交点 E、F 处打断，用实体特性(PROPERTIES)命令将直径 26 圆以内的那两段直线变到虚线图层上，将它们变成虚线。如实验图 46 所示。

(11) 下拉菜单：在"修改"功能区→选择"阵列→环形阵列" →将实线部分组合后

以 A 点为中心进行环形阵列(阵列数选 4)。

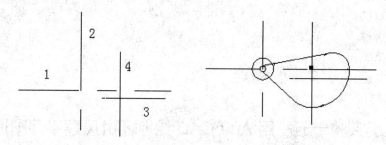

实验图 45　　　　　　　　　　实验图 46

(12) 使用"打断" ⌐ 工具对多余的圆弧进行打断。

(13) 使用"修剪" ✂ 工具对多余的线段进修修剪。完成实验图 47。

选做实验: 绘制三片扇叶图形如实验图 48 所示。

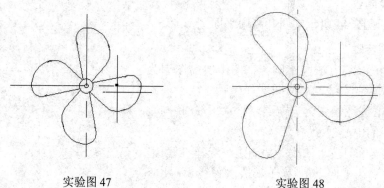

实验图 47　　　　　　　　　　实验图 48

(四) 实验报告

(1) 实验目的。

(2) 实验步骤。

(3) 实验结论。

(4) 总结体会。

上机实验十六　　三维图形的生成

(一) 实验目的

通过简单三维图形的绘制,逐步形成三维立体概念;学会建模、三维视图、渲染、动态观察等操作命令的使用。

(二) 实验内容

利用上机实验十三绘制的实验图 37,生成三维立体工件图,如实验图 49 所示。

(三) 实验步骤

(1) 将"工作空间"设置为"AutoCAD 经典"。

(2) 选择实验图 49 中工件的所有线段→右击选中的线段组→组(进行编组)→在"绘图"

菜单中选择"建模"→"旋转" 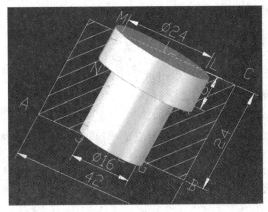 旋转(R) →在"指定旋转对象"命令提示下选择编组过的工件线段→按 Enter 键确认→在"指定轴起点或根据以下选项之一定义轴"命令下选择旋转轴起点为 F→在"指定轴端点"命令下选择 E 为轴端点→在"指定旋转角度"命令下输入 180→按 Enter 键确认。

(3) 在"视图"菜单中选择"三维视图→西南等轴侧",观察所绘三维图形。

(4) 在"视图"菜单中选择"视图样式→着色",观察着色后的三维图形。

(5) 在"视图"菜单中选择"动态观察→连续动态观察",观察所绘三维工件的动态效果。

实验图 49

选做实验：绘制双曲线形冷却塔，如实验图 50 所示。并生成三维立体图形，截屏保存为.jpeg 格式。实验图 51 所示为双曲线冷却塔三维效果。

实验图 50

实验图 51

（四）实验报告

(1) 实验目的。

(2) 实验步骤。

(3) 实验结论。

(4) 总结体会。

综合演练指导

1. 综合演练安排建议

(1) 绘制校园立体地图(或给出的地图)一幅，4 学时。

(2) 绘制给定的商贸广场平面示意图，2 学时。

(3) 绘制西安地铁 1～12 号线规划图(或给出的地铁线路图)，6 学时。

(4) 绘制给出的水处理流程图，2 学时。

(5) 绘制建筑设计家具规划图，2 学时。

(6) 绘制某小区 FTTH 主干光纤路由图或某小区 FTTH 配套光缆图，4 学时。

(7) 绘制某车站牵引变电所主接线图，6 学时。

2. 综合演练课题及要求

1) 综合实训课题

(1) 利用 Visio 2003 绘制校园立体地图(或给出的地图)一幅。

(2) 利用 Visio 2003 绘制给定的商贸广场平面示意图。

(3) 利用 Visio 2003 绘制西安地铁 1～12 号线规划图。

(4) 利用 Visio 2003 绘制给出的水处理流程图。

(5) 利用 Visio 2003 绘制建筑设计家具规划图。

(6) 利用 AutoCAD 2012 绘制某小区 FTTH 主干光纤路由图或某小区 FTTH 配套光缆图。

(7) 利用 AutoCAD 2012 绘制某车站牵引变电所主接线图。

2) 具体要求

(1) 完成校园立体地图或地图的绘制，并提交电子作业。

(2) 完成商贸广场平面示意图的绘制，并提交电子作业。

(3) 完成地铁规划图绘制，并提交电子作业。

(4) 完成水处理流程图绘制，并提交电子作业。

(5) 完成建筑设计家具规划图绘制，并提交电子作业。

(6) 完成某小区 FTTH 主干光纤路由图或某小区 FTTH 配套光缆图绘制，并提交电子作业。

(7) 完成某车站牵引变电所主接线图绘制，并提交电子作业。

(8) 完成综练报告的书写(综练时间、内容、步骤、结果)。

3) 注意事项

(1) 严格考勤，注意综练纪律。

(2) 爱护实训室设备，注意实训安全。

(3) 提交的电子作业每人一份，不得雷同。

综合演练一

利用 Visio 2003 绘制校园立体地图(或给出的地图，如实训图 1)一幅。

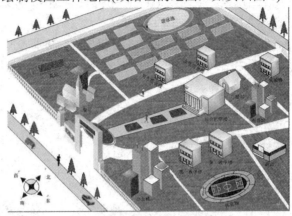

实训图 1　校园立体地图

(1) 利用学过的 Visio 知识，完成对地图的绘制。

(2) 以*.vsd 及*.jpg 两种格式保存绘图文件，打包压缩，并提交电子作业。

(3) 完成利用 Visio 2003 绘制校园立体地图(或给出的地图)的综练报告。

综合演练二

利用 Visio 2003 绘制给定的商贸广场平面示意图，如实训图 2。

(1) 利用学过的 Visio 知识，完成商贸广场平面示意图的绘制。

(2) 以*.vsd 及*.jpg 两种格式保存绘图文件，打包压缩，并提交电子作业。

(3) 完成利用 Visio 2003 绘制商贸广场平面示意图的综练报告。

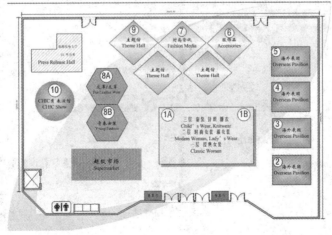

实训图 2　商贸广场平面示意图

综合演练三

(1) 利用学过的 Visio 知识，完成西安地铁 1～6 号线规划图(或实训图 4 给出的地铁线路图)的绘制。

(2) 以*.vsd 及*.jpg 两种格式保存绘图文件，打包压缩，并提交电子作业。

(3) 完成利用 Visio 2003 绘制西安地铁 1～6 号线规划图，如实训图 3(或给出的地铁线路图，如实训图 4)的综练报告。

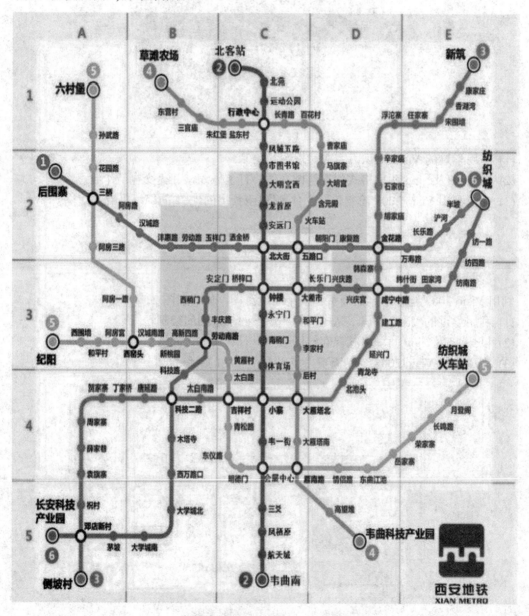

实训图 3　西安地铁 1～6 号线规划图

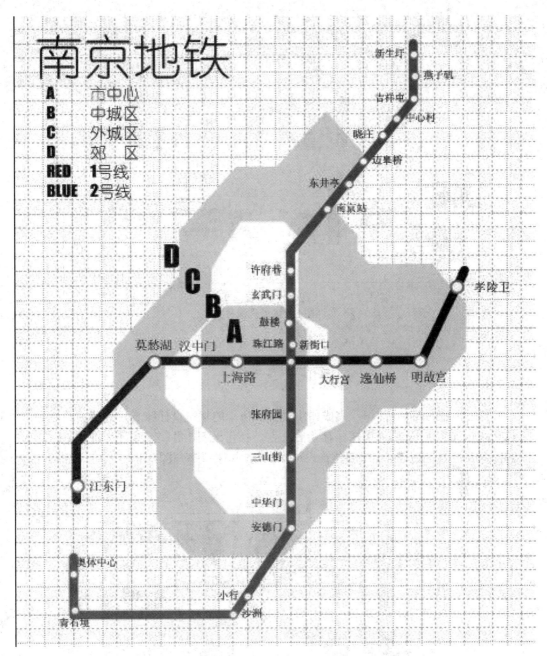

实训图4　南京地铁示意图

综合演练四

(1) 利用学过的 Visio 知识，完成如实训图 5 所示的水处理流程图绘制。

(2) 以*.vsd 及*.jpg 两种格式保存绘图文件，打包压缩，并提交电子作业。

(3) 完成利用 Visio 2003 绘制水处理流程图的综练报告。

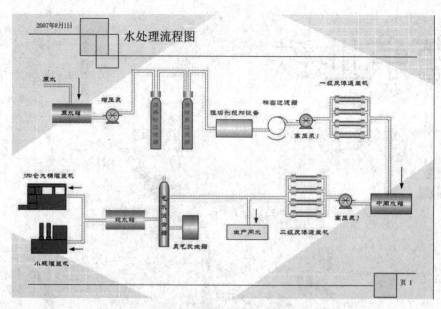

实训图 5　水处理流程图

综合演练五

(1) 利用学过的 Visio 知识，完成如实训图 6 所示的建筑设计家具规划图的绘制。

(2) 以*.vsd 及*.jpg 两种格式保存绘图文件，打包压缩，并提交电子作业。

(3) 完成利用 Visio 2003 绘制建筑设计家具规划图的综练报告。

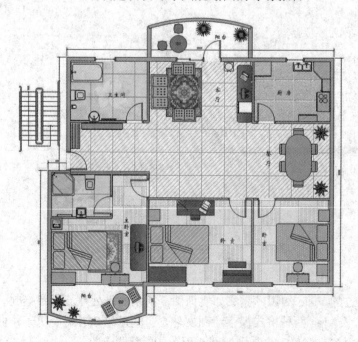

实训图 6　建筑设计家具规划图

综合演练六

本实训内容为自选图形的绘制。

(1) 利用学过的 Visio 知识，从实训图 7～实训图 16 中，自选 5 个图形进行绘制。

(2) 以*.vsd 及*.jpg 两种格式保存绘图文件，打包压缩，并提交电子作业。

(3) 完成综练报告。

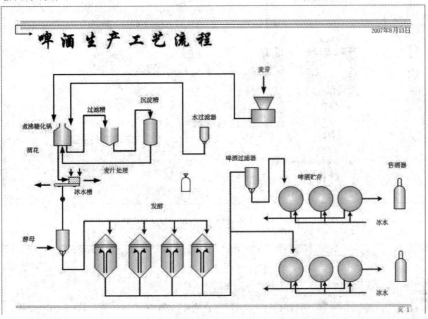

实训图 7   啤酒生产工艺流程图

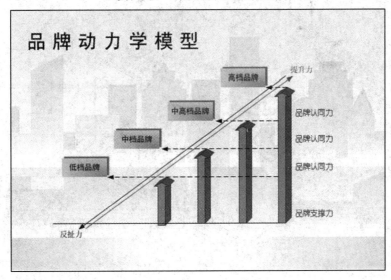

实训图 8   品牌动力学模型示意图

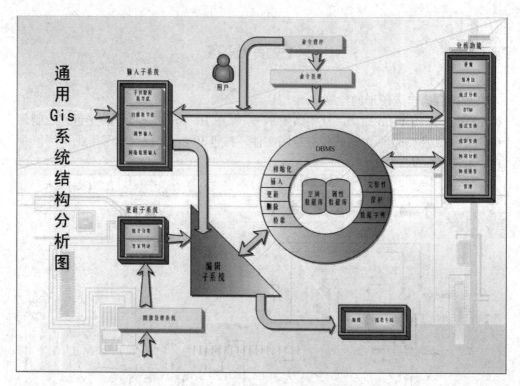

实训图 9　通用 Gis 系统结构分析图

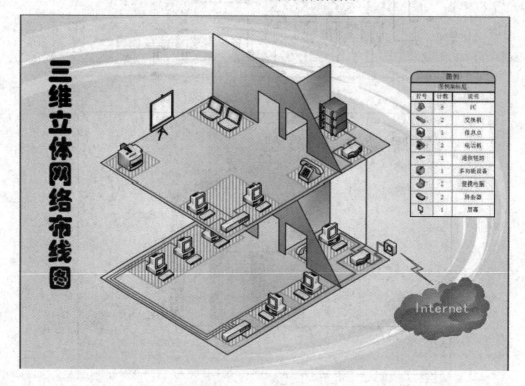

实训图 10　三维立体网络布线图

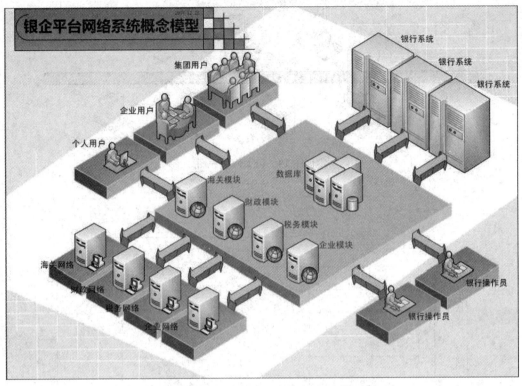

实训图 11　银企平台网络系统概念模型

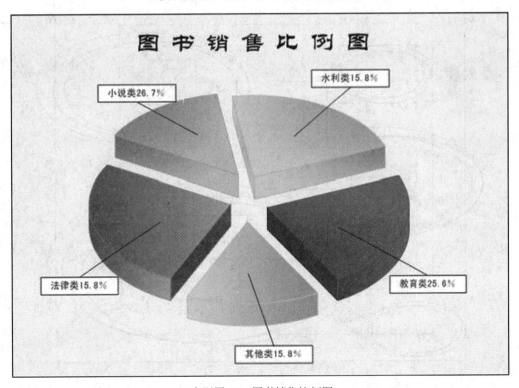

实训图 12　图书销售比例图

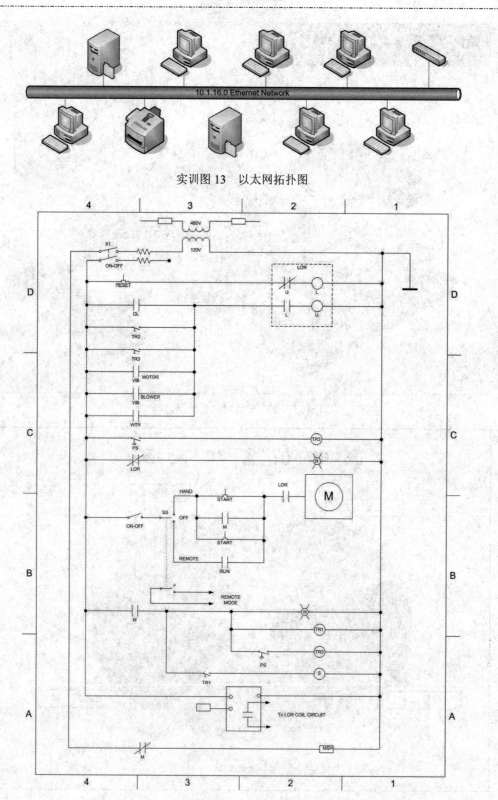

实训图 13　以太网拓扑图

实训图 14　电子电路图

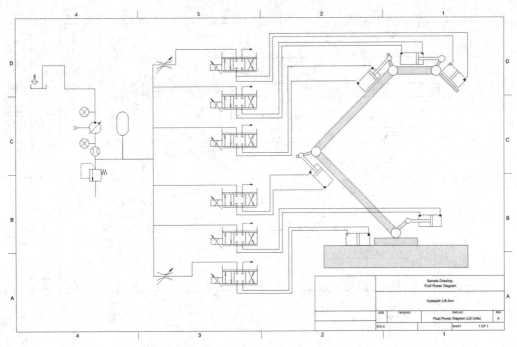

实训图 15　流体动力样品图

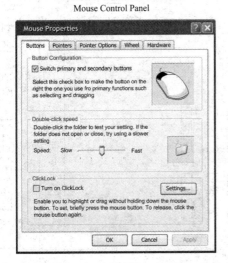

Microsoft ® Windows XP
Mouse Control Panel

The example companies, organizations, products, domain names, e-mail addresses, logos, people, places, and events depicted herein are fictitious. No association with any real company, organization, product, domain name, e-mail address, logo, person, place, or event is intended or should be inferred.

实训图 16　Microsoft@Windows XP 鼠标控制面板

综合演练七

（1）利用学过的 AutoCAD 知识，选择完成如实训图 17 所示的某小区 FTTH 主干光纤路由图；或实训图 18 所示的某小区 FTTH 配套光缆图。

（2）保存绘图文件为*.vsd 及*.jpg 两种格式，打包压缩，并提交电子作业。

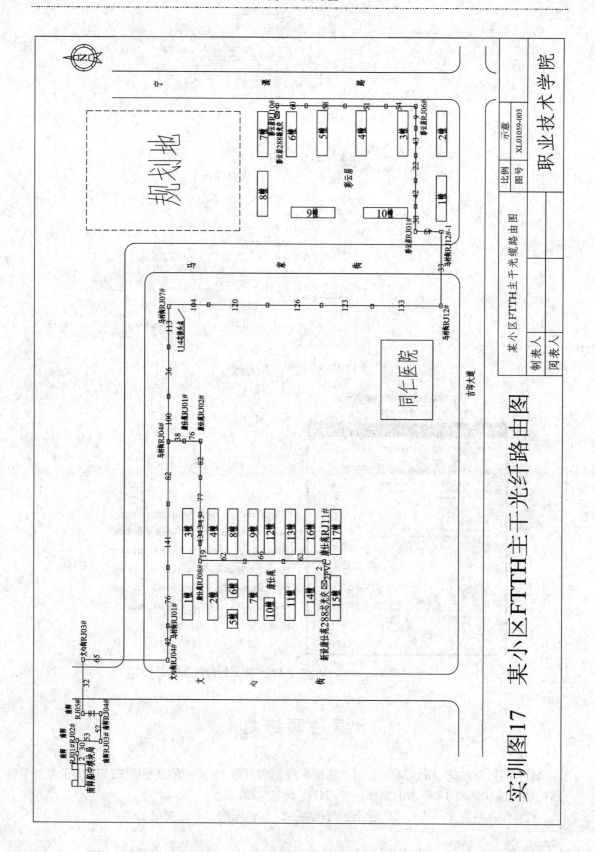

实训图17　某小区FTTH主干光纤路由图

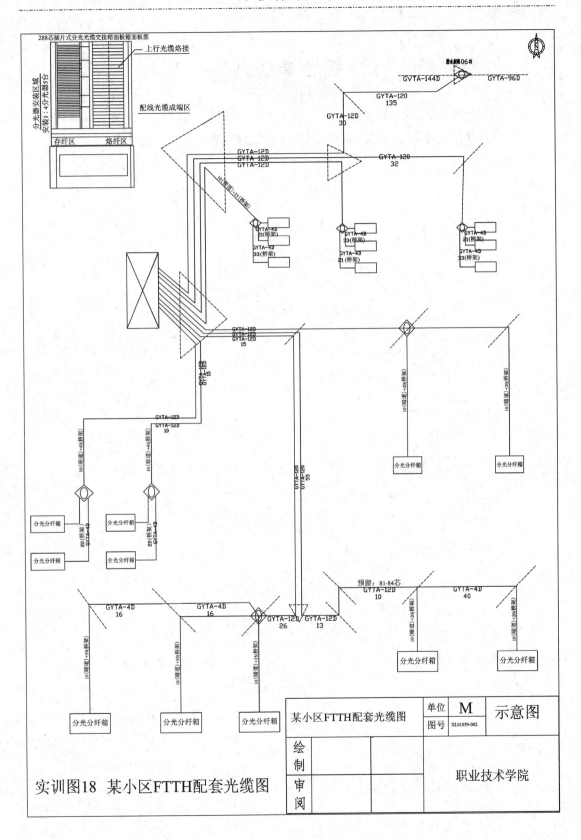

实训图18 某小区FTTH配套光缆图

综合演练八

(1) 利用学过的 AutoCAD 知识，完成如实训图 19 所示的某车站牵引变电所主接线。

(2) 保存绘图文件为*.vsd 及*.jpg 两种格式，打包压缩，并提交电子作业。

复习测评部分答案

第 1 章

4. B；5. B

第 2 章

9. C；10. B；11. A；12. B；

21. 工具栏→自定义→命令→内置菜单(新建菜单)→将命令中"缩放"菜单拖到菜单栏。

29. Ctrl + Z 或 Alt + Backspace；Ctrl + A；Ctrl + X;；Ctrl + P；Alt + F6 或 Shift + Alt + F6 或 Ctrl + 滚动鼠标

30. 工具→选项→高级→颜色设置。

第 3 章

⑤ B；⑥ A；⑦ D；⑧ B；⑨ D；

第 4 章   (略)

第 5 章   (略)

第 6 章   (略)

第 7 章   (略)

第 8 章

9. C；10. A；11. A；12. B

第 9 章   (略)

第 10 章

1. 仿宋体

2. 标注多个平行尺寸，应使大尺寸放在小尺寸的外面，避免尺寸线彼此相交。

3. 在快速访问工具栏中的工作空间设置窗口中选择"草图与注释"。

4. 右手定则。如图 10.19 所示。

5. 略

6. 略

7. 略

第 11 章   (略)

第 12 章   (略)

参 考 文 献

[1]　曹岩. Microsoft Office Visio 2003 简体中文版精通与提高. 西安: 西安交通大学出版社, 2008.

[2]　曹岩. 精通 Visio 2002 简体中版. 西安: 西安交通大学出版社, 2006.

[3]　http://office.microsoft.com/zh-cn/visio-help/CL010072930.aspx?CTT=97.

[4]　http://office.microsoft.com/zh-cn/support/FX010105508.aspx..

[5]　http://office.microsoft.com/zh-cn/visio-help/HA010357065.aspx.

[6]　http://products.office.com/zh-cn/Visio/visio-standard-2013-flowcharts-and-diagrams.

[7]　徐亚娥. 机械制图与计算机绘图. 3 版. 西安: 西安电子科技大学出版社, 2013.

[8]　徐亚娥. AutoCAD 2011 上机指导与练习. 西安: 西安电子科技大学出版社, 2012.

[9]　http://exchange.autodesk.com/autocad/chs/online-help/browse#WSa5366f3b42cc8b11117921
　　　aaaa3d5ba-0024.htm